U0231216

中国清代官式建筑彩画图集

蒋广全 编绘

中国建筑工业出版社

图书在版编目（CIP）数据

中国清代官式建筑彩画图集 / 蒋广全编绘 .— 北京：
中国建筑工业出版社，2016.3
ISBN 978-7-112-19181-9

Ⅰ. ①中… Ⅱ. ①蒋… Ⅲ. ①古建筑-彩绘-中国-清
代-图集 Ⅳ. ① TU-851

中国版本图书馆 CIP 数据核字 (2016) 第 039195 号

责任编辑：李 鸽 毋婷娴 王雁宾

书籍设计：肖晋兴

责任校对：李美娜 姜小莲

中国清代官式建筑彩画图集
蒋广全 编绘

*

中国建筑工业出版社出版、发行（北京西郊百万庄）
各地新华书店、建筑书店经销
晋兴抒和文化传播有限公司制版
北京中科印刷有限公司印刷

*

开本：889×1194 毫米 1/20 印张：$10^4/_5$ 字数：193 千字
2016 年 4 月第一版 2018 年 4 月第二次印刷
定价：80.00 元
ISBN 978-7-112-19181-9
(28451)

序

2005年，蒋广全先生整理出版了具有里程碑意义的著作《中国清代官式建筑彩画技术》，填补了我国古代建筑技术史中有关传统建筑彩画工艺和技术方面的空白，使传统建筑彩画这门技艺由师徒间口传心授而见于经传。从此，广大从业者有书可读，有图可看，可以从中系统学习传统建筑彩画知识和技艺，从此这门“绝学”再无失传之虞。

正因为如此，那本书一出版便受到业内广泛欢迎。不仅广大彩画匠师将它奉为经典，而且还受到美术界、艺术界的重视。很多从事建筑艺术教学的教授、讲师也把它作为培养年青学生的教科书和重要参考资料。

但是，蒋广全先生并没有就此止步。他认为《中国清代官式建筑彩画技术》一书“由于受到篇幅限制，其中的图例不多”，为了补充更多直观形象的内容，使初学者对彩画有更加具体的认识，于是便产生了再编绘一本图集的念头。这本《中国清代官式建筑彩画图集》就是蒋先生这些年精心编绘的。

蒋先生为了编绘这本图集，付出了很多精力和心血。他从调查研究入手，从现成文物遗存中筛选出有代表性的纹样、做法，并将他多年施工、设计、研究、教学中悟到的一些经验和做法加以总结，精心绘制了这部图集。

蒋先生已届古稀之年，且已儿孙绕膝，他不仅不去安享晚年，反而坚持闻鸡而起，笔耕不辍，用他自己的话说就是因为文物建筑上的传统彩画“已经经历了上百年、数百年甚至更长时间，并且在不断的风化、损毁、消失”，如果“等到这些古建老彩画消失殆尽时再来想保护和传承这件事，到那时就晚了”。同时，他还对因种种原因，“我们已经30余年没有培养传统建筑彩画方面的技术人才了”，“当前无论从研究、设计、施工、材料等方面看，都出现了严重的人才断档局面’而忧心忡忡。正是出自对文物保护方面的问题，对业内人才断档的状况，对行业发展前景的担忧，蒋先生才怀着一颗拳拳报国之心，以高度的事业心和责任感，放弃个人安逸舒适的晚年生活，不待扬鞭自奋蹄，日复一日，年复一年，笔耕不辍。这种强烈的事业心和老黄牛精神正是我们要向他学习的。

说到这里，不禁联想到我们这个行业的一些情况。

中国的传统建筑文化传承了几千年，是中华传统文化的重要组成部分，是一笔优秀的文化遗产。但是由于自1840年鸦片战争以后国家积贫积弱，随着帝国主义列强入侵和西方文化的传入，令国人的文化自信越来越差，全盘西化倾向日益严重。1949年中华人民共和国成立，中国人民从此站立起来了。但由于短时间内国家依然贫穷落后，一些人头脑中的崇洋媚外思想并未得到根除。尤其在改革开放，国门打开以后，有人看到国外是那样先进，那样精彩，于是就盲目照搬照抄外国的模式，而把老祖宗几千年留下的中华优秀文化丢在了脑后。这个问题在城乡建设领域表现尤为突出，正如中央领导尖锐指出的：城市建筑贪大、媚洋、求怪等乱象由来已久，且有愈演愈烈之势，是典型的缺乏文化自信的表现。党的十八大以来，以习近平总书记为首的党中央提出了中华民族伟大复兴的宏伟目标。民族复兴，首先是文化的复兴，是要批评和克服崇洋媚外的思想，树立高度的文化自信和文化自觉，从而实现文化自强。在中华民族伟大复兴的春风催动之下，2014年9月20日，我们在上级协会批准和支持下，成立了“中国勘察设计协会传统建筑分会”。这是有史以来，从事祖国传统建筑事业的人们的第一个行业组织。它将担负起在城乡建设领域继承、弘扬中华传统建筑文化的历史重担。通过树立高度的文化自觉和文化自信，强化创新理念，处理好传统与现代、继承与发展的关系，使我们的城市建筑更好地体现地域特征、民族特色和时代面貌，为中华民族伟大复兴在城乡建设领域的实现而努力奋斗。为此，我们要从现实需要入手，抓好中华传统建筑文化复兴的各项具体工作，其中也包括在传统建筑油饰彩画领域建立起专业工作机构，为行业构建起发展平台。从这个意义来说，蒋先生彩画图集的出版再一次给广大从业者树立了学习的典范。

祝愿蒋广全先生在传统建筑彩画领域的辛勤耕耘中不断取得新成就，祝愿我们的传统建筑传承发展事业不断创造新辉煌！

祝愿本图集早日付梓！

马炳坚

二〇一五年四月于营宸斋

前言

我国传统建筑彩画内容丰富，形式多样，博大精深，装饰效果和艺术感染力极强。它的产生发展历史悠久。考古发现说明，至今最少已有五千年的历史。它是伴随着木构建筑的发展而发展，是集中体现中国传统建筑民族特色、文化特点的不可分割的重要组成部分。根据相关文献分析，我国传统建筑的发展在历史上经历过三个阶段：自周代就有了关于在建筑上运用色彩的制度，但尚未有明确的规范，属于相对自由的发展阶段；隋唐以后，至宋代逐渐制度化。在宋代颁布的《营造法式》中，就有了关于操作方法、工料估算等较严格的规范；至清代国家颁布《工程做法则例》，统一了官式建筑构件的模数和用工、用料标准，规范了建筑的等级标准和构造形式，使官式建筑高度程式化、定型化，彩画装饰也得到了进一步的规范。

清代的官式建筑彩画，无论从哪方面看，其成就都远远超过了历朝历代，达到了发展的高峰，是我国传统建筑彩画发展最辉煌的阶段。它吸收融汇了各地方彩画的诸多优点，创造出了等级鲜明，装饰效果强烈，有丰富内涵寓意，可灵活装饰各类建筑的法式彩画。如在明代彩画基础上形成的八种不同等级的旋子彩画；为体现皇权至上而创造的六种专用于皇家建筑的和玺彩画；为适合装饰住宅、园林建筑，贴近人们的生活而创造的方心式、包袱式、海墁式等三种不同形式和等级的苏式彩画；为装饰宫廷门阙而创造的红火热烈的宝珠吉祥草彩画；为装饰室内吊顶而创造的几十种人们喜闻乐见的天花彩画；为充分表现这些彩画的等级、风格和差别而采取的几十种不同做法和绘制工艺等等，都反映着清代彩画达到的艺术和技术高度。

古建彩画是祖先留给我们的一份极其珍贵的文化遗产，我们必须使之得到传承、弘扬与发展。但由于种种原因，我们已经有30余年没有专门培养这方面的技术人才了。当前，无论从研究、设计、施工、材料等方面看，都出现了严重的人才断档局面。可是我们大量的文物古建筑犹在，上面的老彩画犹在，它们已经经历了上百年、数百年甚至更长时间，并且在不断地风化、损毁、消失，需要加以有效的维修保护。即便是从发展祖国建筑文化传统、创作“中而新”的新型建筑和彩画的需要看，亦需大量的彩画人才。因此无论从哪方面来看，培养传统建筑彩画人才都是时代的需要，是文物保护和城乡建设的需要，是当务之急。

以前培养古建人才因为缺乏教材，主要是采取以师傅带徒弟、口传心授的方式来进行。这种方式虽然很传统也很有效，但在当今古建筑老匠师十分稀缺，古建筑工艺技术濒临失传的情况下，仅凭口传心授是远远不够的。我们必须把这门技艺整理出来，编写成书，使之见于经传，才能永续流传。2005年，我曾整理出版了《中国清代官式建筑彩画技术》一书，深受业内欢迎，大家把它作为教材和重要参考书在工程和教学领域广泛应用，取得了很好的效果。由于受到篇幅的限制，其中的图例不多，于是我便产生了编绘《中国清代官式建筑彩画图集》的念头，近年来，我从调查研究入手，用了较长时间编绘了这本图集。图集中大部分纹饰是从现存文物建筑中筛选出来的，也包括我从多年施工、设计、教学中悟到的一些经验和做法总结。应当说《图集》是第二手资料，第一手资料仍是现存的文物建筑上面的老彩画。我们不能等，不能等到古建老彩画消失殆尽时再来想保护和传承这件事，到那时候就晚了。

整理《图集》的目的主要有三：一是为宣扬普及彩画知识，使之在传授时有个形象的教材；二是为建档，不致使文物彩画经多次辗转修缮后失掉原样；三是为传统建筑的施工和文物修复提供些参考资料。为使用方便，图集还列出了彩画行业中长期流传使用的“清代官式建筑彩画颜色代号表”以及清代不同时期常见的旋子彩画、和玺彩画、苏式彩画、宝珠吉祥草彩画、海墁彩画五类彩画及其具体的标色方法、工艺做法等。

我国古代建筑彩画所携带的历史信息是多方面的，非常宝贵而丰富。它不但反映了古代匠人的聪明智慧，更具体反映了当时人们的审美情趣和艺术成就，是历史的见证。细细研究品味，真是取之不尽，用之不竭，品鉴不够，爱不释手，我们必须倍加珍惜爱护。若将传统建筑彩画比喻为沧海，我编绘的这本图集只是沧海之一粟，定会有许多不足之处，深切盼望得到广大朋友学人的批评指正。

本图集在编辑成书过程中，承蒙老友马炳坚先生鼎力相助，同时得到了弟子王妍同志不辞辛劳的整理帮助，在此一并深表谢意。

蒋广全

二〇一四年十二月八日于北京

清代官式建筑彩画颜色代号表

颜色代号	一	二	三	四	五	六	七	八	九	十	工
颜色名称	米色	淡青	香色	水红	粉紫	绿	青	黄	紫	黑	红
说明	从“一”至“五”间的颜色代号所代表的是彩画的小色，实际标色不经常运用。从“六”至“工”之间的颜色代号所代表的是彩画常用的几种主要大色，实际中经常运用。										

目录

一、和玺彩画部分……1
二、旋子彩画部分……37
三、苏式彩画部分……83
四、宝珠吉祥草彩画部分……137
五、天花彩画部分……139
六、零散构件彩画部分……165
后记……183
附……184

一、和玺彩画部分

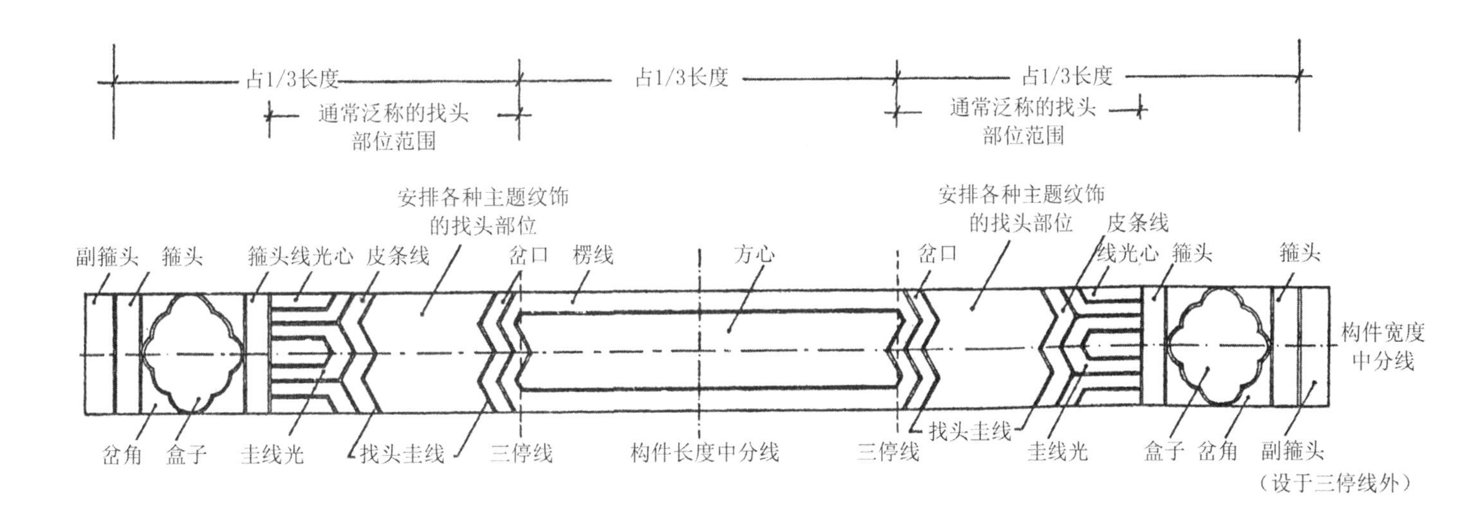

占1/3长度
占1/3长度
占1/3长度
通常泛称的找头
部位范围
通常泛称的找头
部位范围
安排各种主题纹饰
的找头部位
安排各种主题纹饰
的找头部位
副箍头
箍头
箍头线光心
皮条线
岔口
楞线
方心
岔口
皮条线
线光心
箍头
箍头
构件宽度
中分线
岔角
盒子
圭线光
找头圭线
三停线
构件长度中分线
三停线
找头圭线
圭线光
盒子
岔角
副箍头
（设于三停线外）

和玺彩画各部位纹饰名称图

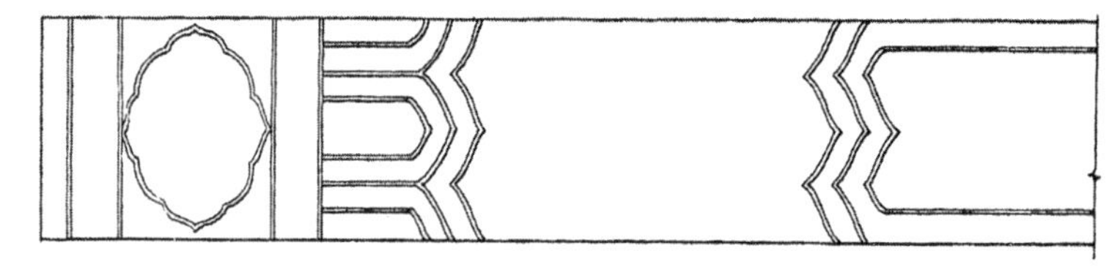

① 曲斜大线画法之一见于清代早期和玺彩画

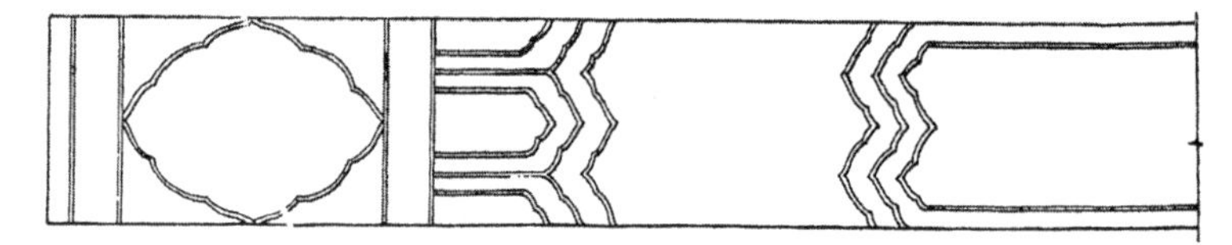

② 曲斜大线画法之二见于清代早期非常高等级的和玺彩画

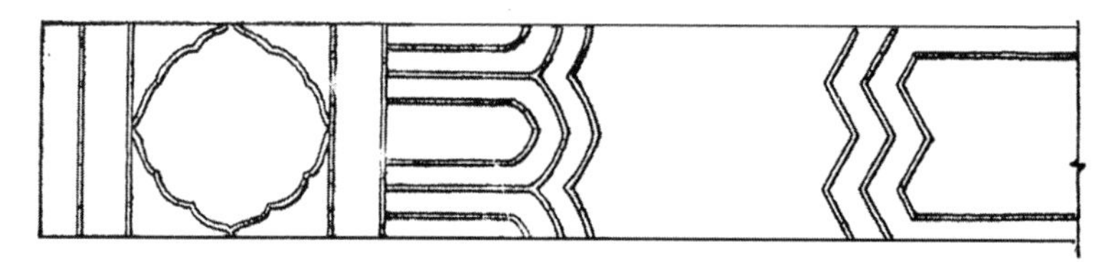

③ 曲、直斜大线并用画法仅见于清代中期以前某些和玺彩画
（代表着和玺由曲斜大线向直斜大线转变时期的画法）

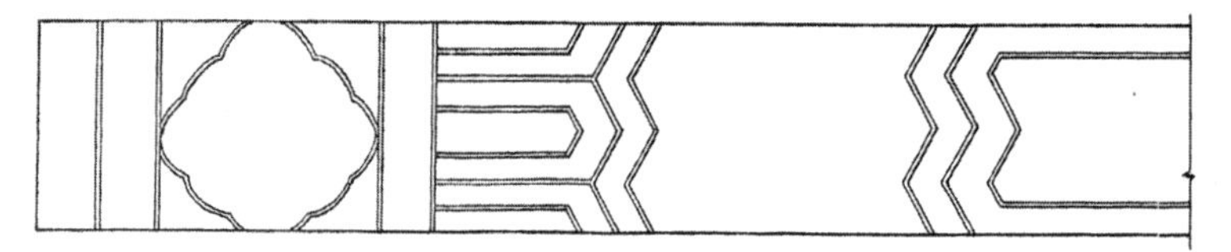

④ 直斜大线画法常见于清代中期、后期及清晚期和玺彩画

①～④不同时期和玺彩画框架大线的画法特征与演变

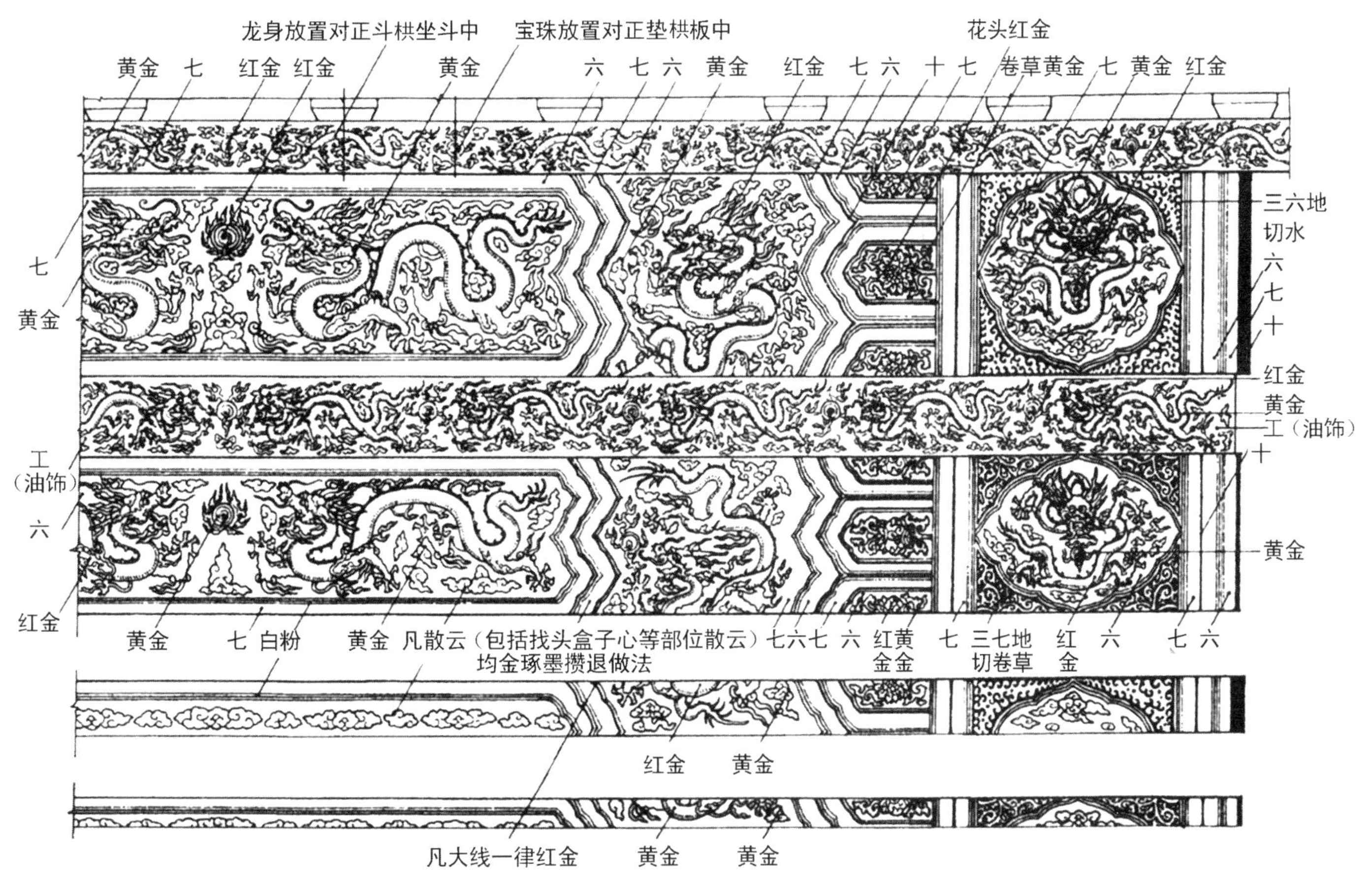
龙身放置对正斗栱坐斗中
宝珠放置对正垫栱板中
花头红金
黄金 七 红金 红金
黄金
六 七 六 黄金
红金 七 六 十 七
卷草黄金 七 黄金 红金
七
黄金
工
（油饰）
六
红金
三六地
切水
六
七
十
红金
黄金
工（油饰）
十
黄金
黄金 七 白粉 黄金 凡散云（包括找头盒子心等部位散云）
均金琢墨攒退做法
七六七 六 红黄
金金
七 三七地
切卷草
红
金
六 七 六
红金 黄金
凡大线一律红金 黄金 黄金
①清代早期龙和玺

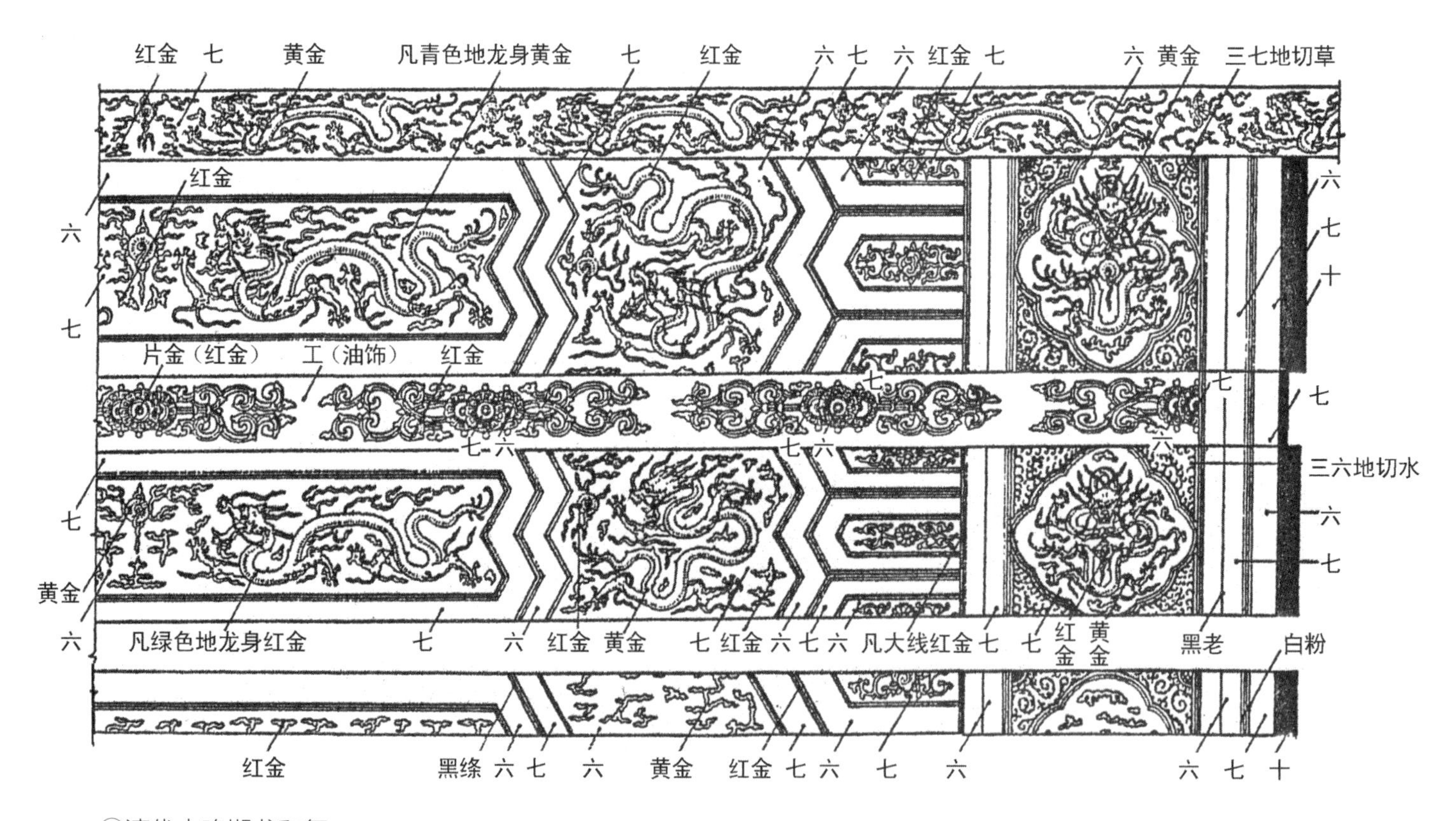

红金
七
黄金
凡青色地龙身黄金
七
红金
六
七
六
红金
七
六
黄金
三七地切草
红金
六
七
片金（红金）
工（油饰）
红金
七
七
六
七
六
七
六
十
七
三六地切水
六
七
七
黄金
六
凡绿色地龙身红金
七
六
红金
黄金
七
红金
六
七
六
凡大线红金
七
七
红金
黄金
黑老
白粉
红金
黑绛
六
七
六
黄金
红金
七
六
七
六
六
七
十

②清代中晚期龙和玺

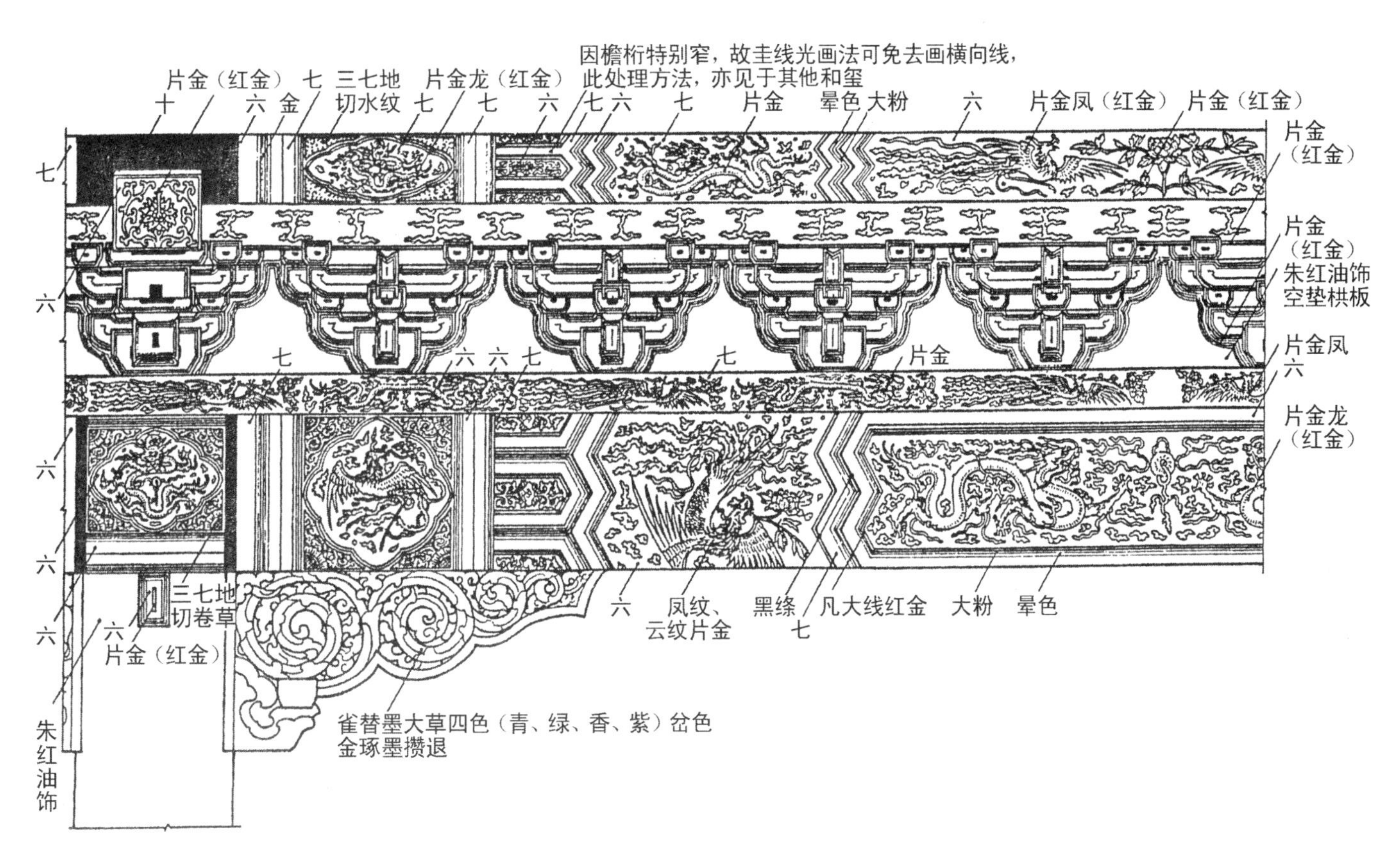
因檐桁特别窄，故圭线光画法可免去画横向线，
此处理方法，亦见于其他和玺
片金（红金）
七
三七地
切水纹
片金龙（红金）
十
六
金
七
七
六
七
六
七
片金
晕色
大粉
六
片金凤（红金）
片金（红金）
片金
（红金）
片金
（红金）
朱红油饰
空垫拱板
片金凤
六
片金龙
（红金）
七
六
六
六
六
七
六
六
七
七
片金
三七地
切卷草
六
片金（红金）
朱红油饰
六
凤纹、
云纹片金
黑绦
七
凡大线红金
大粉
晕色
雀替墨大草四色（青、绿、香、紫）岔色
金琢墨攒退

③龙凤和玺

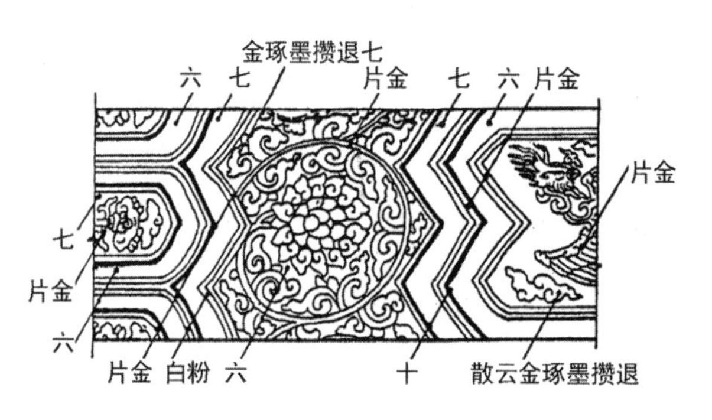
金琢墨攒退七
六
七
片金
七
六
片金
片金
七
片金
六
片金
白粉
六
十
散云金琢墨攒退

西番莲找头构件

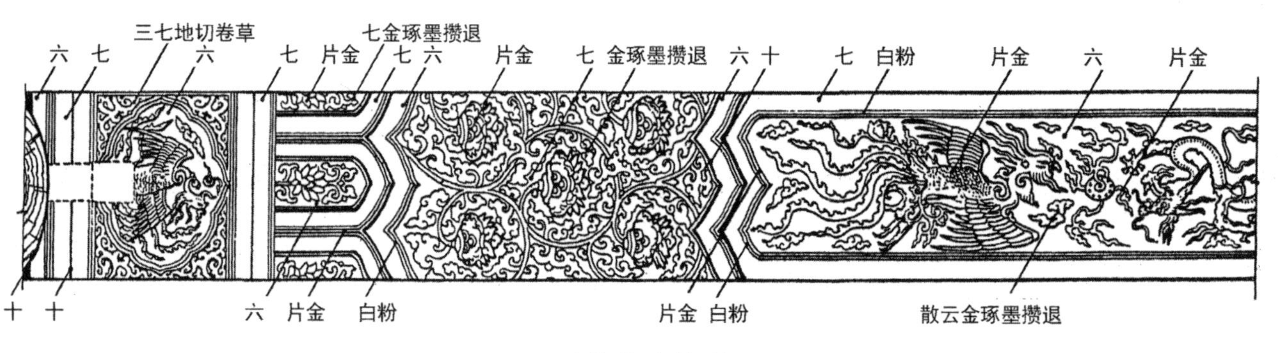
三七地切卷草
七金琢墨攒退
六
七
六
七
片金
七
六
片金
七
金琢墨攒退
六
十
七
白粉
片金
六
片金
十
十
六
片金
白粉
片金
白粉
散云金琢墨攒退

灵芝找头构件

④龙凤方心西番莲、灵芝找头和玺

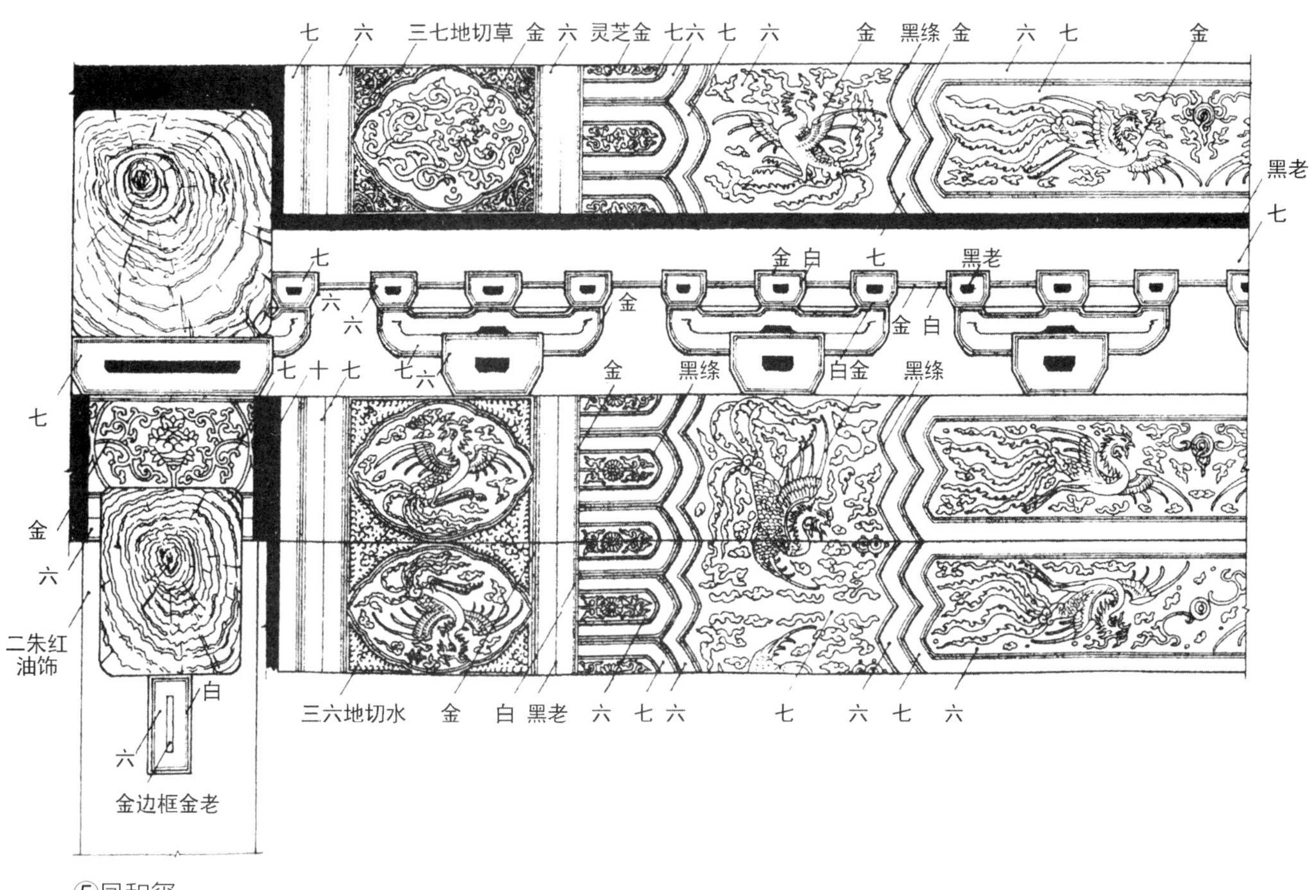
七
六
三七地切草
金
六
灵芝金
七六
七
六
金
黑绦
金
六
七
金
黑老
七
七
金
白
七
黑老
六
六
金
金
白
七
十
七
七
六
金
黑绦
白金
黑绦
七
金
六
二朱红
油饰
白
六
金边框金老
三六地切水
金
白
黑老
六
七
六
七
六
七
六

⑤凤和玺

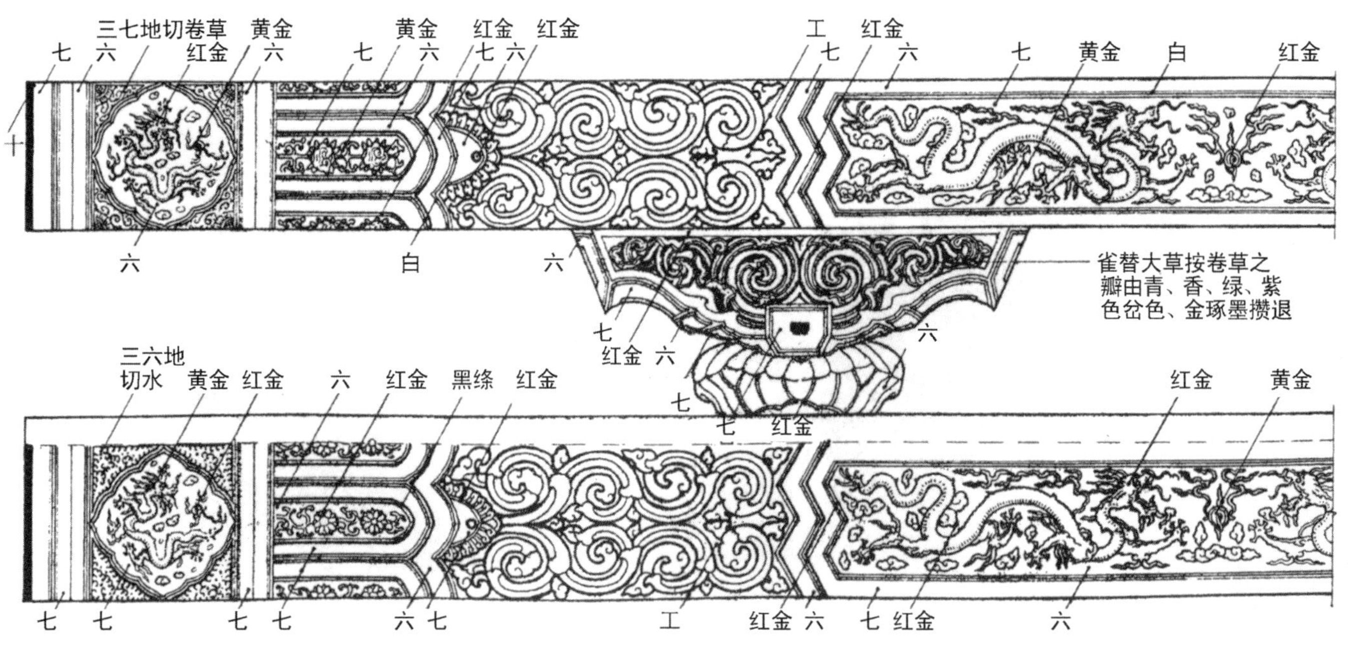
三七地切卷草
黄金
七
六
红金
六
黄金
七
六
红金
七
六
红金
工
红金
七
六
七
黄金
白
红金
十
六
白
六
雀替大草按卷草之
瓣由青、香、绿、紫
色岔色、金琢墨攒退
七
红金
六
六
三六地
切水
黄金
红金
六
红金
黑绦
红金
七
七
红金
红金
黄金
七
七
七
七
六
七
工
红金
六
七
红金
六

⑥龙草和玺

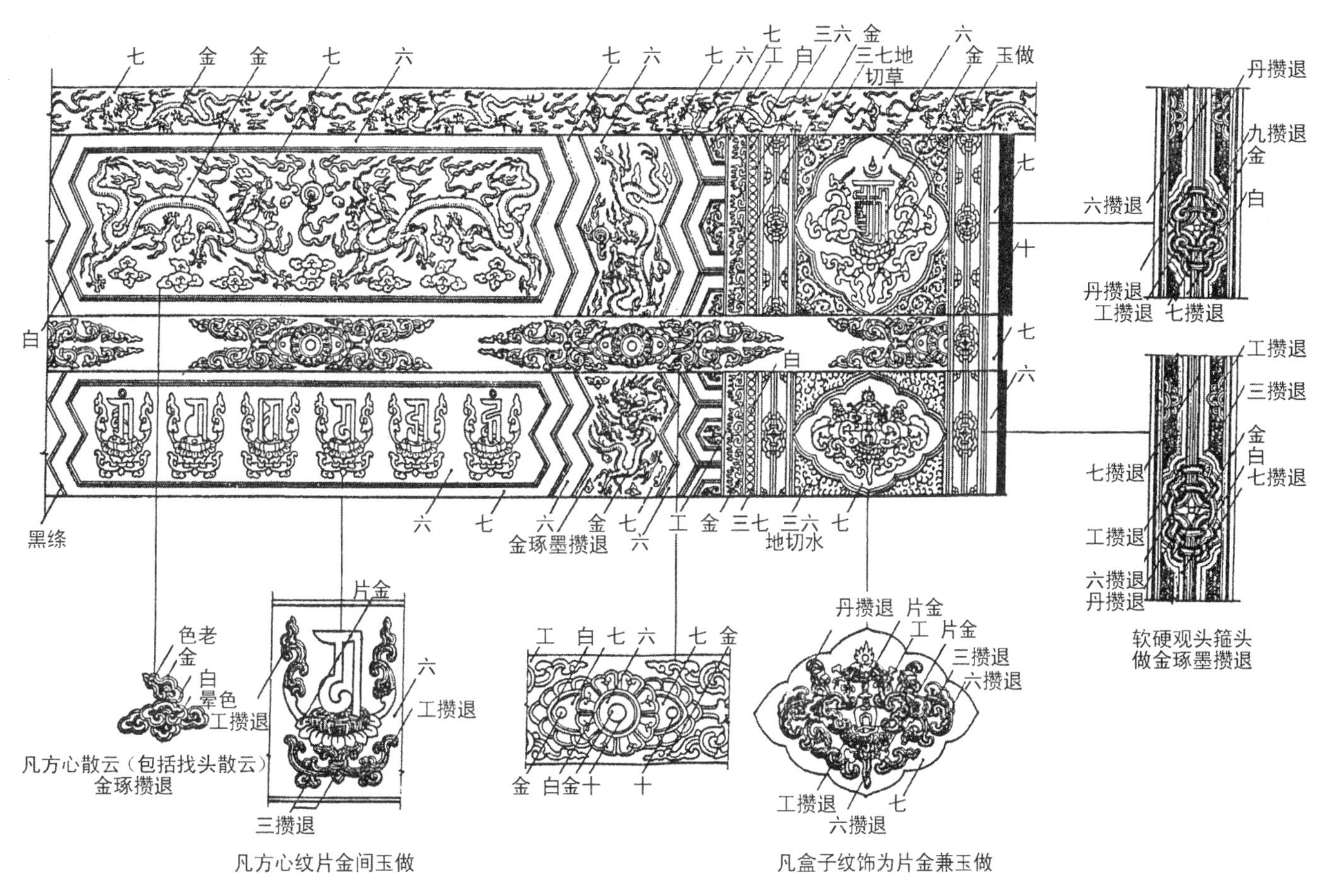
七
金
六
白
三六
三七地
切草
玉做
丹攒退
九攒退
六攒退
十
丹攒退
工攒退
七攒退
三攒退
黑绦
金琢墨攒退
地切水
片金
色老
晕色
凡方心散云（包括找头散云）
金琢攒退
三攒退
六攒退
软硬观头箍头
做金琢墨攒退
凡方心纹片金间玉做
凡盒子纹饰为片金兼玉做

⑦梵文龙和玺

①～⑦和玺彩画六种做法品级

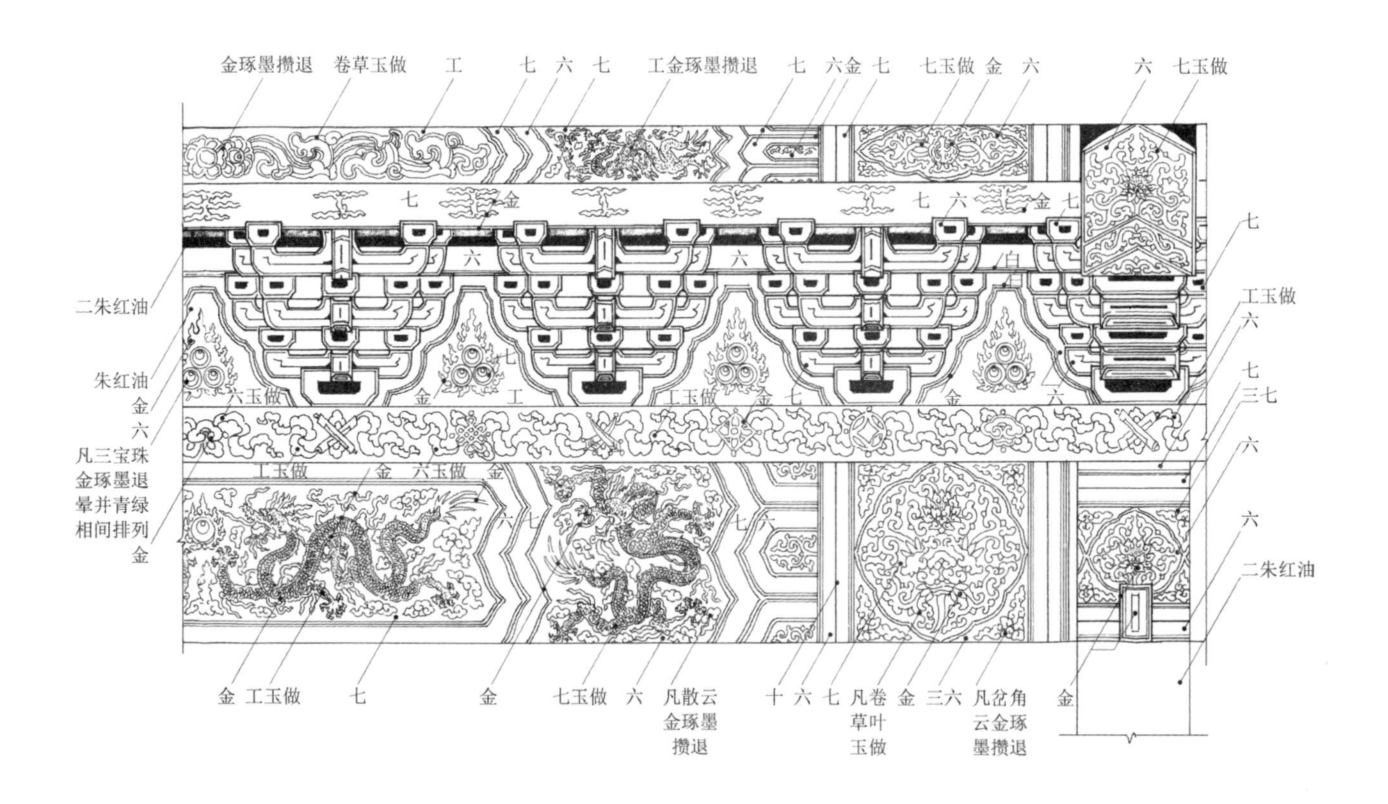

金琢墨攒退
卷草玉做
工
七
六
七
工金琢墨攒退
七
六金
七
七玉做
金
六
六
七玉做
二朱红油
朱红油
金
六
凡三宝珠
金琢墨退
晕并青绿
相间排列
金
工玉做
六
七
三七
六
六
二朱红油
金
工玉做
七
金
七玉做
六
凡散云
金琢墨
攒退
十
六
七
凡卷
草叶
玉做
金
三六
凡岔角
云金琢
墨攒退
金

龙草和玺之一

（本图描自“紫禁城宫殿”，略有修改）

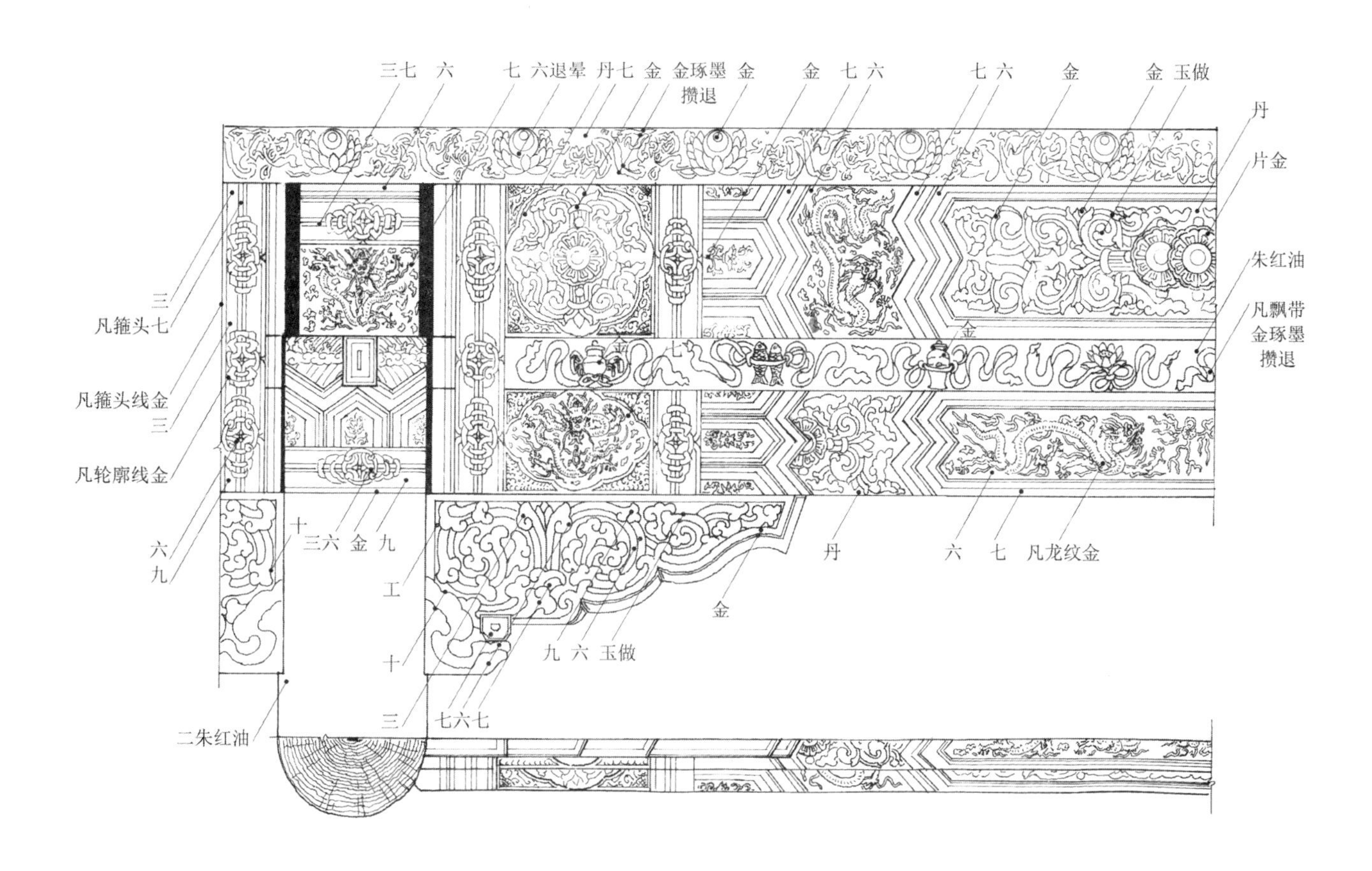
三七 六
七 六退晕 丹七 金 金琢墨 金
攒退
金 七 六
七 六
金
金 玉做
丹
片金
朱红油
凡飘带
金琢墨
攒退
三
凡箍头七
凡箍头线金
三
凡轮廓线金
六
九
十
三六 金 九
工
十
三
七六七
九 六 玉做
金
金
丹
六 七 凡龙纹金
二朱红油

龙草和玺之二

（本做法适用于佛教建筑）

七
六 三七 六
六七 工
七七六 七
金 金 七
朱红油
六
金
七
七
六
金
金
金
金
六 二朱红油
七 金 三六 七 金 六金 七 六 七 金 工 六七金 三七白

龙草和玺之三

（本和玺只适于藏传佛教建筑）

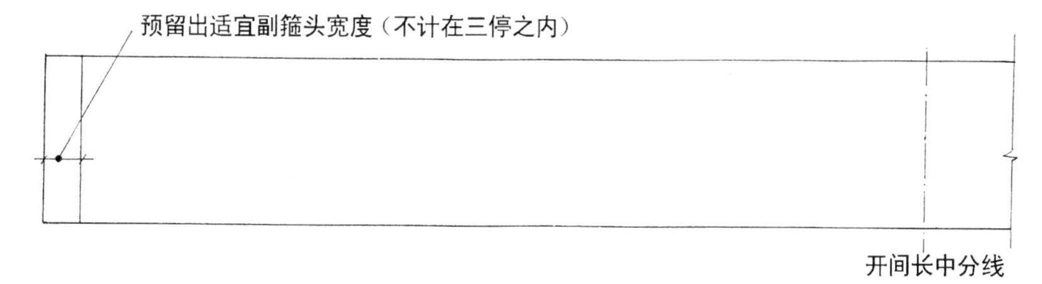
预留出适宜副箍头宽度（不计在三停之内）
开间长中分线

①预留出副箍头宽度、分中

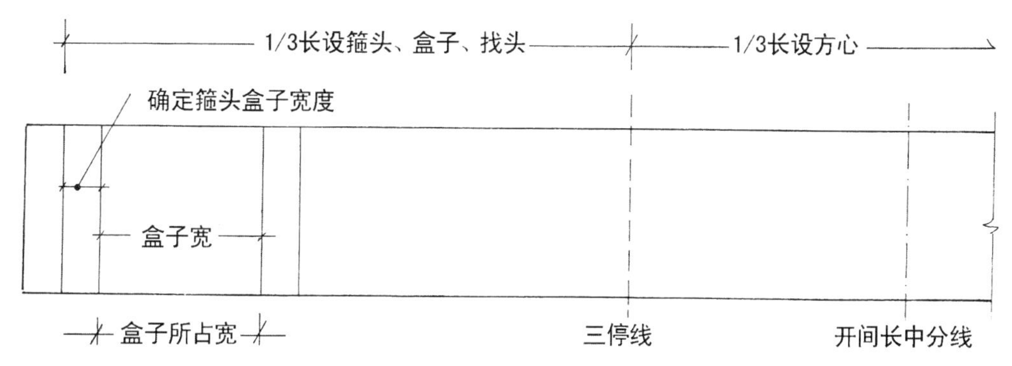
1/3长设箍头、盒子、找头
1/3长设方心
确定箍头盒子宽度
盒子宽
盒子所占宽
三停线
开间长中分线

②分三停、确定箍头盒子宽度（按实际需要，盒子宽度有的可设为方形，有的可设为立高形。此以方形为例。）

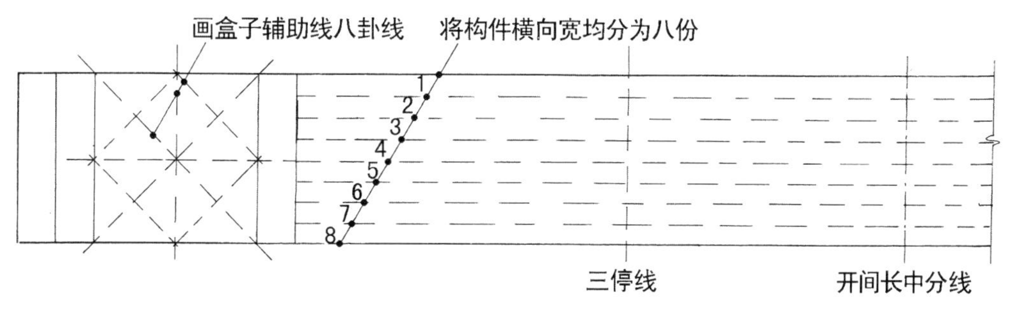
画盒子辅助线八卦线
将构件横向宽均分为八份
1
2
3
4
5
6
7
8
三停线
开间长中分线

③画出辅助盒子造型的八卦线、将构件横向宽向均分八等份

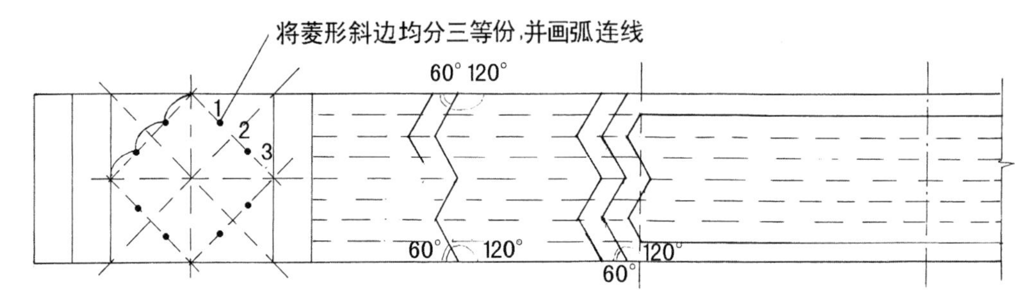
将菱形斜边均分三等份，并画弧连线
60° 120°
1
2
3
60°
120°
60°
120°

④将盒子的菱形辅助线每边均分三等份、以辅助线为份按规矩画出斜大线，每一斜线斜度按 60° 或 120° 。

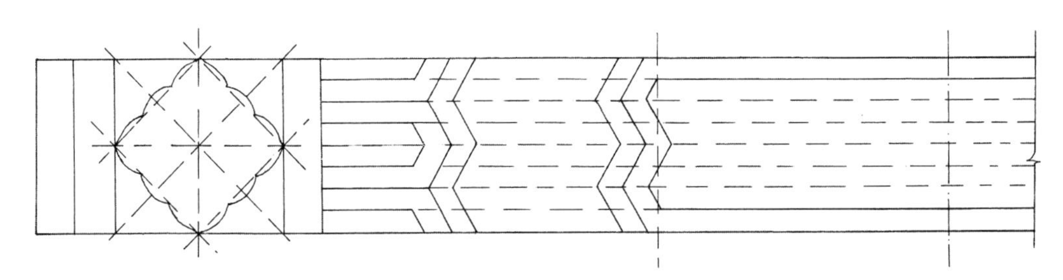

⑤画出盒子及各部位框架大线造型

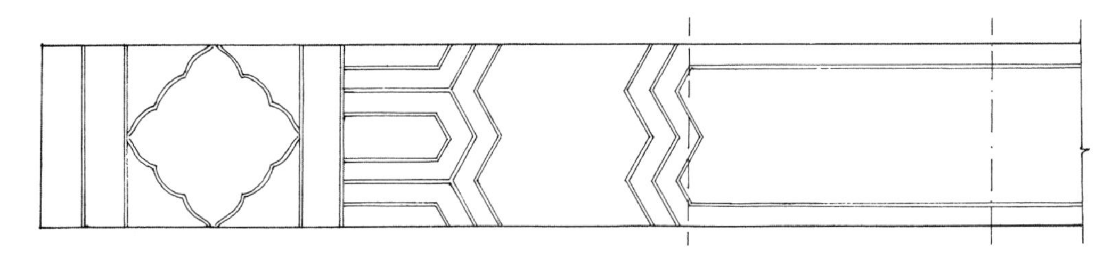

⑥把所有已绘单线造型，转绘成双线

①～⑥有代表性的宽大构件和玺框架大线六个画法步骤示意图

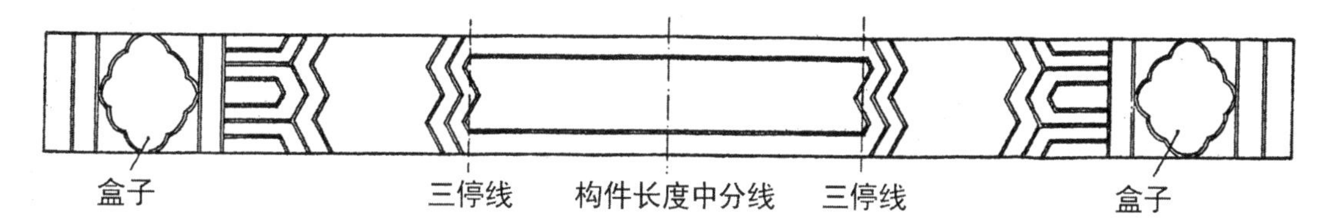
盒子
三停线
构件长度中分线
三停线
盒子
大开间构件加画盒子箍头画法

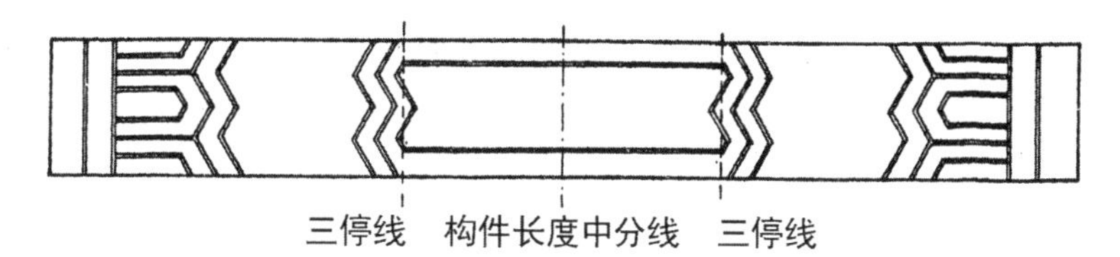
三停线
构件长度中分线
三停线
相对较小开间构件画法

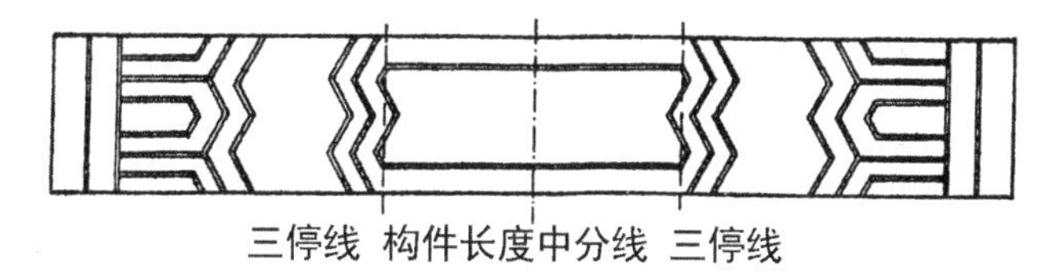
三停线
构件长度中分线
三停线
相对更小开间构件画法

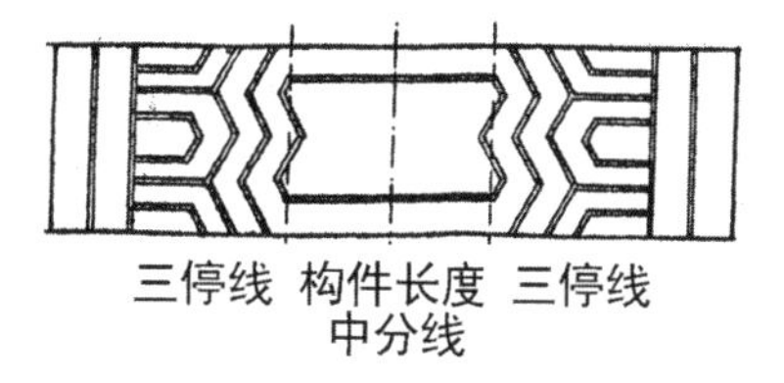
三停线
构件长度
中分线
三停线
相对最小开间构件画法

大开间加画盒子及较小开间不画盒子的构图对照

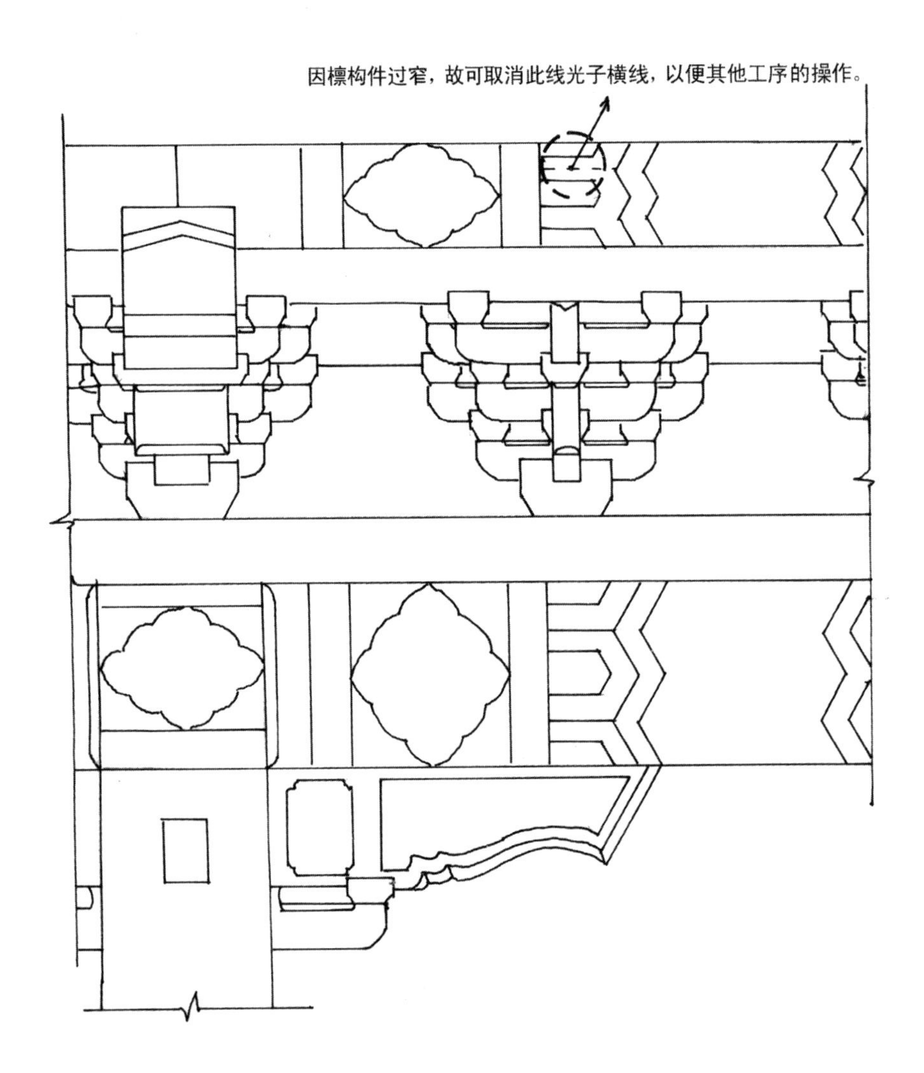
因檩构件过窄，故可取消此线光子横线，以便其他工序的操作。

较窄檩构件和玺大线特殊构图方式

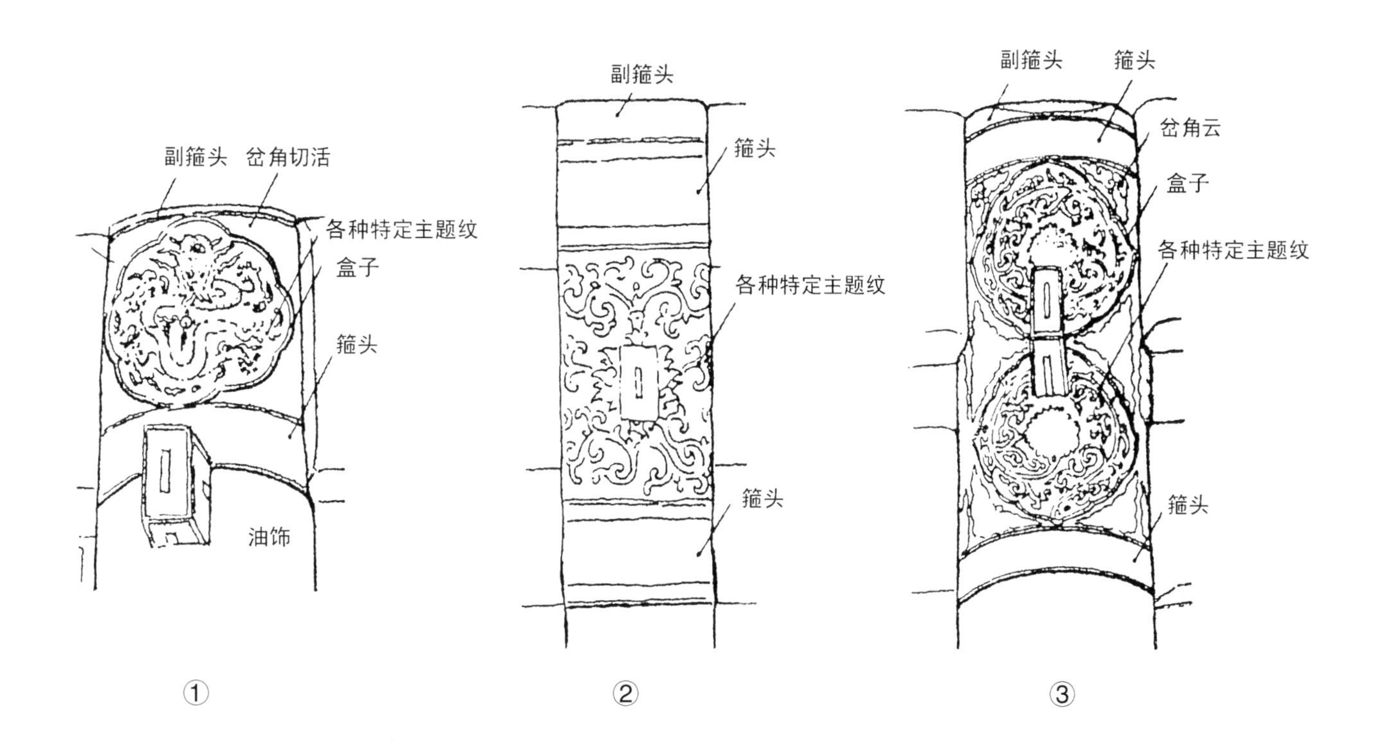
副箍头
岔角切活
各种特定主题纹
盒子
箍头
油饰
①
副箍头
箍头
各种特定主题纹
箍头
②
副箍头
箍头
岔角云
盒子
各种特定主题纹
箍头
③

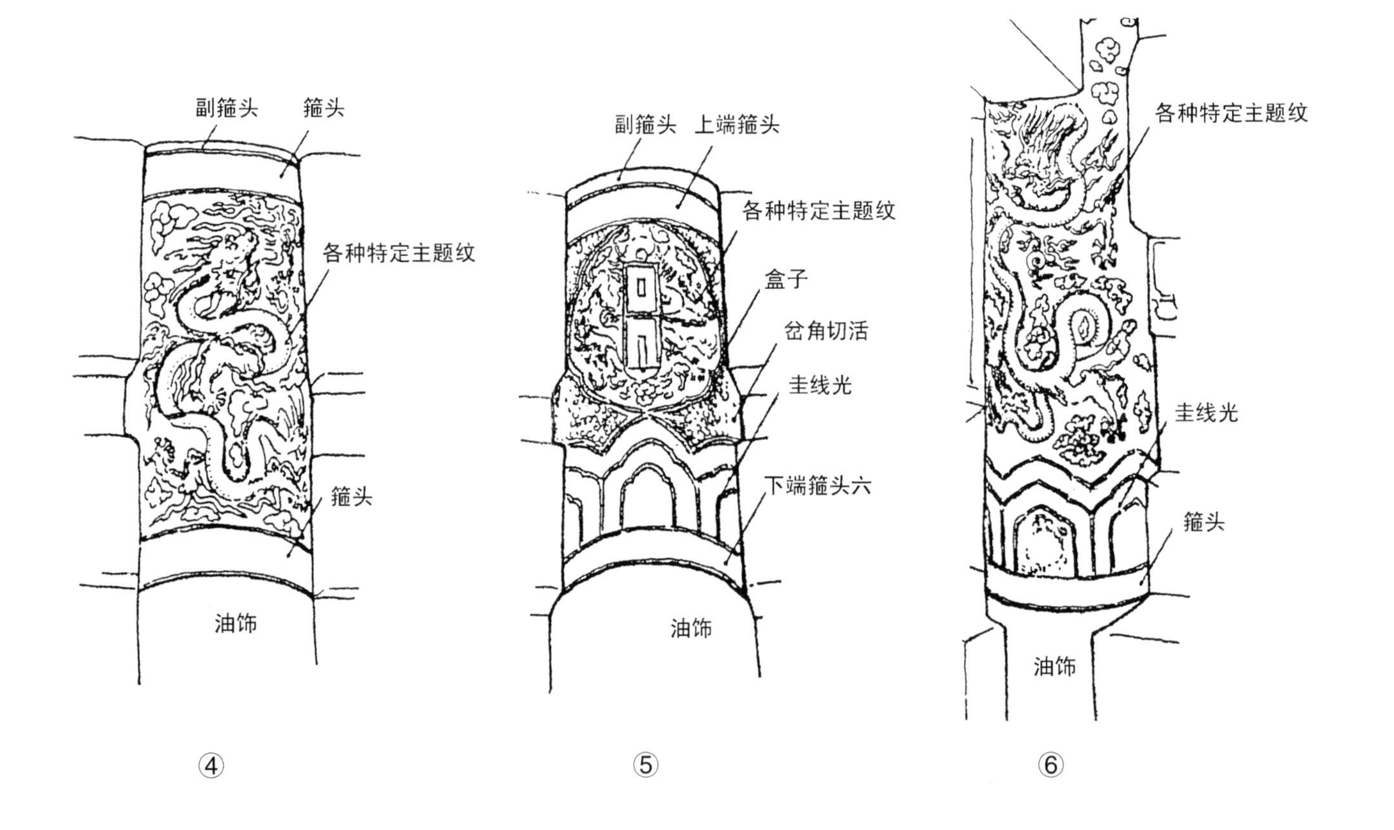
副箍头
箍头
各种特定主题纹
箍头
油饰
④
副箍头
上端箍头
各种特定主题纹
盒子
岔角切活
圭线光
下端箍头六
油饰
⑤
各种特定主题纹
圭线光
箍头
油饰
⑥

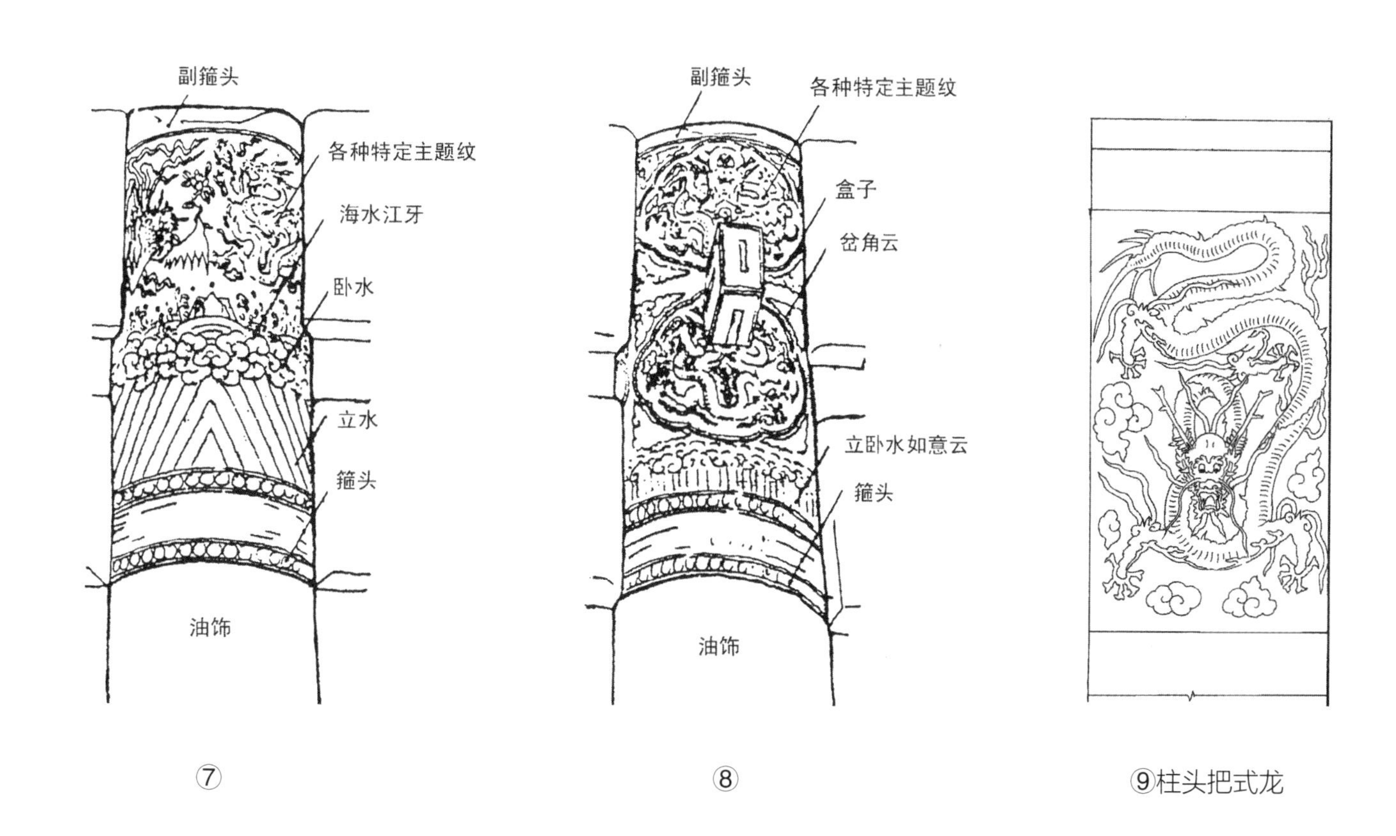
副箍头
各种特定主题纹
海水江牙
卧水
立水
箍头
油饰
副箍头
各种特定主题纹
盒子
岔角云
立卧水如意云
箍头
油饰

⑦

⑧

⑨柱头把式龙

①～⑨和玺柱头纹饰画法

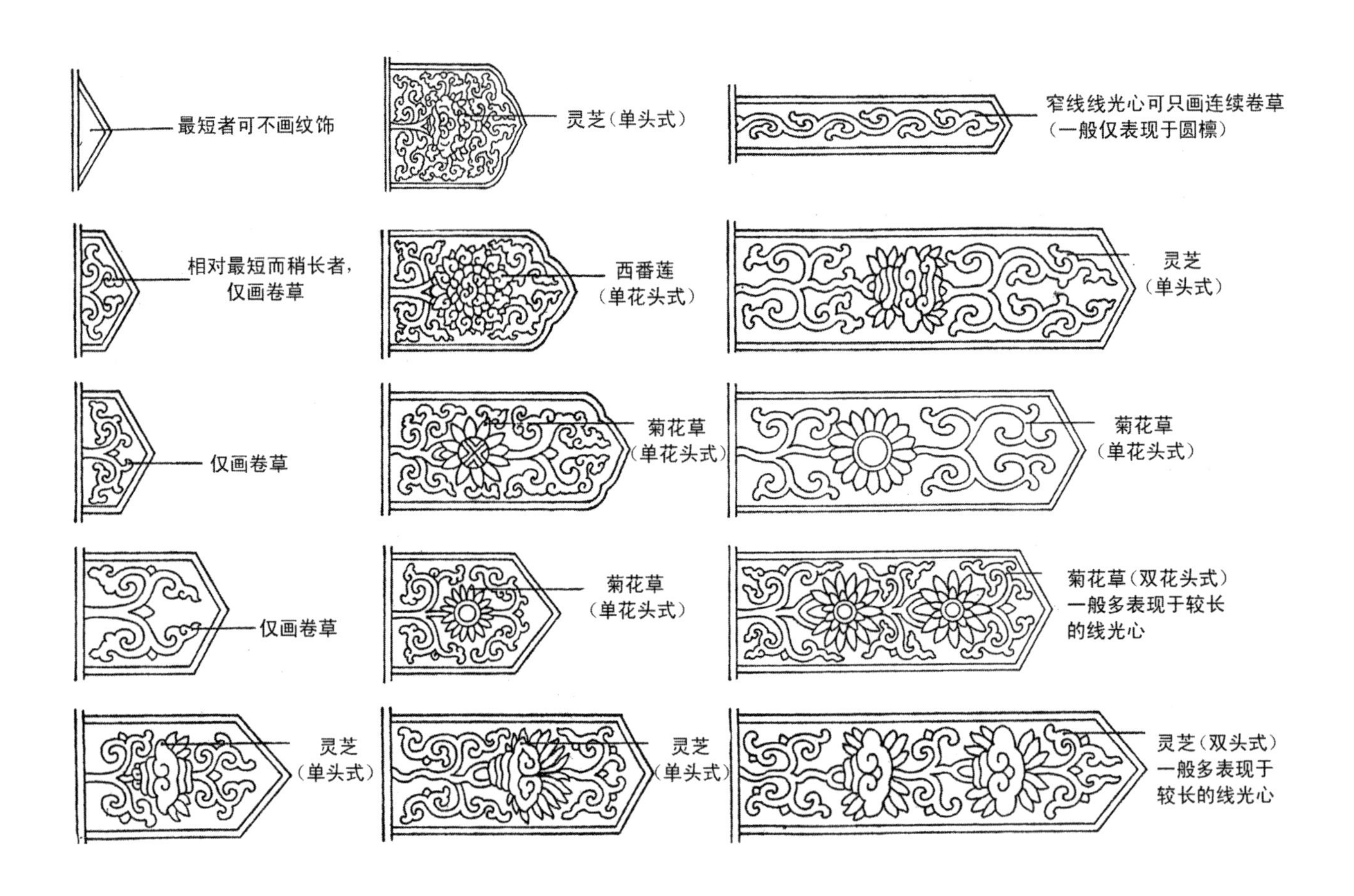
最短者可不画纹饰
灵芝(单头式)
窄线线光心可只画连续卷草
(一般仅表现于圆檩)
相对最短而稍长者,
仅画卷草
西番莲
(单花头式)
灵芝
(单头式)
仅画卷草
菊花草
(单花头式)
菊花草
(单花头式)
仅画卷草
菊花草
(单花头式)
菊花草(双花头式)
一般多表现于较长
的线光心
灵芝
(单头式)
灵芝
(单头式)
灵芝(双头式)
一般多表现于
较长的线光心

和玺找头线光心纹饰多种画法

①构件右侧盒子坐龙

②找头升龙

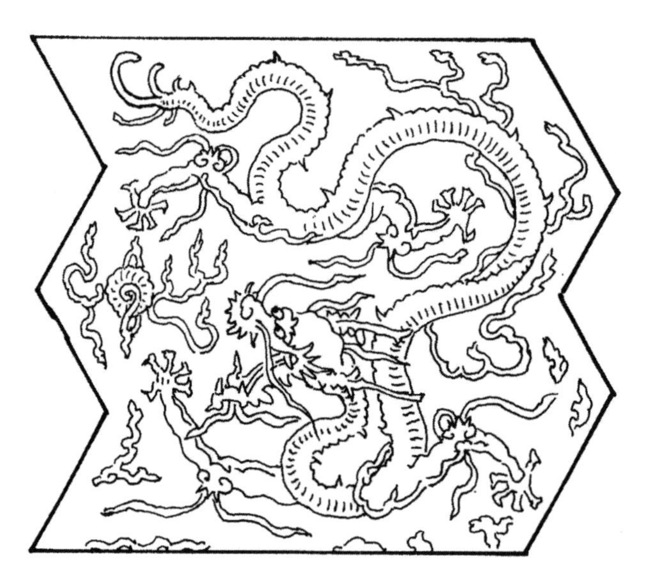

③找头降龙

④方心行龙

⑤方心行龙

⑥找头升龙

⑦方心法轮吉祥草

⑧找头法轮吉祥草

⑨凤和玺盒子凤纹

⑩凤和玺方心凤纹

⑪ 西番莲灵芝找头和玺找头灵芝纹

⑫ 西番莲灵芝找头和玺找头西番莲纹

⑬ 各种和玺彩画垫板法轮吉祥草——公草

⑭ 各种和玺彩画垫板法轮吉祥草——母草

①—⑭ 和玺彩画细部主题纹饰

开间中线

①垫板跑龙

开间中线

②垫板龙凤

①～②和玺彩画的垫板跑龙、龙凤彩画

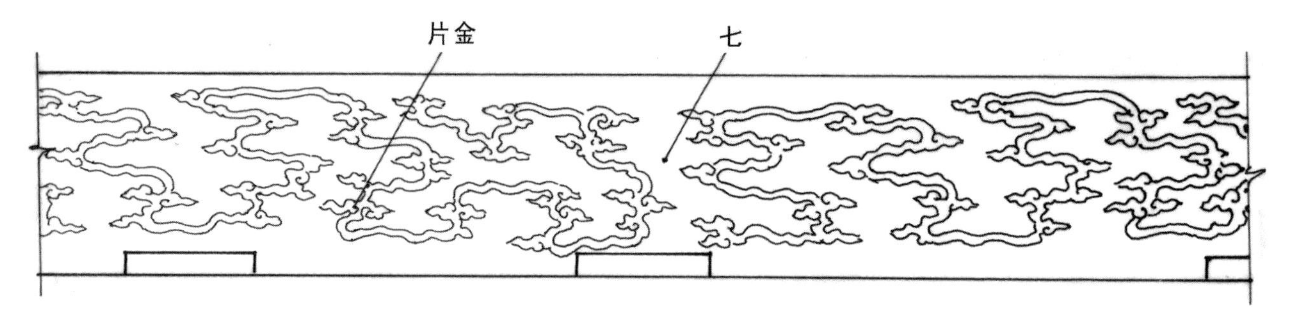
片金
七
①片金流云（多见于清中期）

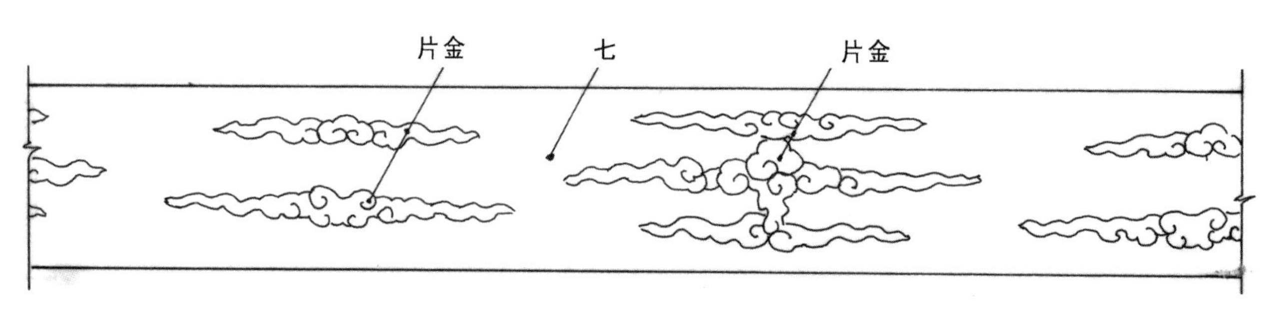
片金
七
片金
②片金二王云（多见于清早中期）

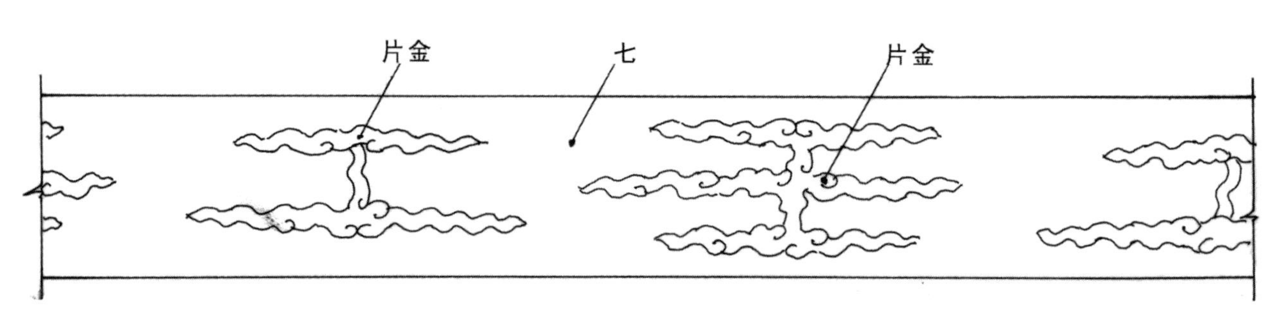
片金
七
片金
③片金工王云（多见于清晚期）

①～③与和玺彩画相匹配的挑檐枋片金流云、片金二王云、片金工王云彩画

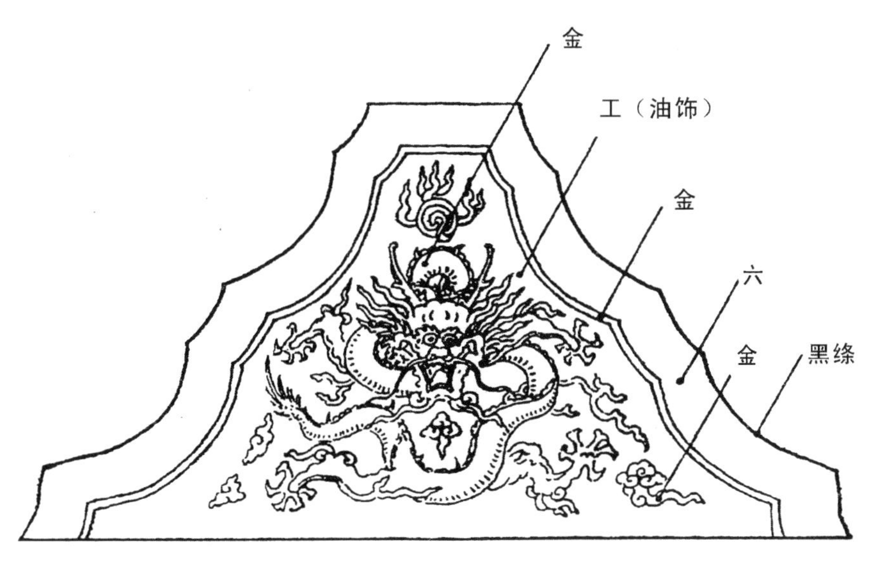
金
工（油饰）
金
六
金
黑绦
①坐龙垫栱板

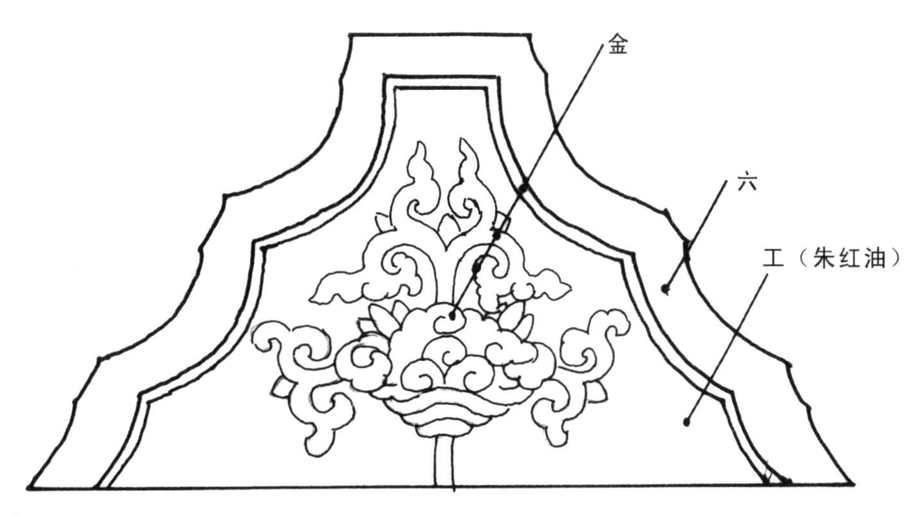
金
六
工（朱红油）
②灵芝垫栱板

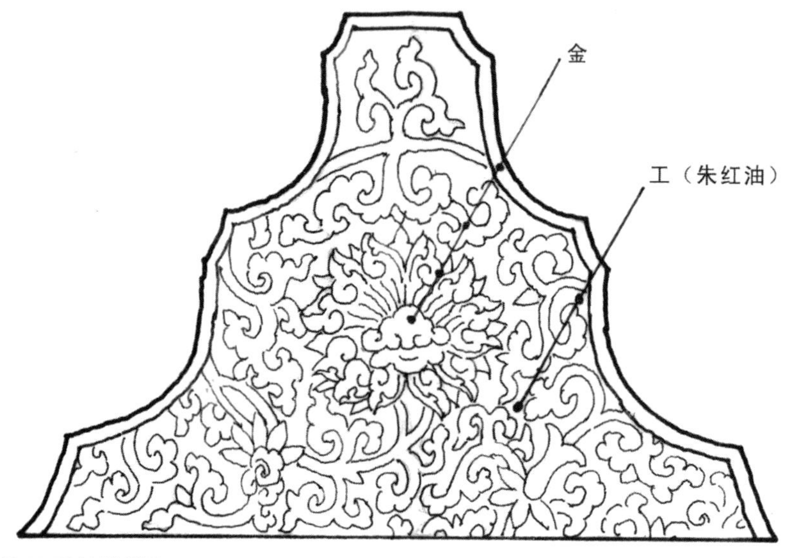
金
工（朱红油）
③西番莲垫栱板

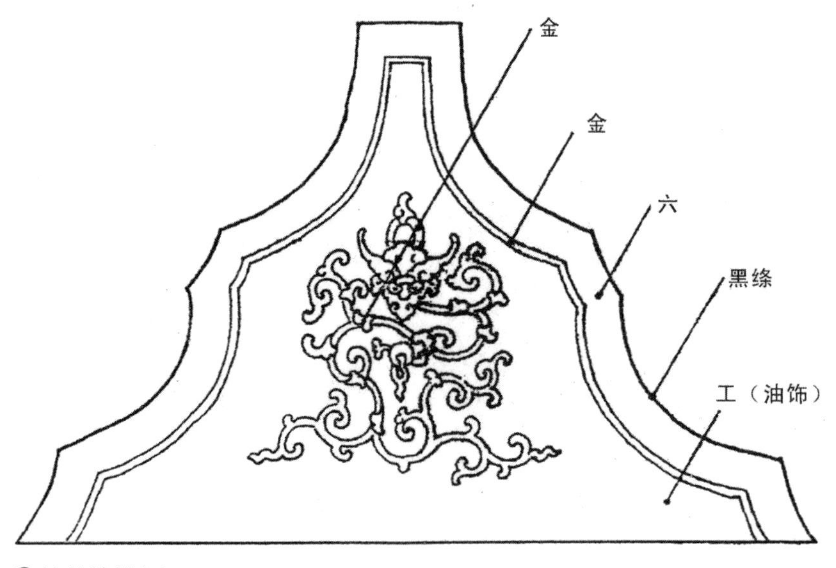
金
金
六
黑绦
工（油饰）
④夔龙垫栱板

①～④和玺彩画的垫栱板彩画

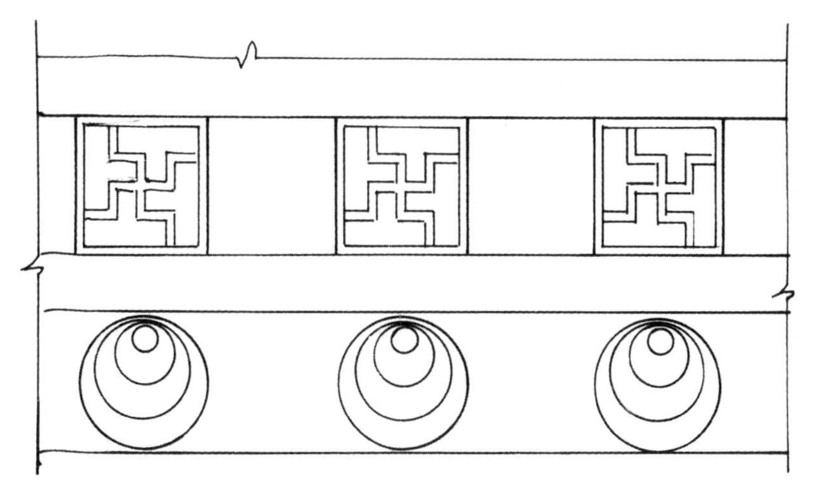

①飞头片金万字椽头青绿相间排列退晕片金龙眼

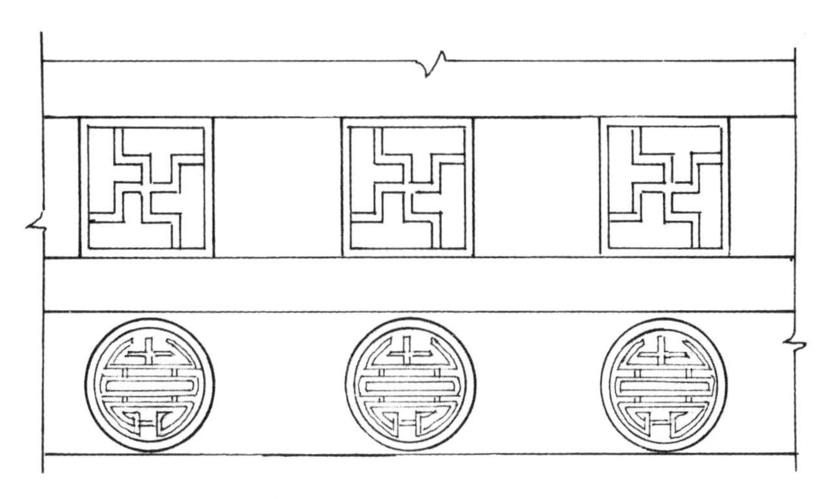

②飞头片金万字椽头片金寿字

①～③和玺彩画的椽头椽望彩画

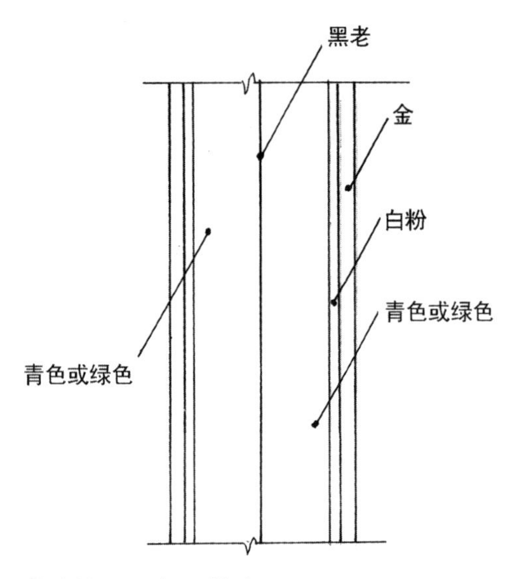
黑老
金
白粉
青色或绿色
青色或绿色

①金线无晕色死箍头

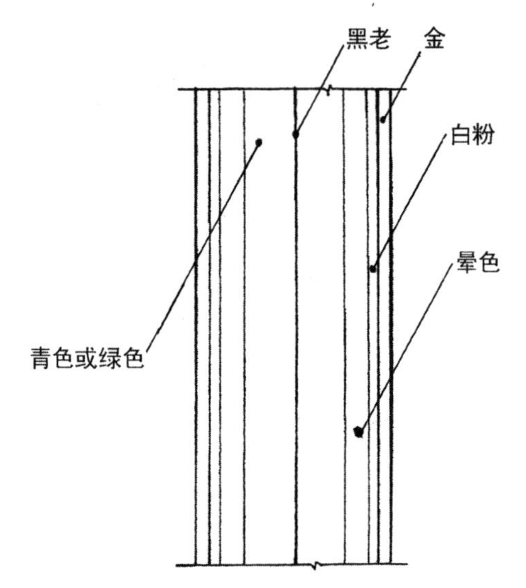
黑老
金
白粉
晕色
青色或绿色

②金线带晕色死箍头

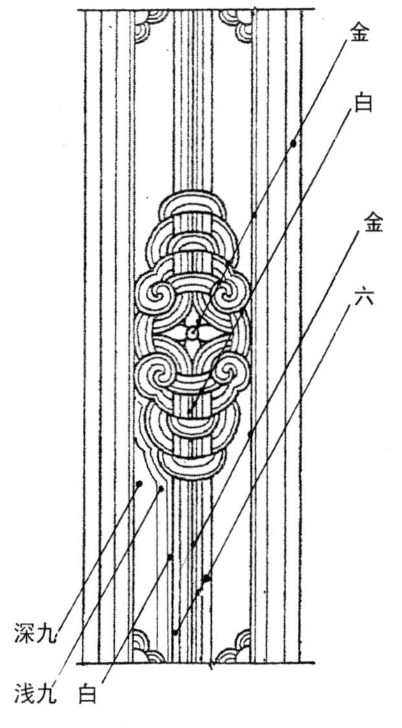
金
白
金
六
深九
浅九
白

③金琢墨软观头活箍头

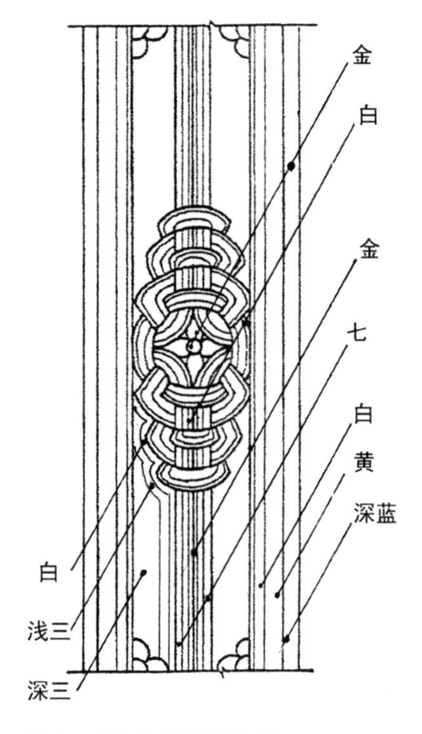
金
白
金
七
白
黄
深蓝
白
浅三
深三

④金琢墨硬观头活箍头

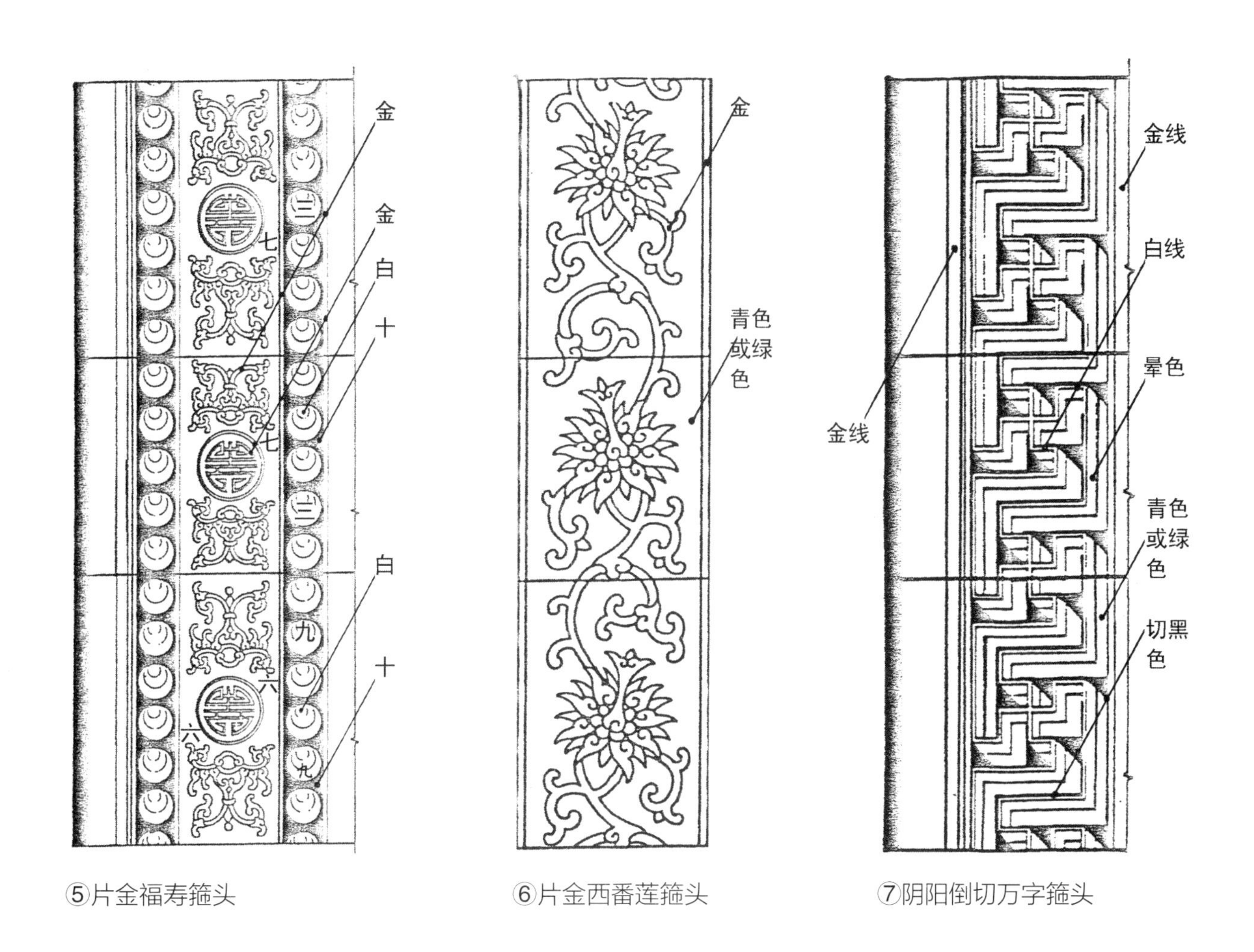
金
金
白
十
七
三
七
三
九
六
六
九
白
十
金
青色
或绿
色
金线
白线
晕色
青色
或绿
色
切黑
色
金线

⑤片金福寿箍头　　⑥片金西番莲箍头　　⑦阴阳倒切万字箍头

①～⑦和玺彩画的箍头画法

二、旋子彩画部分

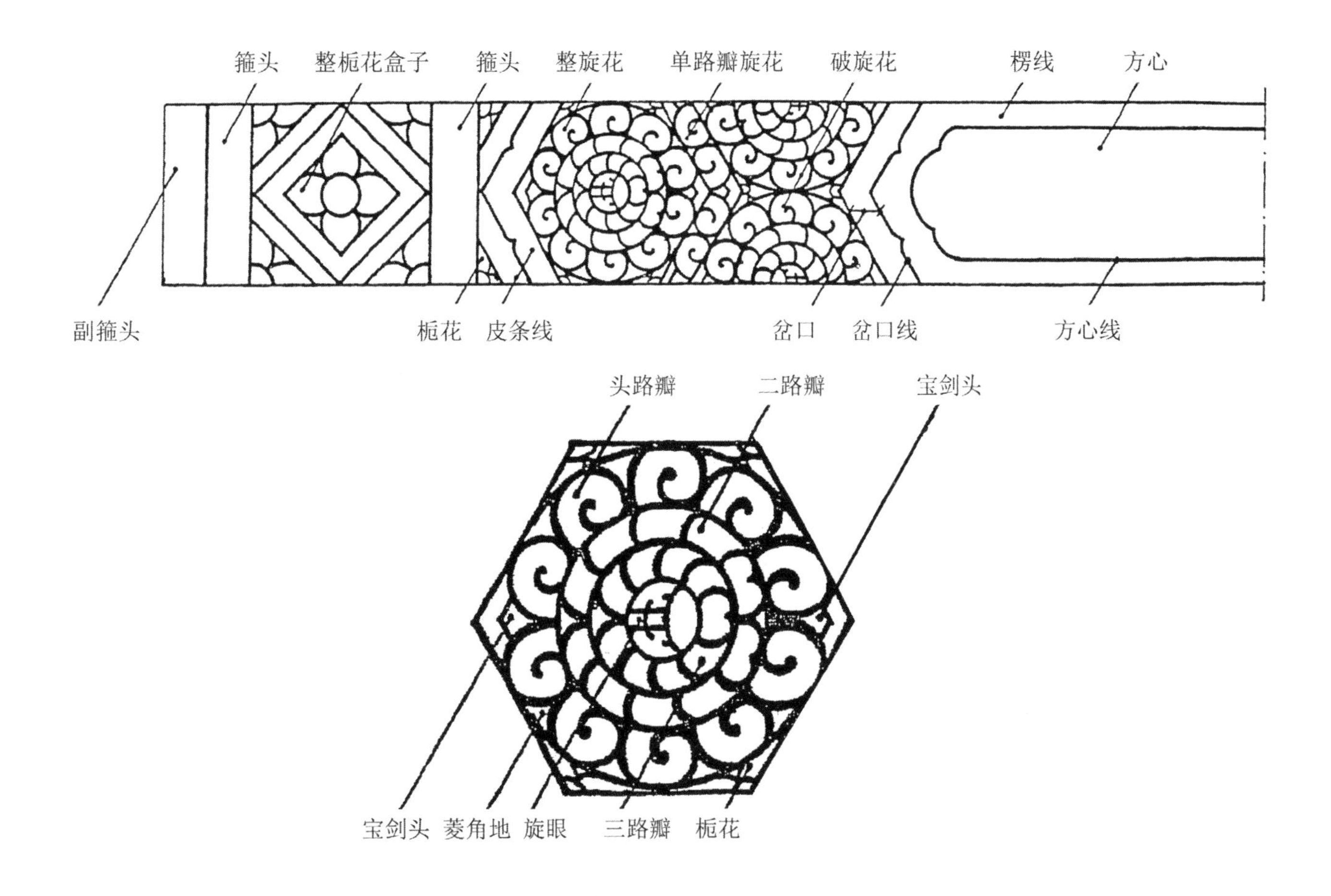

箍头
整栀花盒子
箍头
整旋花
单路瓣旋花
破旋花
楞线
方心
副箍头
栀花
皮条线
岔口
岔口线
方心线
头路瓣
二路瓣
宝剑头
宝剑头
菱角地
旋眼
三路瓣
栀花

清代旋子彩画纹饰部位名称图

明末清初时期旋花画法：旋花路数较多（四路），头路瓣画凤垂瓣，带有明显的明代彩画特征。

清代初期旋花画法：旋花瓣路数很多（五路），头路瓣取消了凤垂瓣，自二路瓣至五路瓣内均画有黑老。旋花外轮廓线倾斜角度较大。

清代早期旋花画法：旋花路数已基本定型，一般较宽构件如枋、梁等画三路旋花，较窄构件如各种檩等画两路旋花。自二路瓣以里各路瓣均画黑老。

清代中晚期较多见的旋花画法：旋花画法已很规范化，整团旋花外轮廓线与构件边成60°角、内角成120°角，一般于等边六边形内绘制。一般宽构件画三路、窄构件画两路，全部取消了于旋花内的黑老画法，做了极大简化。

清代各不同时期旋花画法对照图

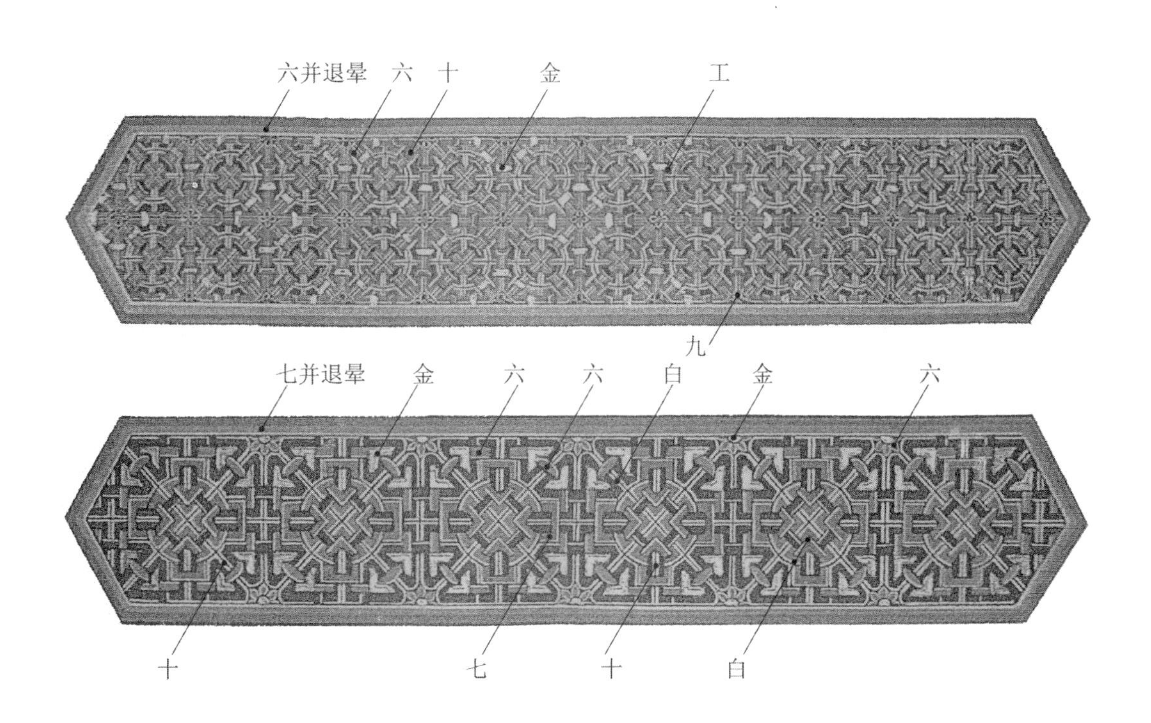
六并退晕
六
十
金
工
九
七并退晕
金
六
六
白
金
六
十
七
十
白

明末清初烟琢墨石碾玉的细密锦纹做法

所有斜形大线，受正六边形外线斜度制约，外角60°，内角120°。

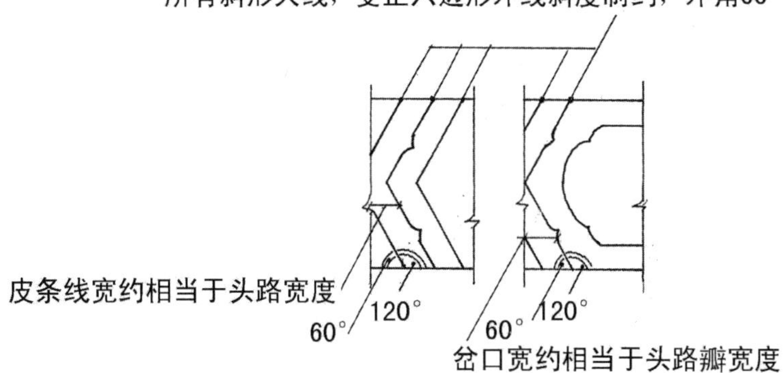
皮条线宽约相当于头路宽度
120°
60°
60°
120°
岔口宽约相当于头路瓣宽度

整团旋花上下外轮廓线之边线与构件上下两边成平行，内角120°，外角60°。

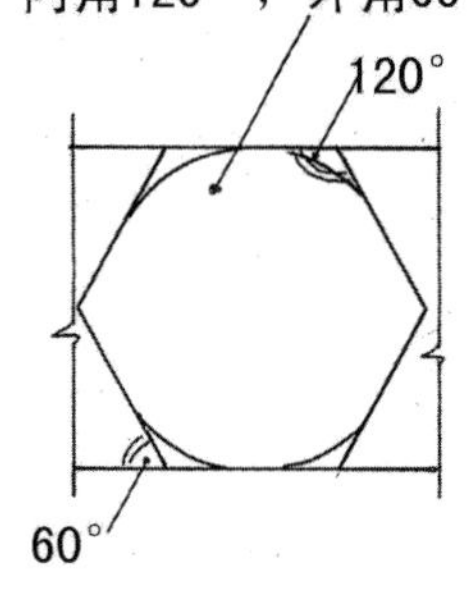
120°
60°

头路瓣与二路三路瓣的宽度是递减关系，即头路瓣大于二路瓣，二路瓣大于三路瓣，旋眼约相当于头路。

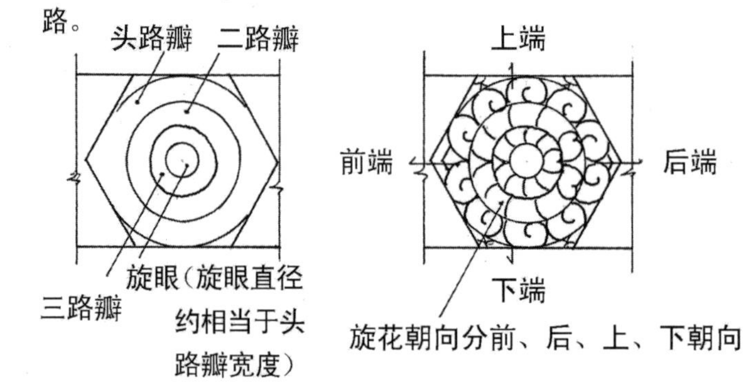
头路瓣
二路瓣
旋眼（旋眼直径约相当于头路瓣宽度）
三路瓣
上端
前端
后端
下端
旋花朝向分前、后、上、下朝向

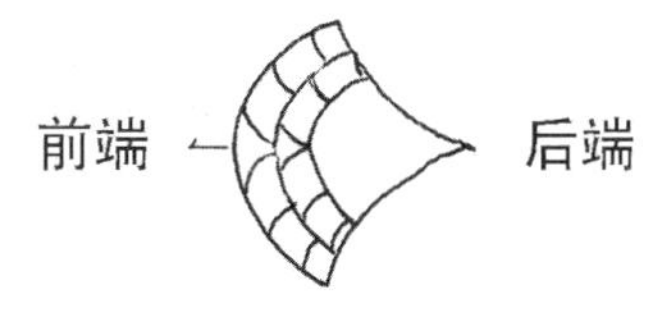
前端
后端
雅五墨等级勾丝咬旋眼画法

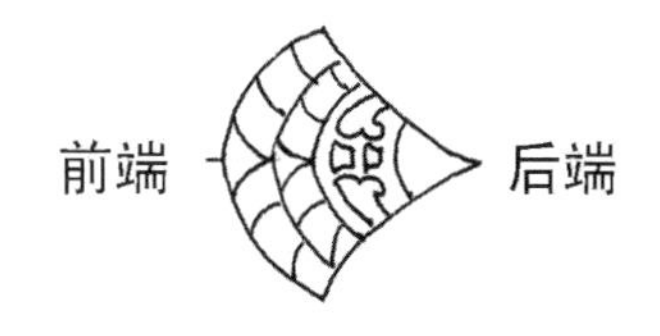
前端
后端
沥粉贴金等级的旋眼画法

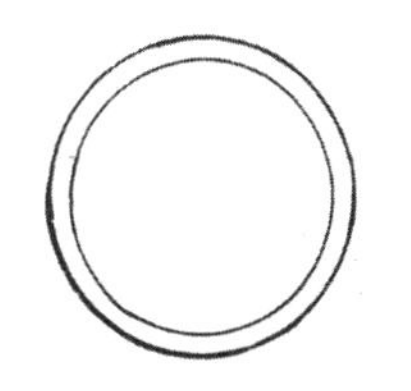
雅五墨等级旋花旋眼画法

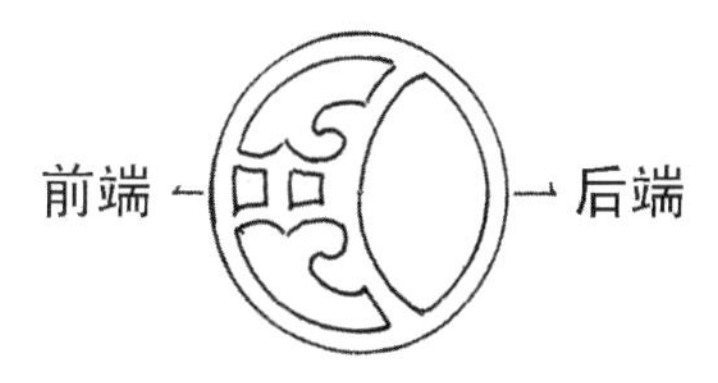
前端
后端
沥粉贴金等级的旋花旋眼画法

旋子彩画皮条线、岔口宽度、斜度、正六边形内外角度、旋眼画法示意图

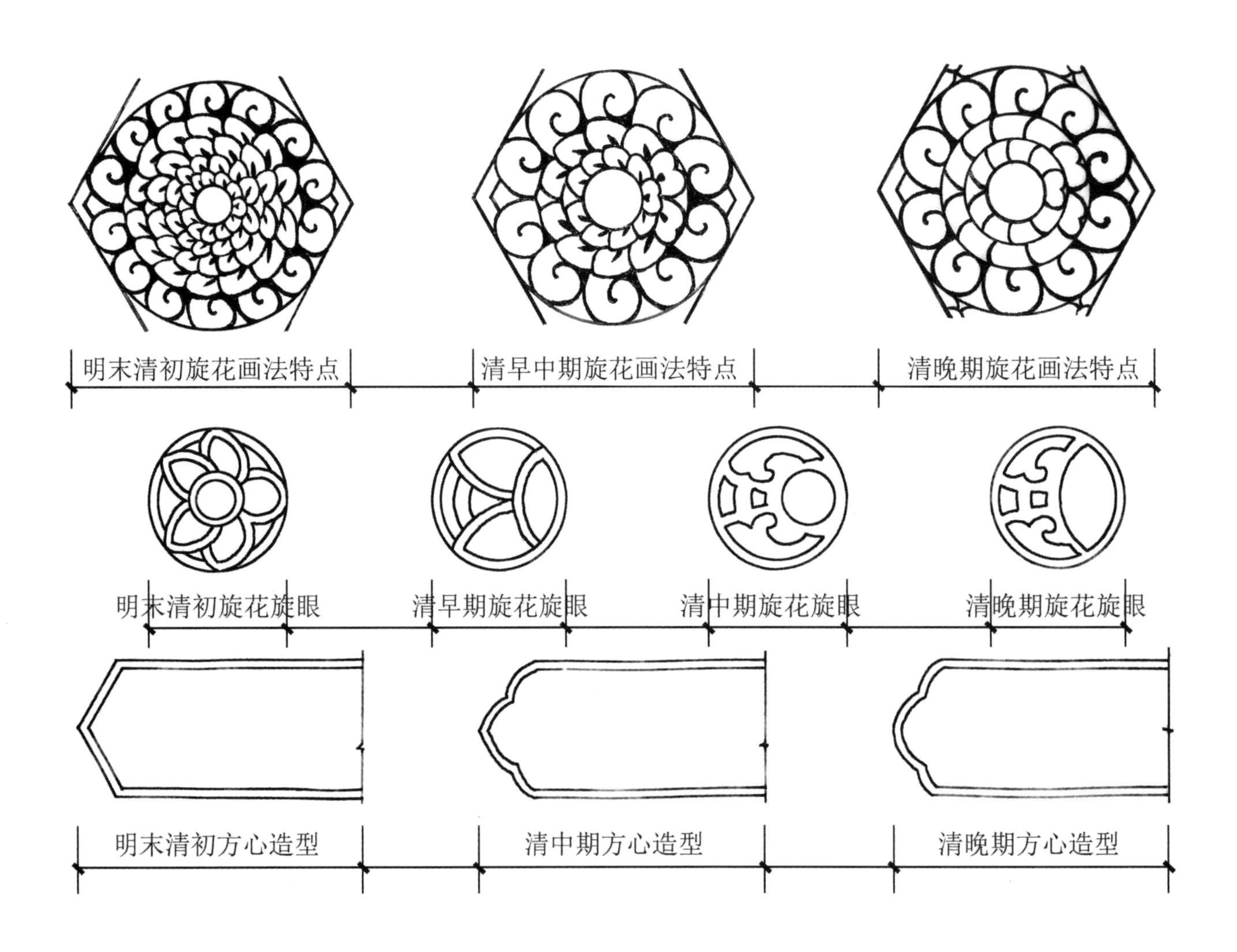
明末清初旋花画法特点
清早中期旋花画法特点
清晚期旋花画法特点
明末清初旋花旋眼
清早期旋花旋眼
清中期旋花旋眼
清晚期旋花旋眼
明末清初方心造型
清中期方心造型
清晚期方心造型

明末至清末不同历史时期旋花、旋眼、方心纹饰造型特点对照图

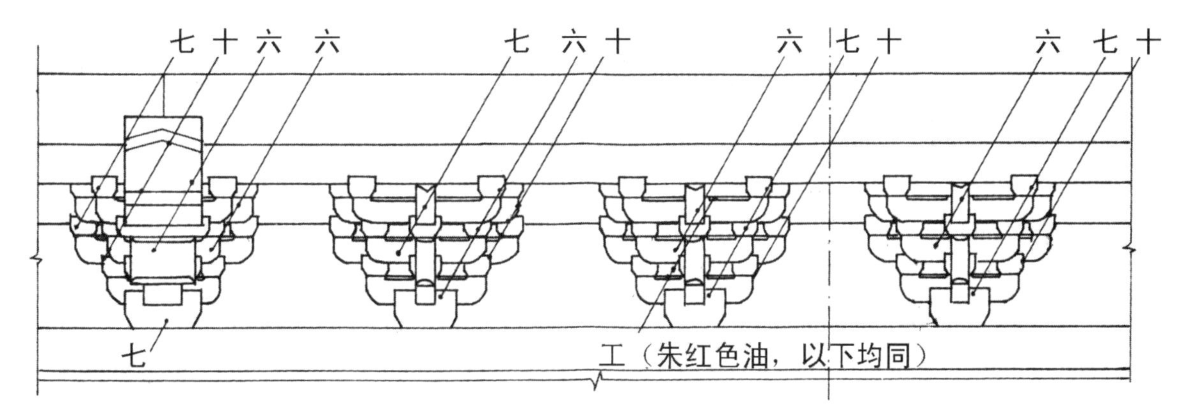
七 十 六 六
七 六 十
六 七 十
六 七 十
七
工（朱红色油，以下均同）

①双数攒开间的斗栱设色（墨色边框斗栱设色样例）

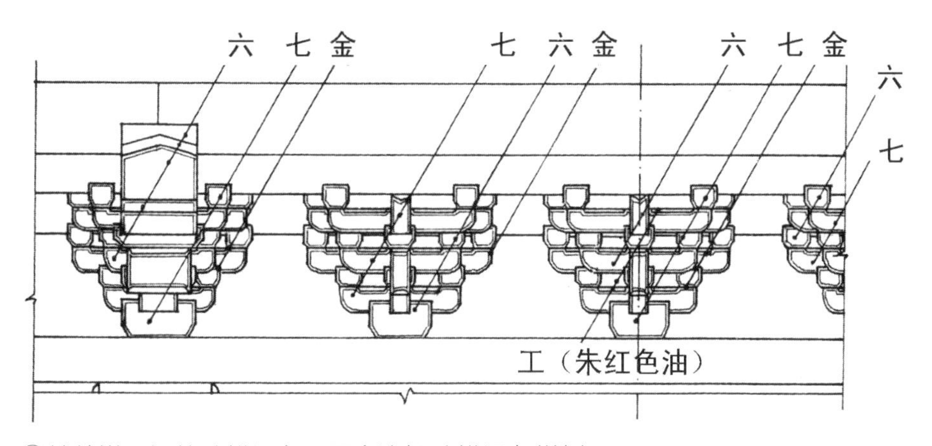
六 七 金
七 六 金
六 七 金
六
七
工（朱红色油）

②单数攒开间的斗栱设色（平金边框斗栱设色样例）

斗栱彩画设色方式

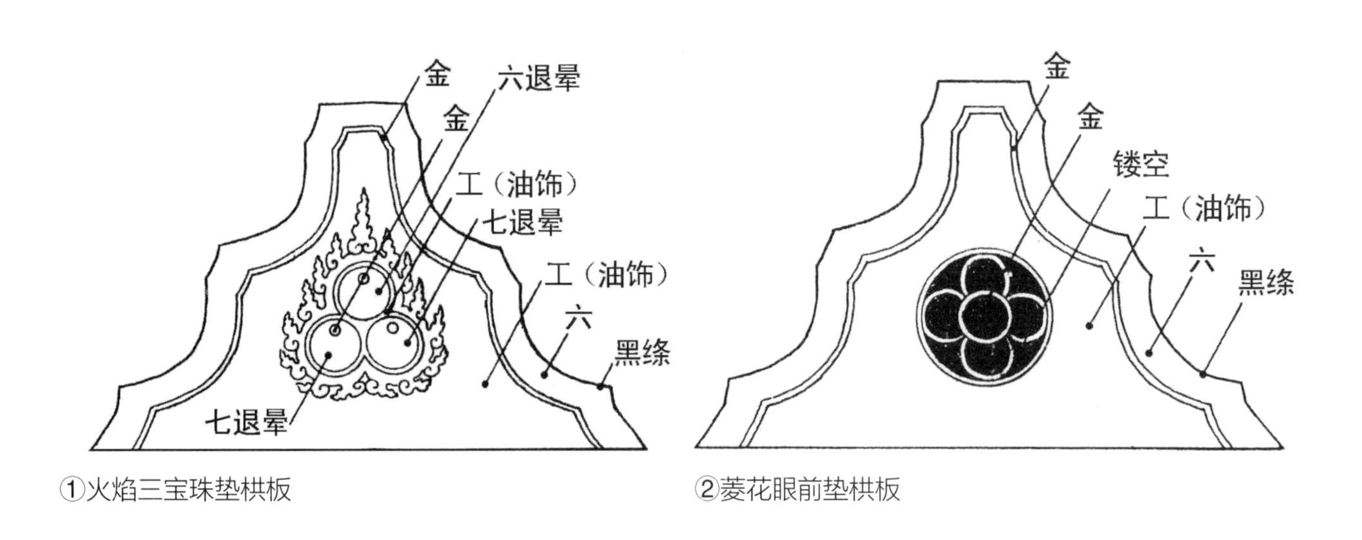
金
六退晕
金
工（油饰）
七退晕
工（油饰）
六
黑绦
七退晕
金
金
镂空
工（油饰）
六
黑绦

①火焰三宝珠垫栱板　②菱花眼前垫栱板

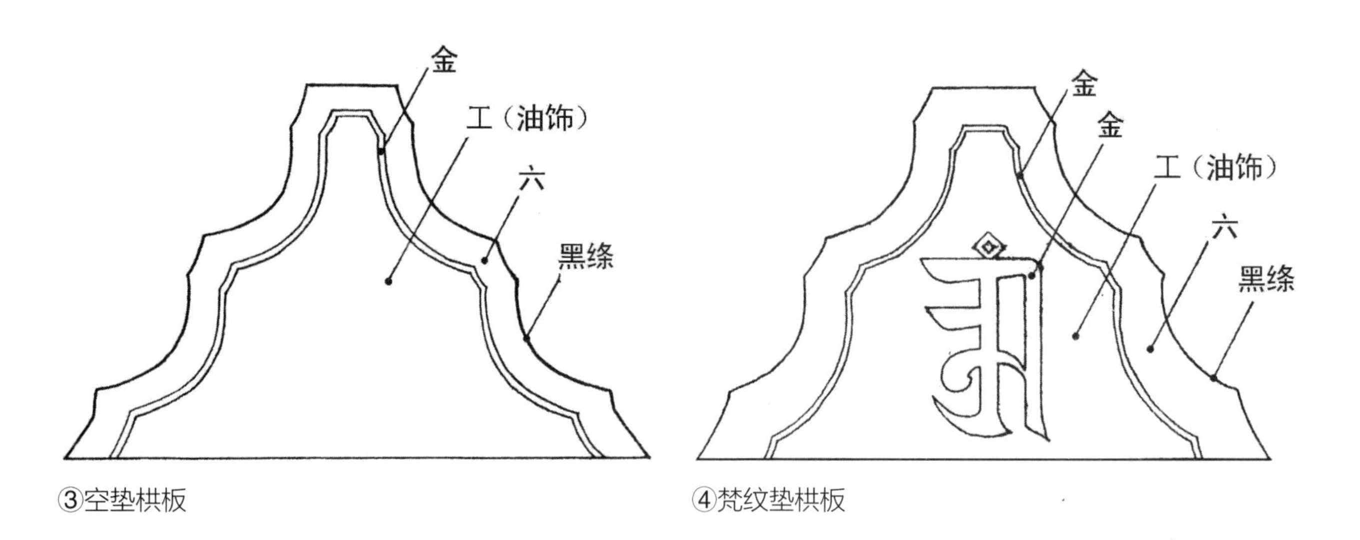
金
工（油饰）
六
黑绦
金
金
工（油饰）
六
黑绦

③空垫栱板　④梵纹垫栱板

与檩、枋、梁大木旋子彩画相匹配的垫栱板彩画

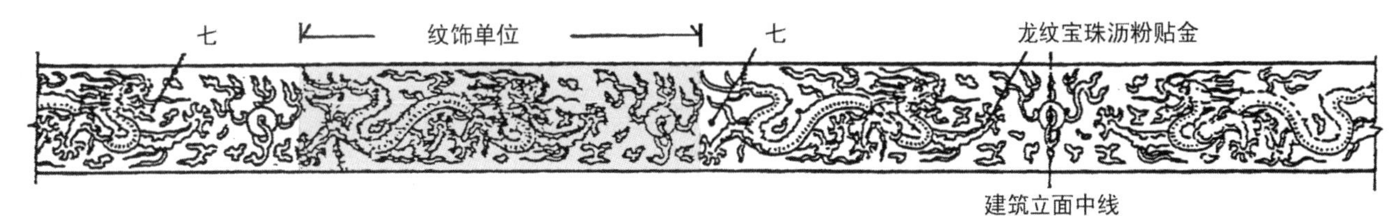
七
纹饰单位
七
龙纹宝珠沥粉贴金
建筑立面中线

跑龙平板枋

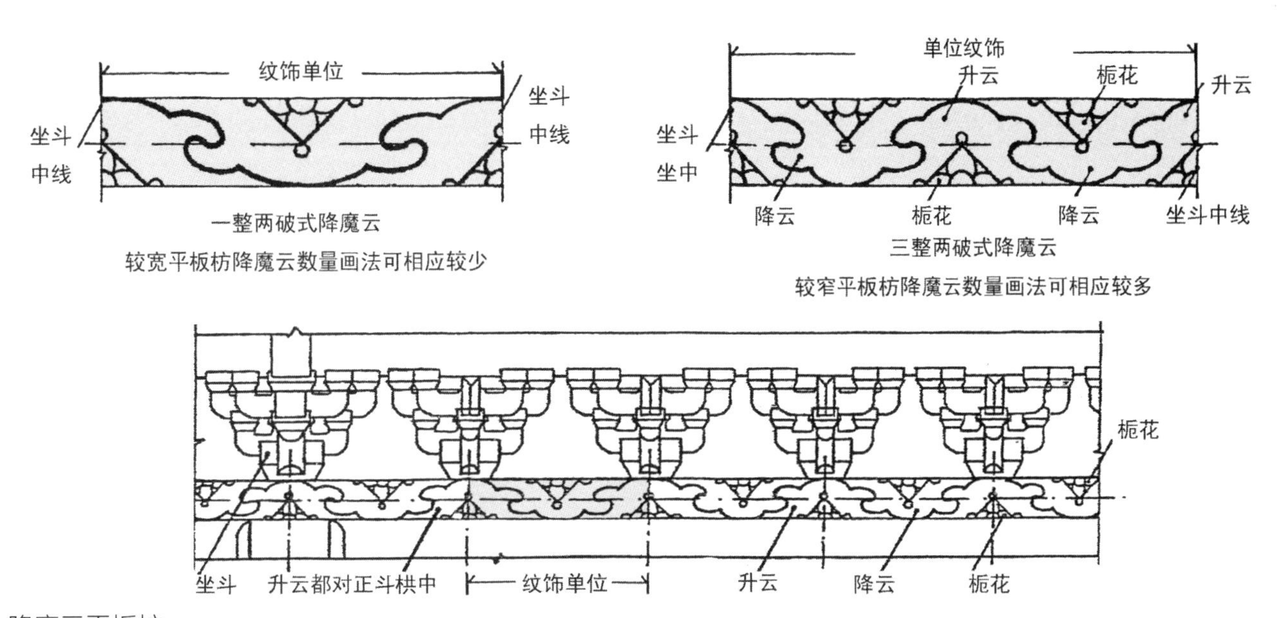
纹饰单位
坐斗
中线
坐斗
中线
一整两破式降魔云
较宽平板枋降魔云数量画法可相应较少
单位纹饰
升云
栀花
升云
坐斗
坐中
降云
栀花
降云
坐斗中线
三整两破式降魔云
较窄平板枋降魔云数量画法可相应较多
栀花
坐斗
升云都对正斗栱中
纹饰单位
升云
降云
栀花

降魔云平板枋

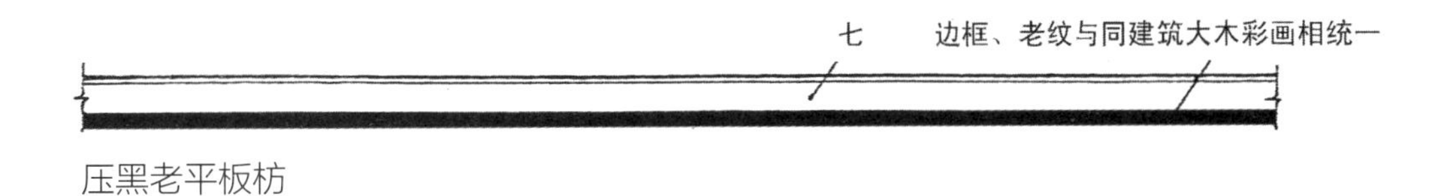
七
边框、老纹与同建筑大木彩画相统一

压黑老平板枋

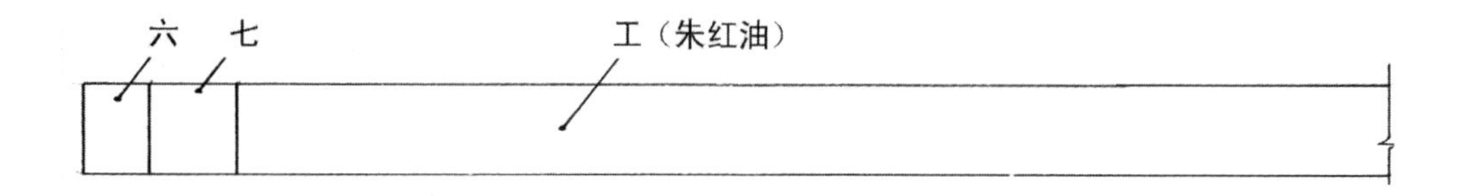
六
七
工（朱红油）

空垫板

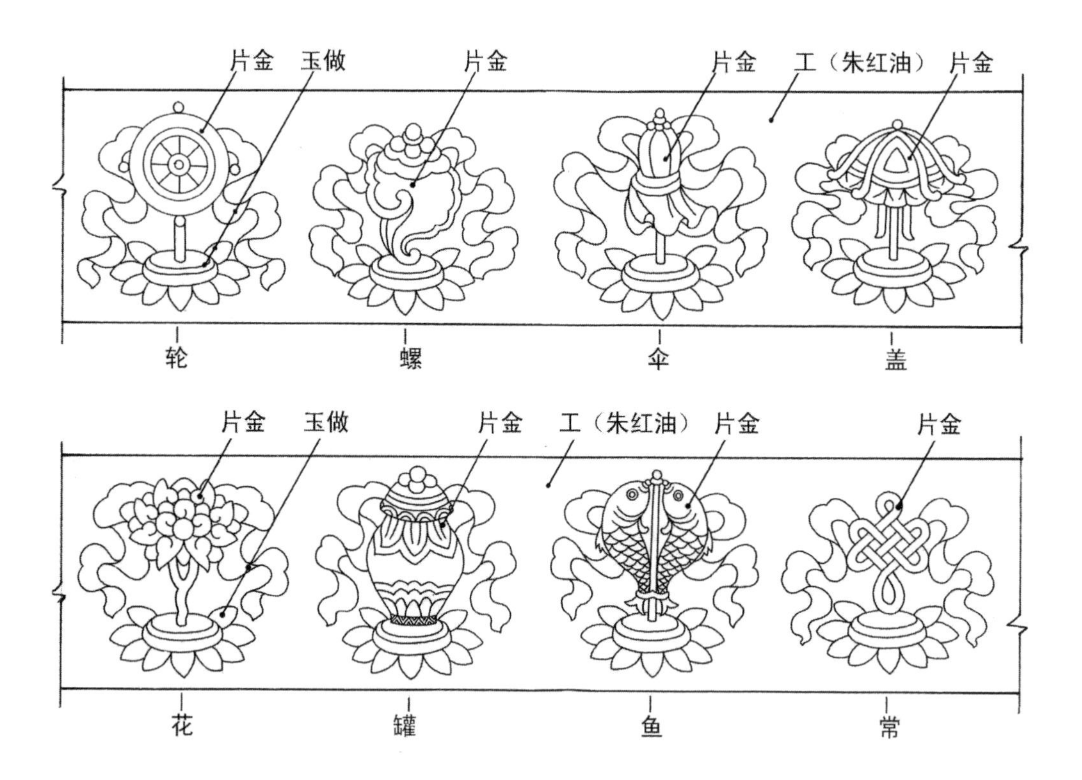
片金
玉做
片金
片金
工（朱红油）
片金
轮
螺
伞
盖
片金
玉做
片金
工（朱红油）
片金
片金
花
罐
鱼
常

佛八宝垫板

（引自赵双成著·中国建筑彩画图案.天津：天津大学出版社，2006）

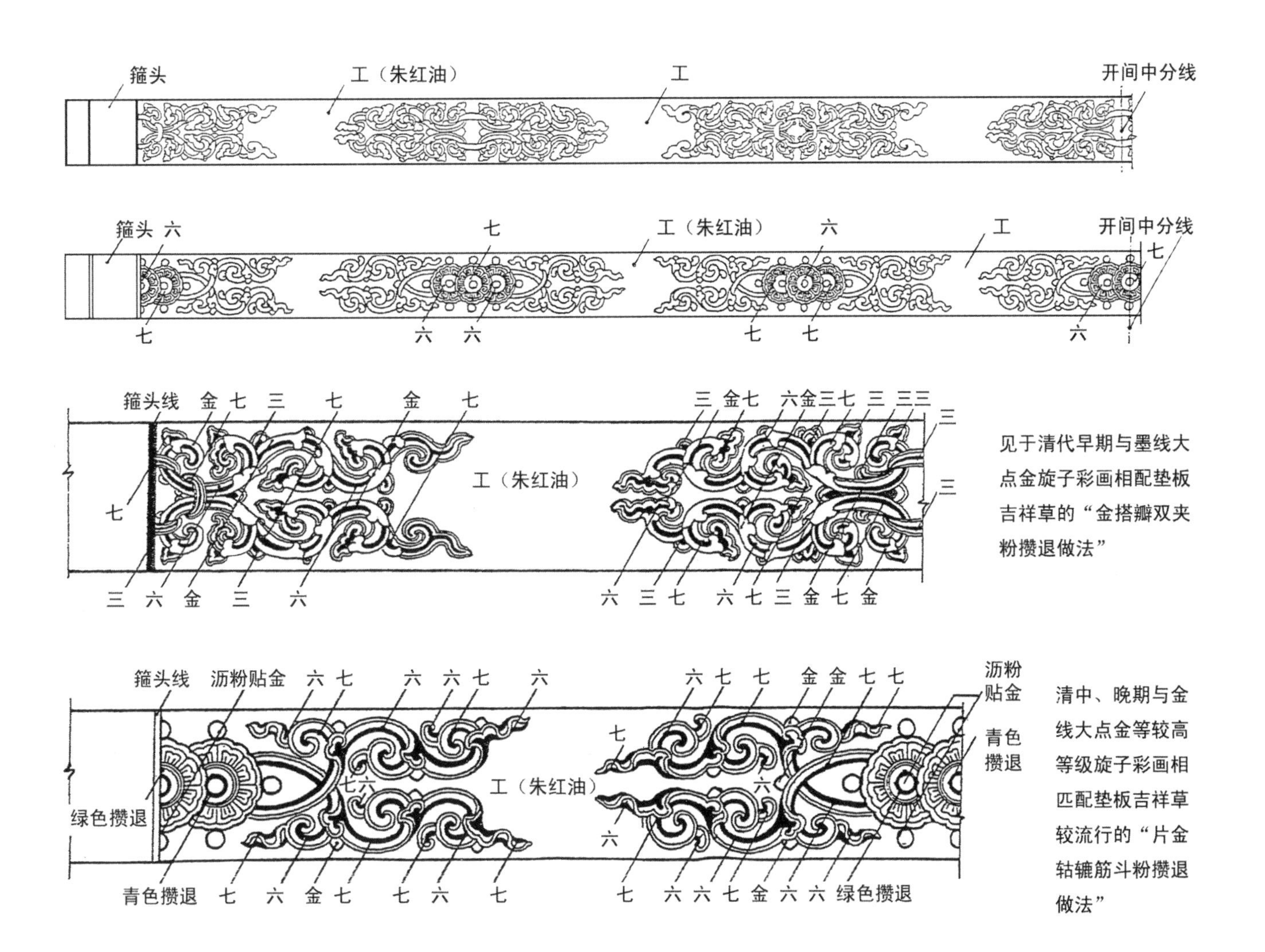
箍头
工（朱红油）
工
开间中分线
箍头
六
七
工（朱红油）
六
工
开间中分线
七
七
六
六
七
七
六
箍头线
金
七
三
七
金
七
三
金
七
六金
三
七
三
三
三
三
三
七
工（朱红油）
三
六
金
三
六
六
三
七
六
七
三
金
七
金
见于清代早期与墨线大点金旋子彩画相配垫板吉祥草的“金搭瓣双夹粉攒退做法”
箍头线
沥粉贴金
六
七
六
六
七
六
六
七
七
金
金
七
七
沥粉贴金
青色攒退
七
七六
工（朱红油）
六
绿色攒退
六
青色攒退
七
六
金
七
七
六
七
七
六
六
七
金
六
六
绿色攒退
清中、晚期与金线大点金等较高等级旋子彩画相匹配垫板吉祥草较流行的“片金轱辘筋斗粉攒退做法”

吉祥草垫板

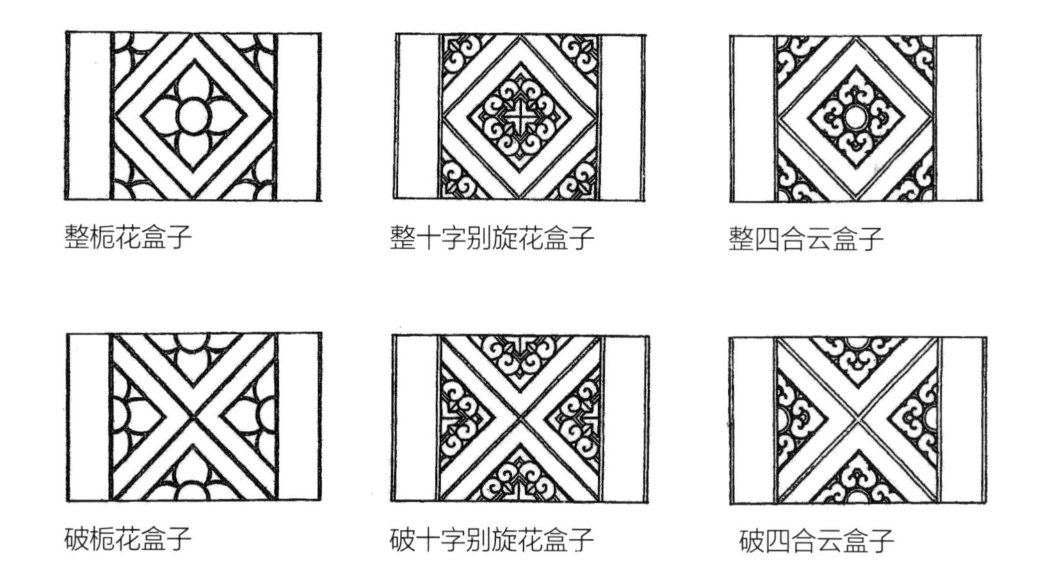
整栀花盒子
整十字别旋花盒子
整四合云盒子
破栀花盒子
破十字别旋花盒子
破四合云盒子

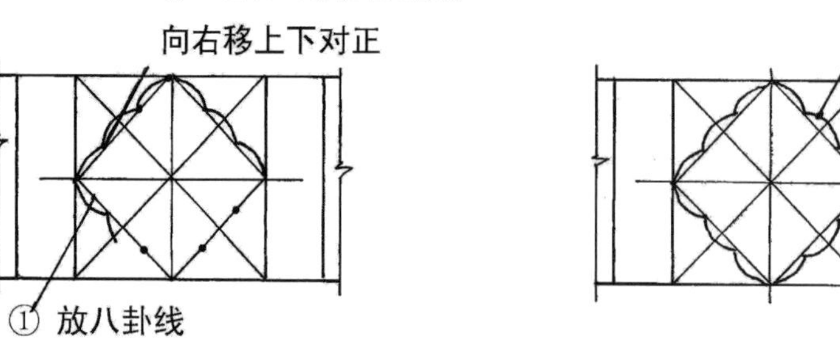
② 均分三等份并连线，
向右移上下对正
③ 成活盒子形
① 放八卦线

活盒子轮廓线构图方式

旋子彩画各种死盒子及活盒子的绘制过程

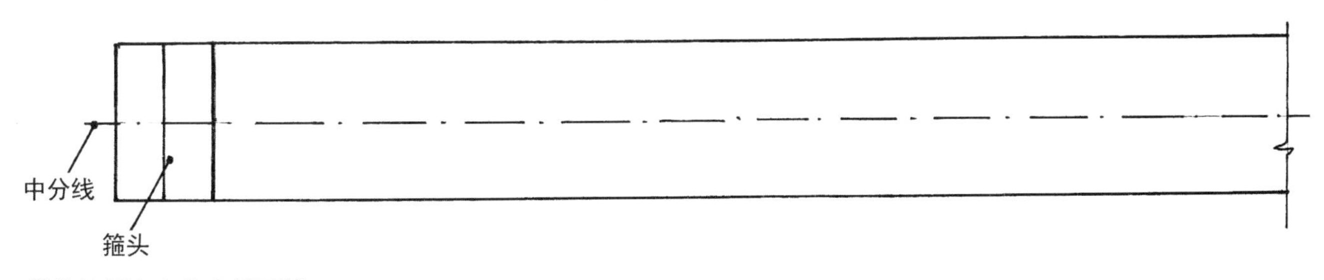
中分线
箍头

①将垫板宽向分中并画线。

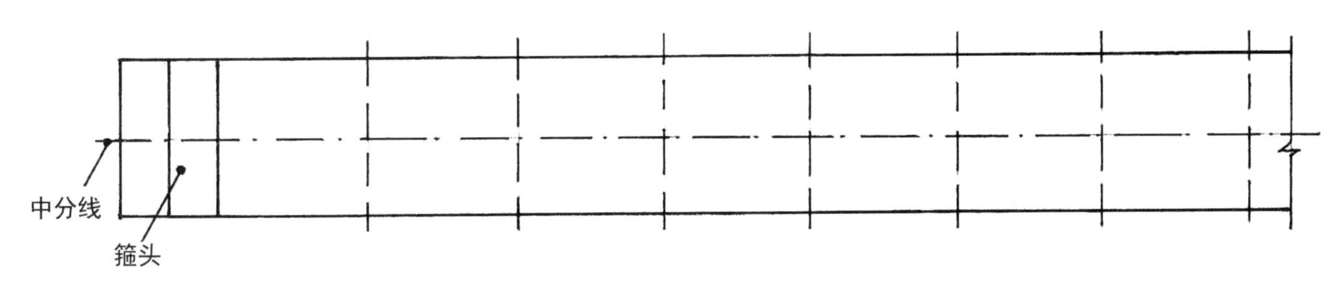
中分线
箍头

②从此箍头内线至彼箍头内线按垫板宽度用虚线画方格，最后剩多少即多少。

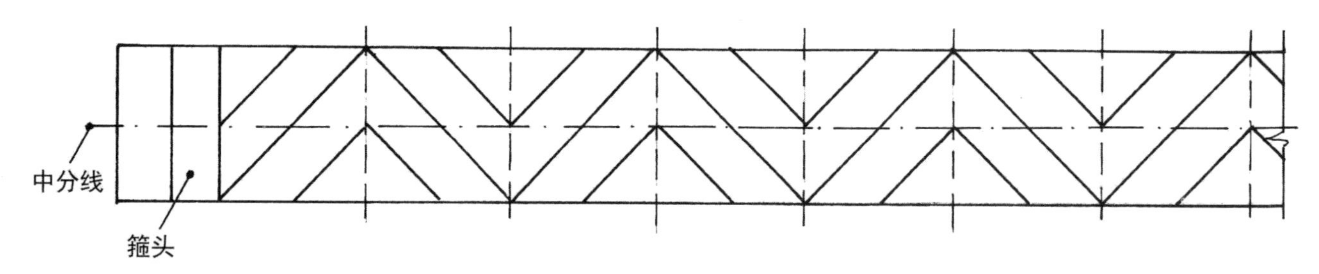
中分线
箍头

③按画栀花规矩画大、小方形。

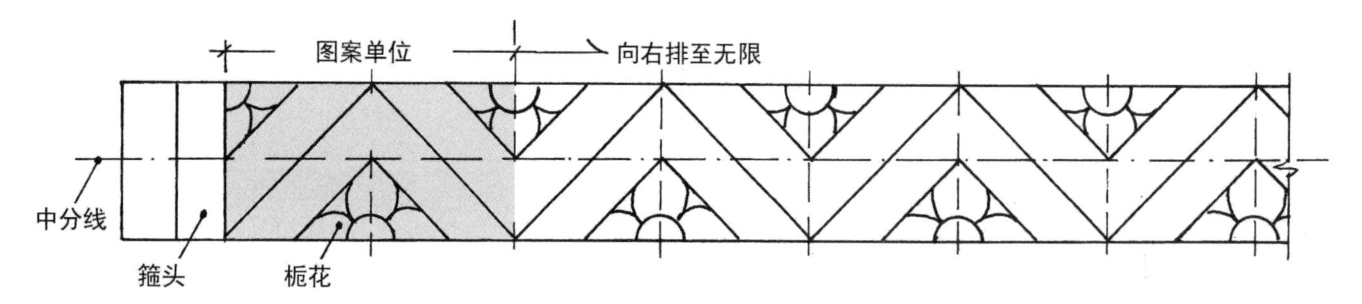
图案单位
向右排至无限
中分线
箍头
栀花

④于小破半方形内画栀花。其中每两个方格为一图案单位，向右画至无限多。

画栀花垫板构图的四个步骤

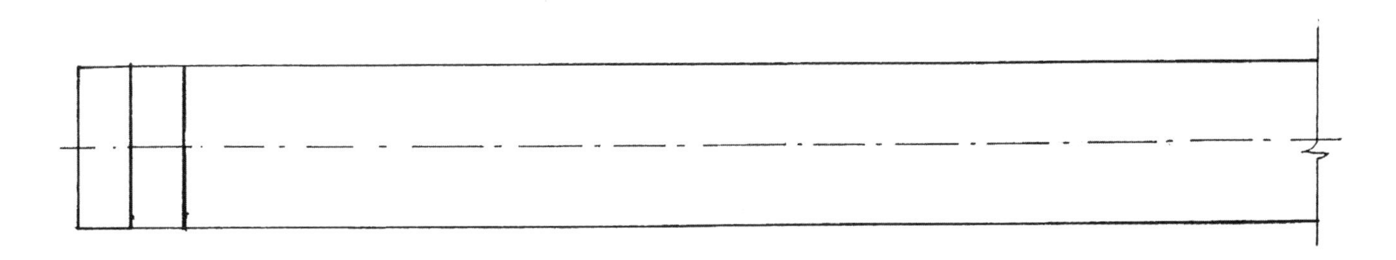

①将垫板宽向分中并画线

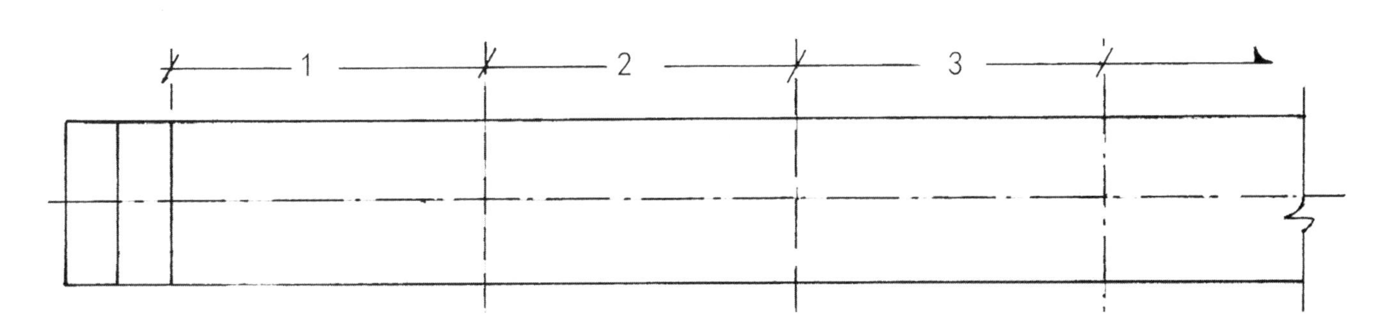
1
2
3

②从此箍头内线至开间中分线间均分为三等份并画虚线

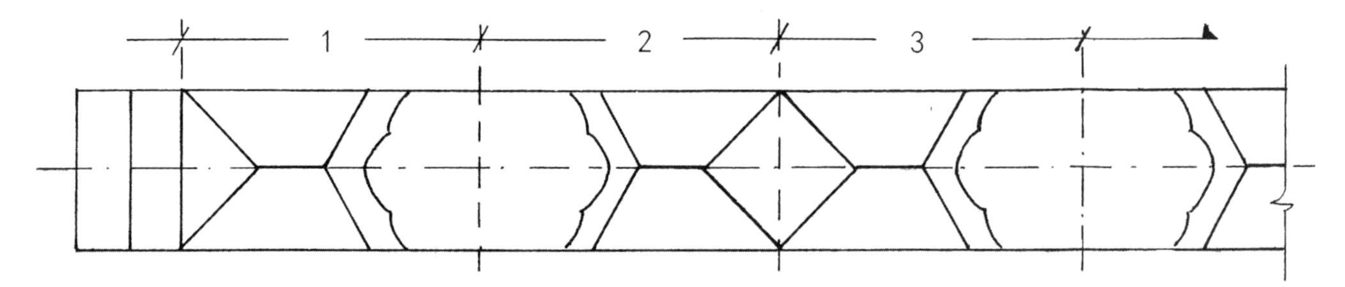
1
2
3

③按规矩画栀花方框并画岔口线及池子轮廓线

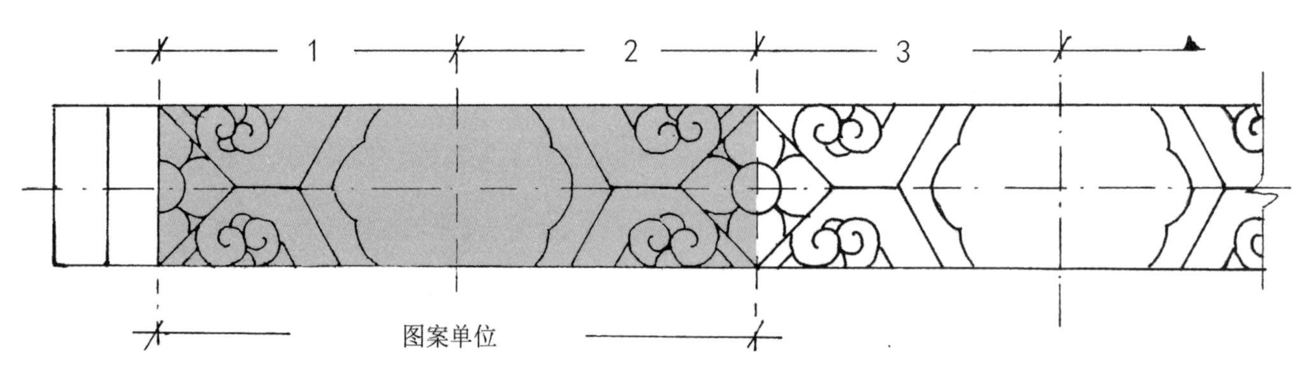
1
2
3
图案单位

④于方块形内画栀花并画旋花半拉瓢、池子。

垫板画半拉瓢卡池子的四个步骤

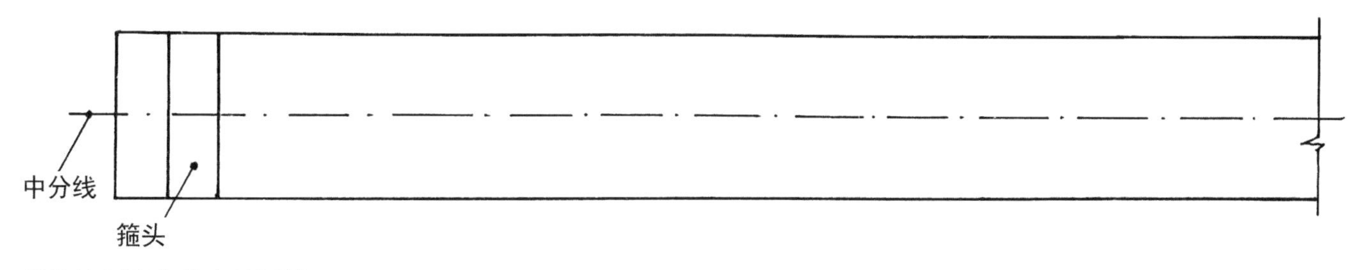
中分线
箍头
①将垫板宽向分中并画线

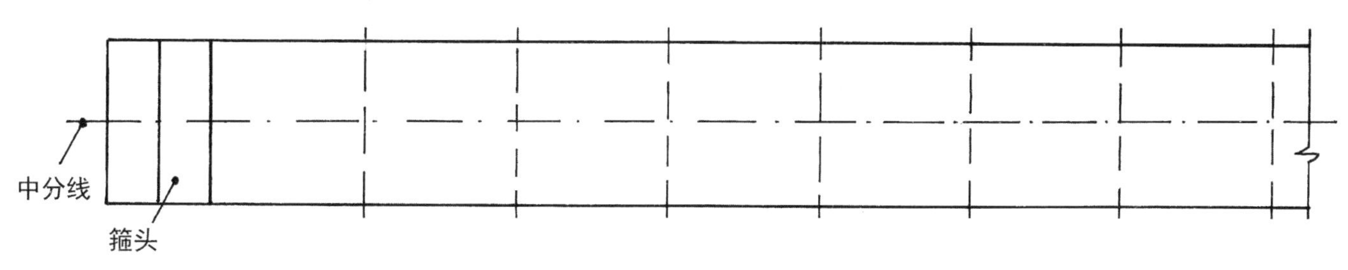
中分线
箍头
②从此箍头内线至彼箍头内线按垫板宽度用虚线画方格，最后剩多少即多少

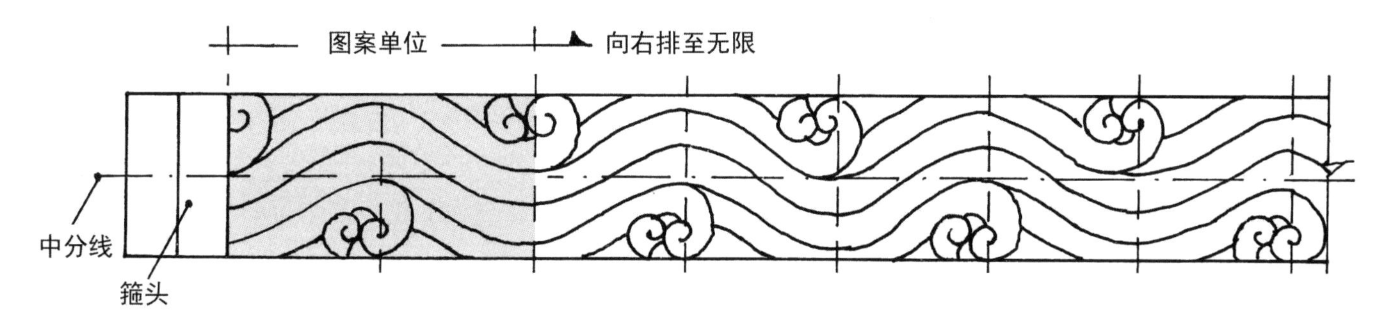
图案单位
向右排至无限
中分线
箍头
③于上下曲弧下线内画长流水纹，每占两格为一图案单位，向右单向排列至无限多

垫板画长流水构图的三个步骤

（一）勾丝咬绘制过程

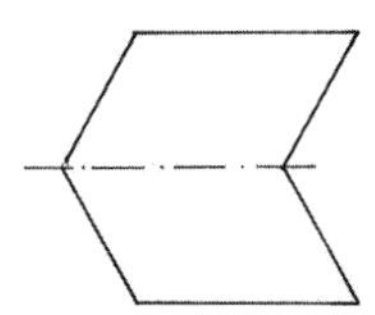

① 找头宽度够 4.6 份画勾丝咬旋花，做构件宽度中分线。

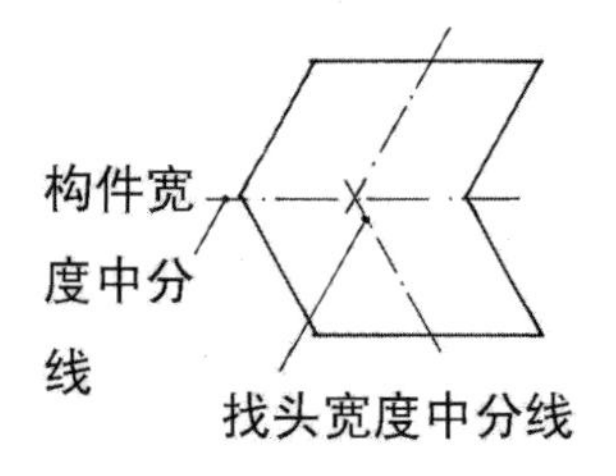
构件宽度中分线
找头宽度中分线

② 找头宽做中分线。

（二）喜相逢绘制过程

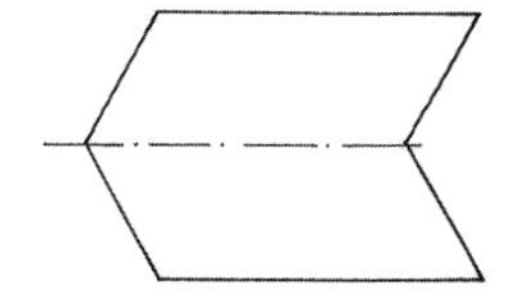

① 找头宽度够 7.8 份画喜相逢，做构件宽度中分线。

二路瓣外轮廓线必须相交

留足头路瓣宽度画圆，做二路瓣外轮廓线。

对角线相交处为二路瓣外轮廓线。

② 做找头对角线，两条对角线相交处为二路瓣外轮廓线，留足头路瓣宽度，画整破圆，做二路瓣外轮廓线。

（三）一整两破绘制过程

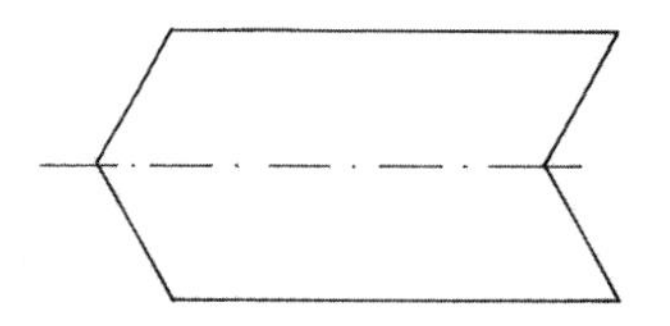

① 找头够 10 份画一整两破旋花，做构件宽度中分线。

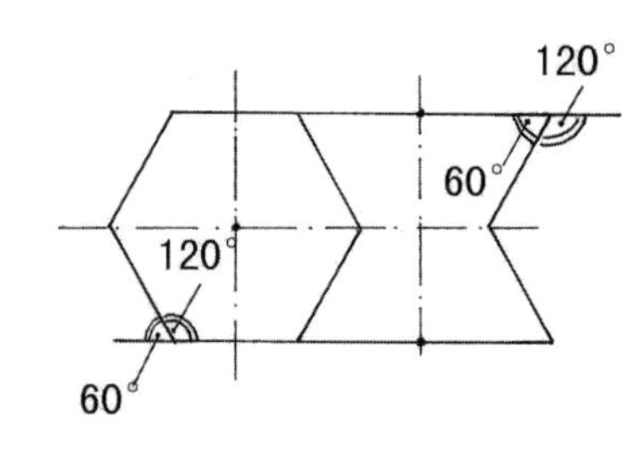
120°
60°
120°
60°

② 于正六边形及半正六边形内绘制旋花。

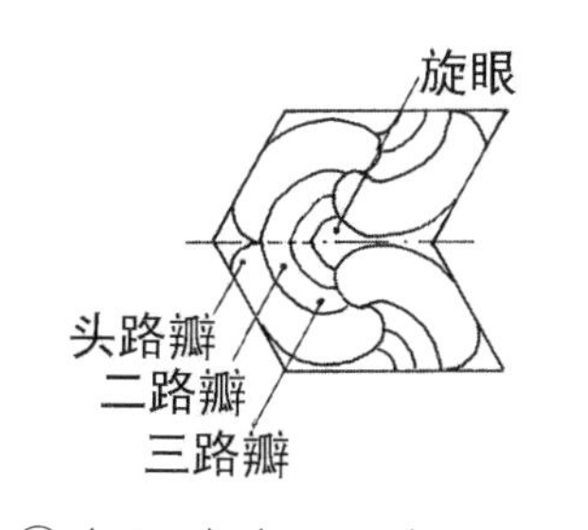
旋眼
头路瓣
二路瓣
三路瓣

③ 勾画头路、二路、三路瓣及旋眼轮廓线。

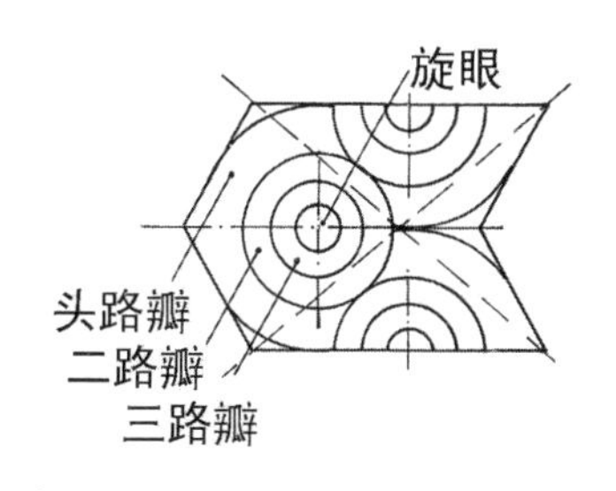
旋眼
头路瓣
二路瓣
三路瓣

③ 画头路瓣、二路瓣、三路瓣及旋眼轮廓线。

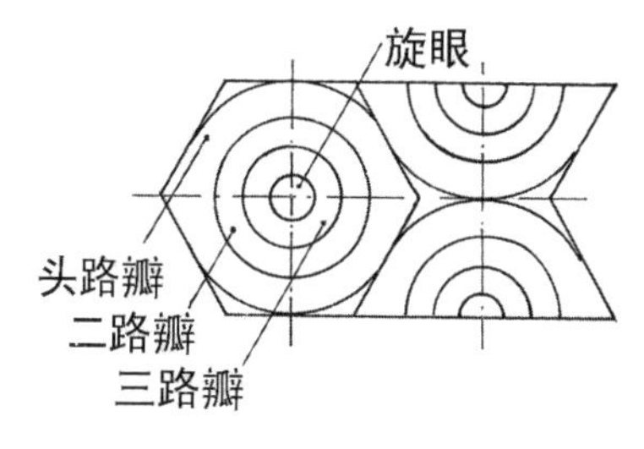
旋眼
头路瓣
二路瓣
三路瓣

③ 画头路瓣、二路瓣、三路瓣及旋眼轮廓线。

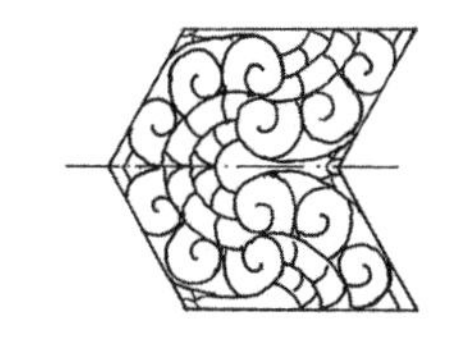

④ 画出各路瓣旋花。

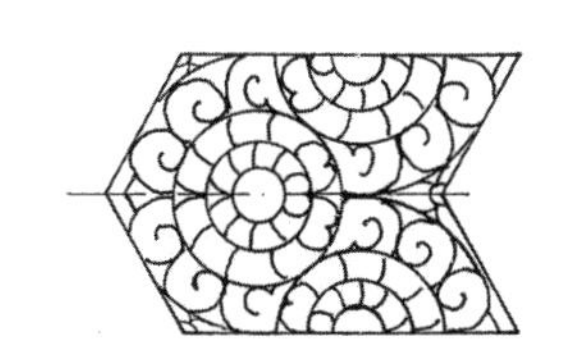

④ 画出各路瓣旋花。

④ 画出各路瓣旋花。

主要旋花“勾丝咬、喜相逢、一整两破”纹饰绘制过程示意图

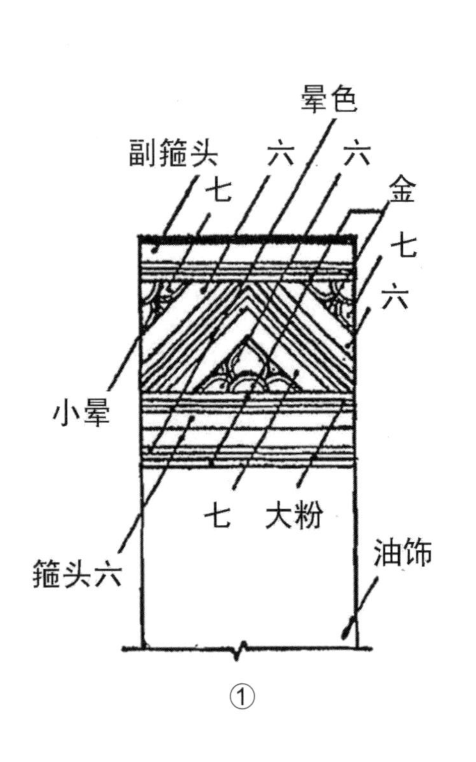
晕色
副箍头
六
六
七
金
七
六
小晕
七
大粉
箍头六
油饰
①

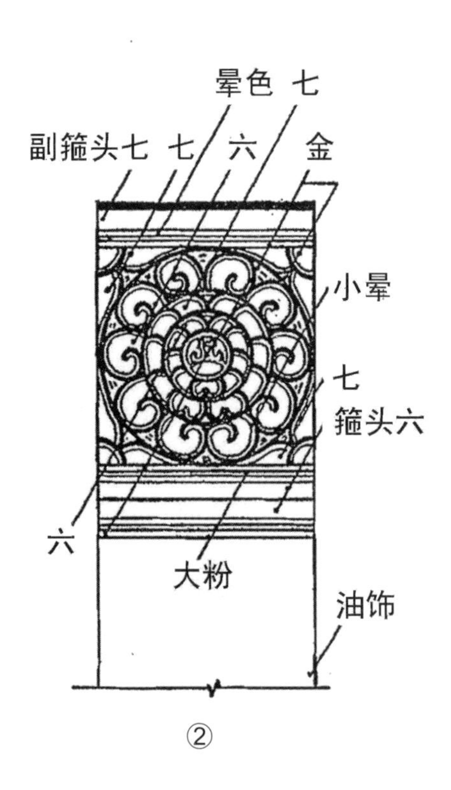
晕色 七
副箍头七 七 六 金
小晕
七
箍头六
六
大粉
油饰
②

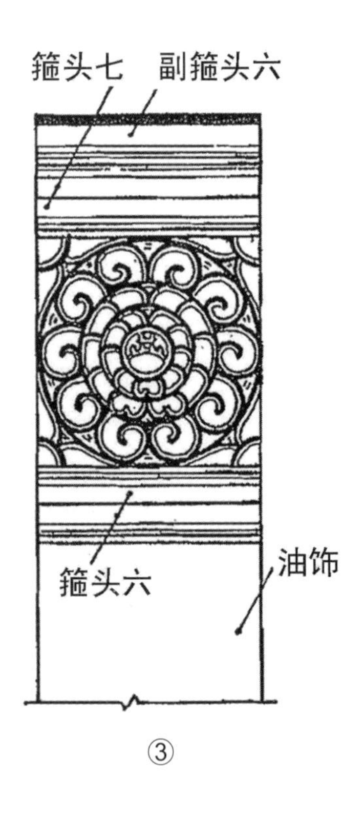
箍头七 副箍头六
箍头六
油饰
③

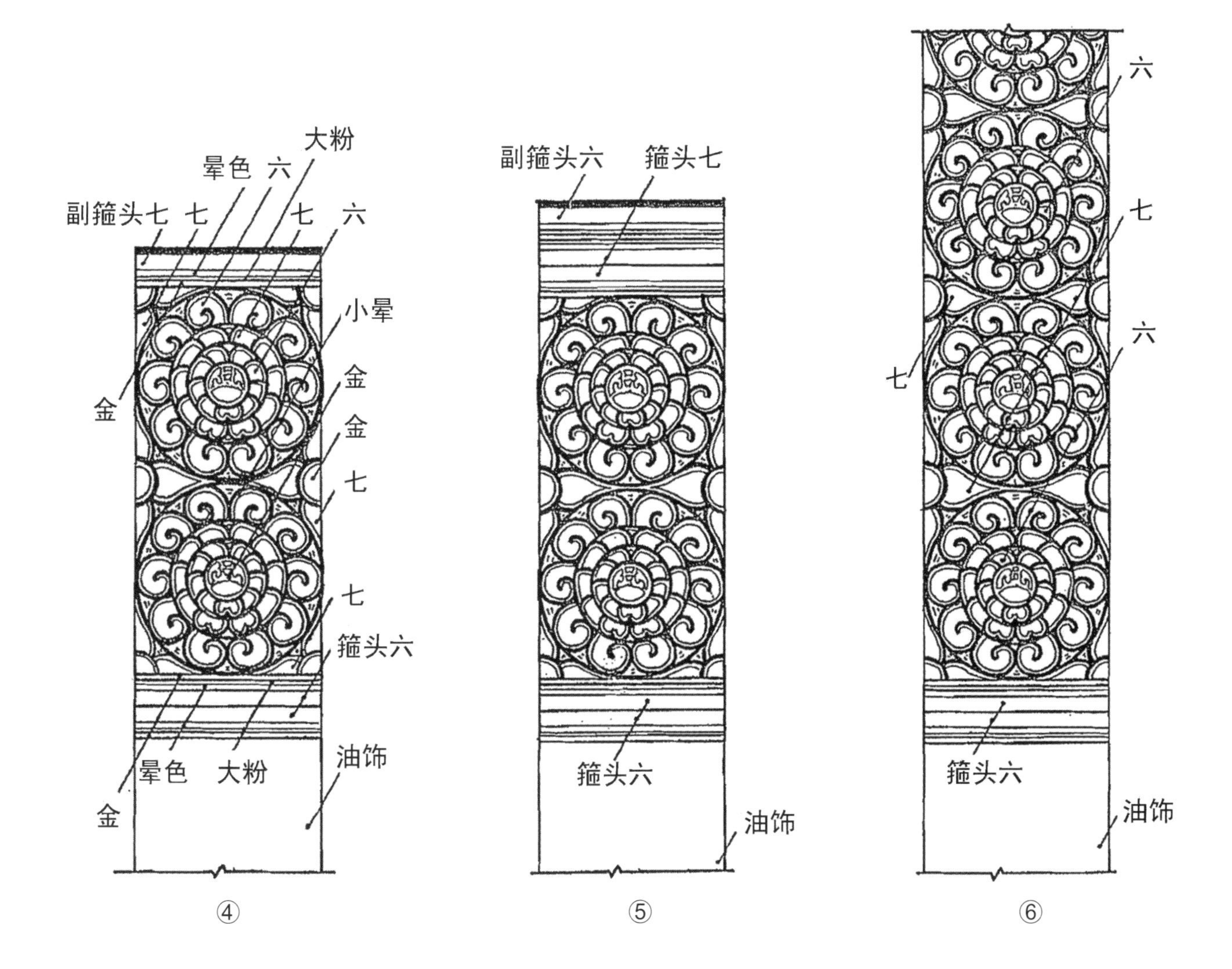
大粉
晕色
六
副箍头七
七
七
六
小晕
金
金
金
七
七
箍头六
晕色
大粉
油饰
金
④
副箍头六
箍头七
箍头六
油饰
⑤
六
七
六
七
箍头六
油饰
⑥

不同高度柱头旋花画法方式

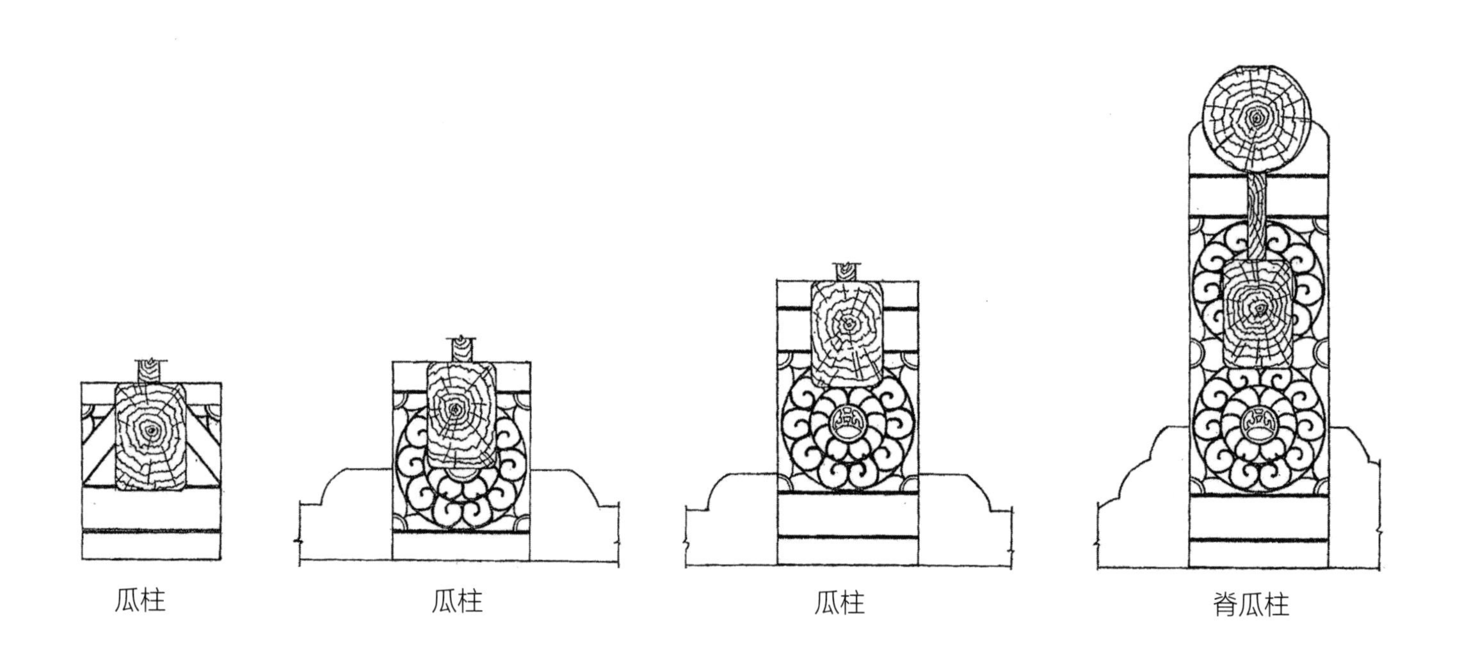
瓜柱
瓜柱
瓜柱
脊瓜柱

不同高度瓜柱、脊瓜柱旋花画法方式

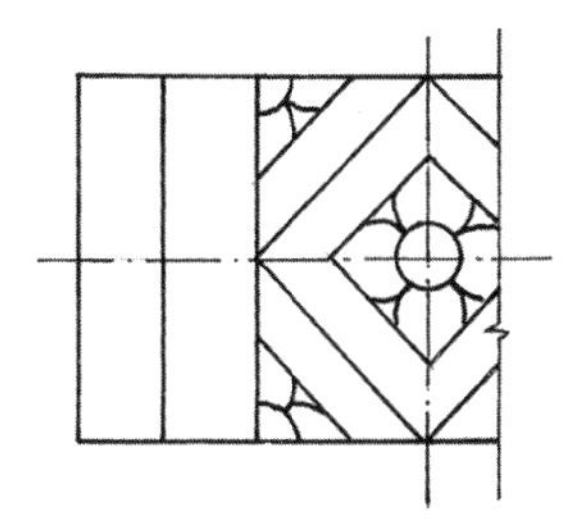

栀花找头（见用于最短构件）

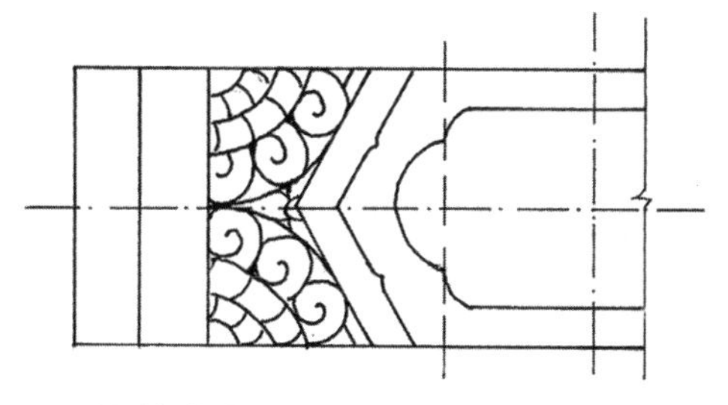

1/4 旋花找头（见用于廊步掏空抱头梁、穿插枋）

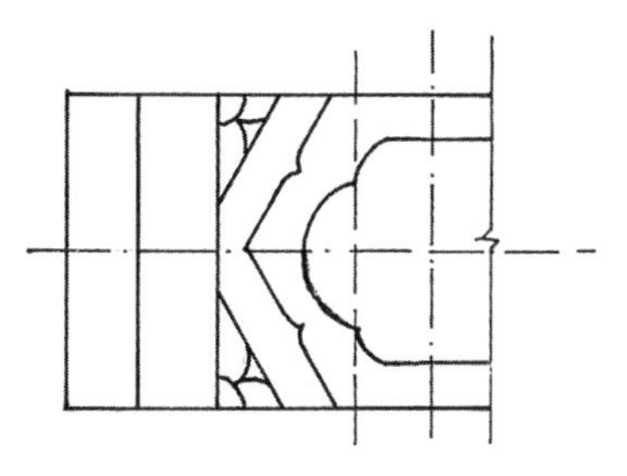

岔口找头（见用于最短构件）

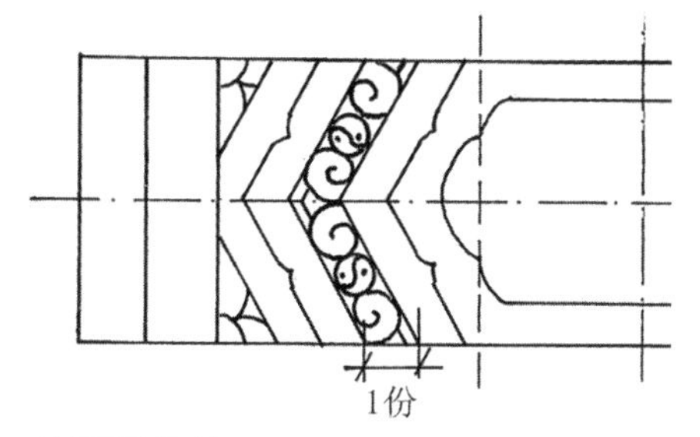
1份

单路瓣旋花

整团旋花找头（见用于较短构件）

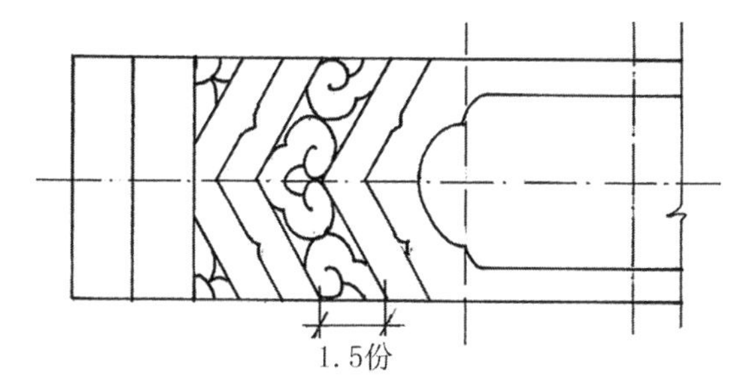
1.5份

单金道观旋花

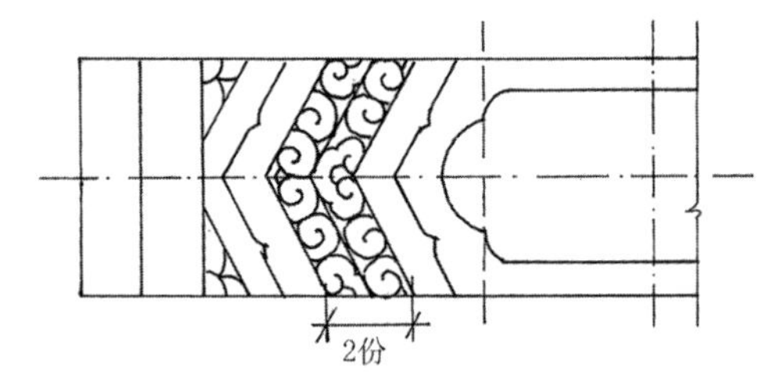
2份

双路瓣旋花

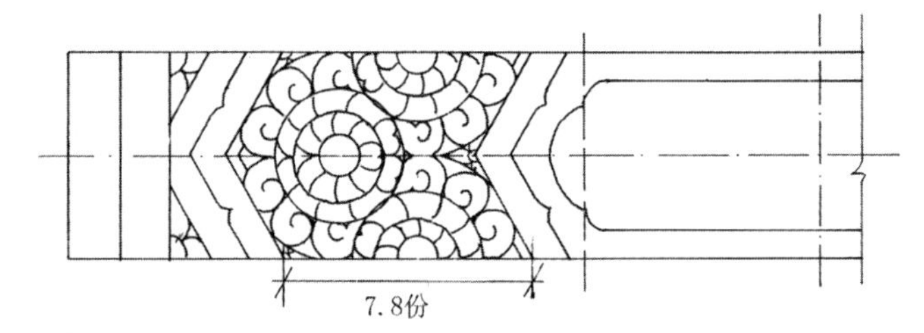
7.8份

喜相逢旋花

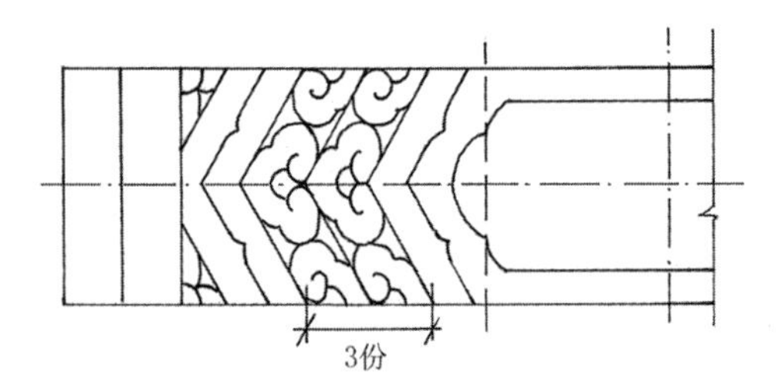
3份

双金道观旋花

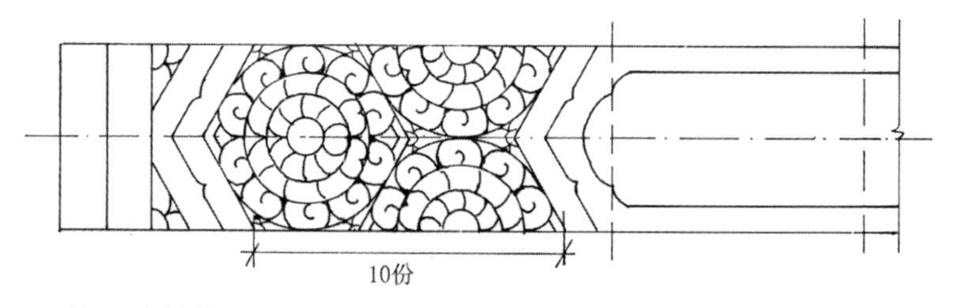
10份

一整两破旋花

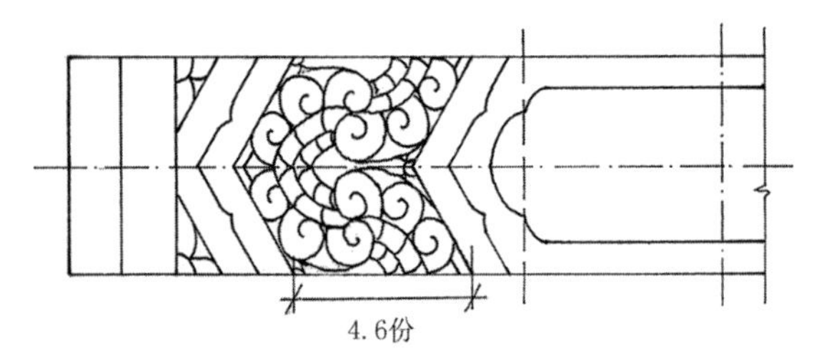
4.6份

勾丝咬旋花

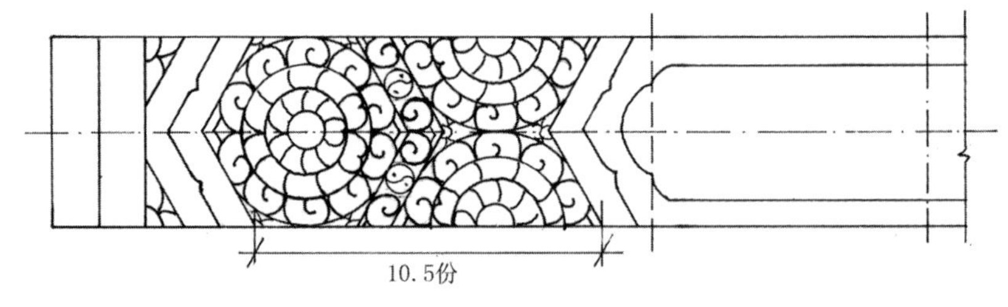
10.5份

一整两破加一路旋花

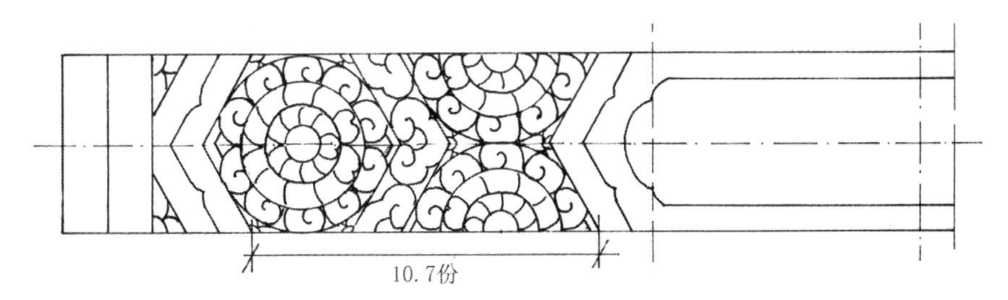
10.7份
一整两破加金道观旋花

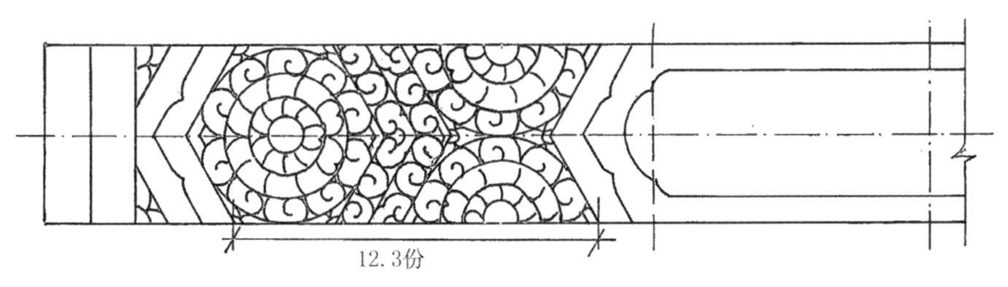
12.3份
一整两破加二路旋花

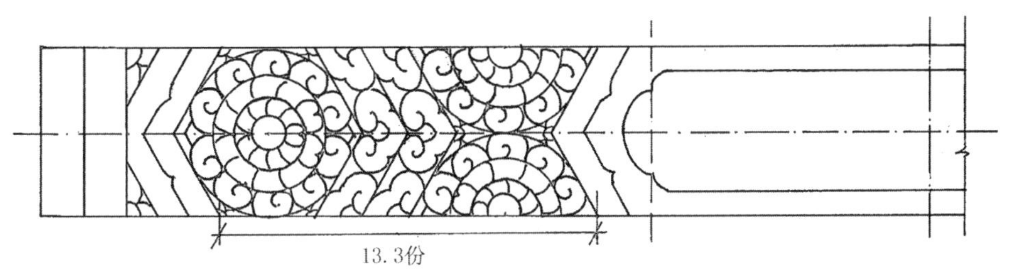
13.3份
一整两破加双金道观旋花

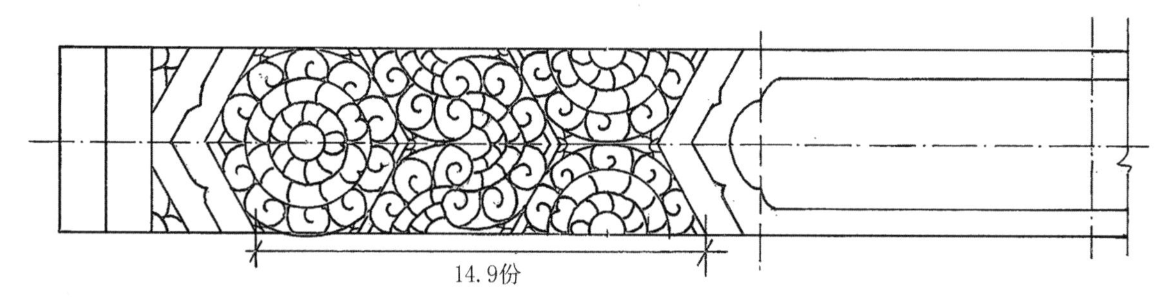
14.9份

一整两破加勾丝咬旋花

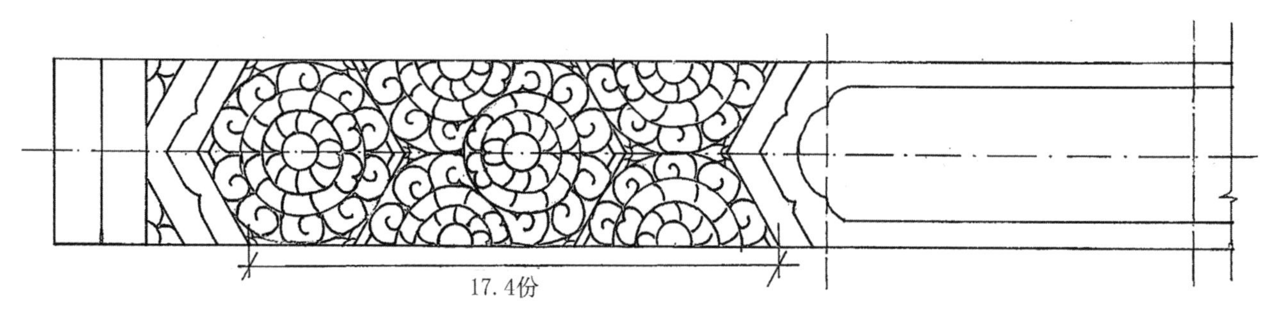
17.4份

一整两破加喜相逢旋花

主体旋花于不同长度檩、枋、梁构件的各种程式化画法方式

大开间加画活盒子例子

大开间加画栀花（死盒子）盒子例子

建筑大开间彩画加画盒子占地方方式两例

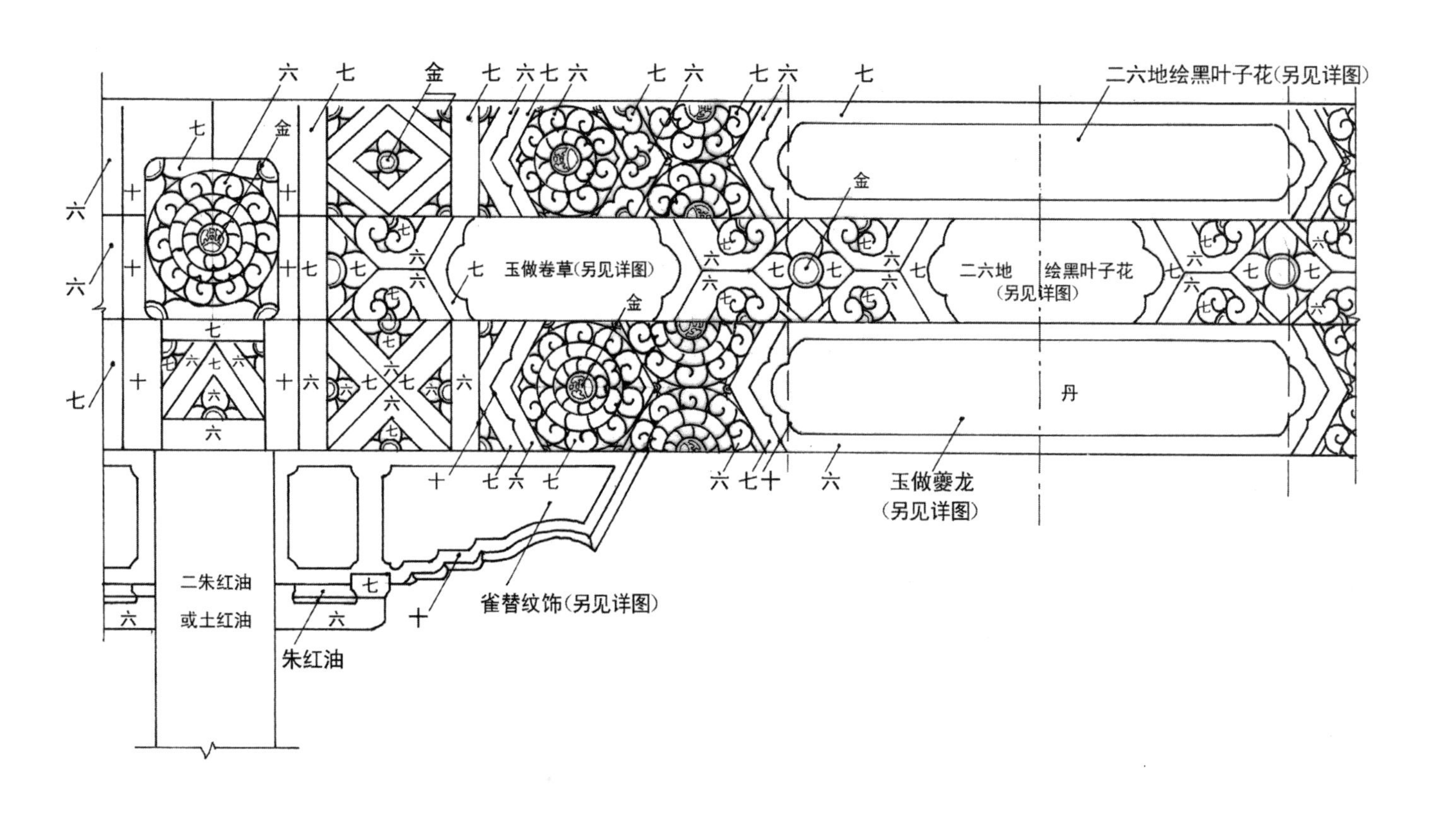
六
七
金
七
六
七
六
七
六
七
六
七
二六地绘黑叶子花(另见详图)
七
金
六
六
七
金
玉做卷草(另见详图)
二六地
绘黑叶子花
(另见详图)
丹
十
七
六
七
六
七
十
六
玉做夔龙
(另见详图)
二朱红油
或土红油
朱红油
雀替纹饰(另见详图)

小点金黑叶子花、夔龙方心旋子彩画

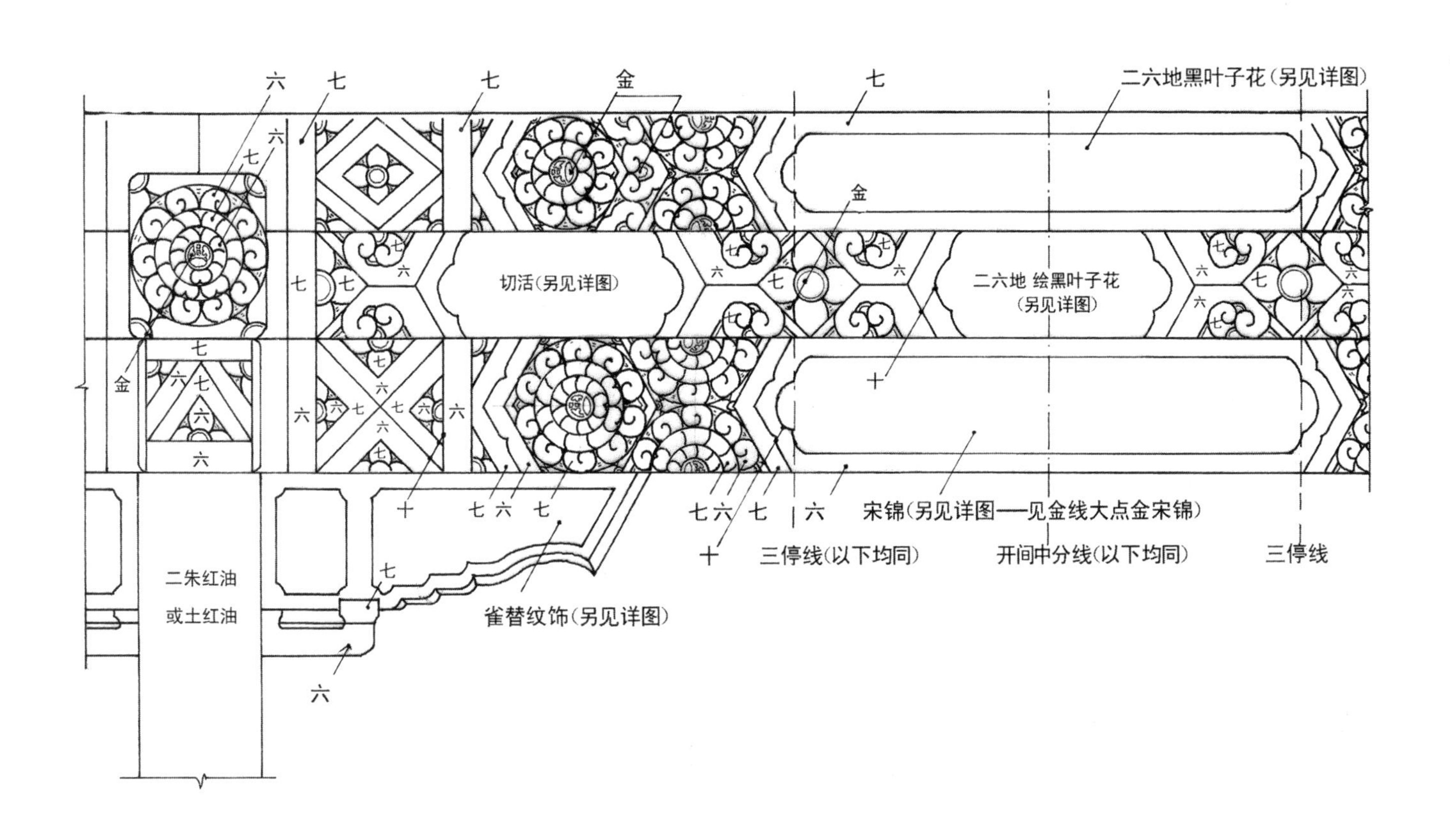
六
七
七
金
七
二六地黑叶子花(另见详图)
金
切活(另见详图)
二六地 绘黑叶子花
(另见详图)
二朱红油
或土红油
雀替纹饰(另见详图)
宋锦(另见详图—见金线大点金宋锦)
三停线(以下均同)
开间中分线(以下均同)
三停线

墨线大点金花(黑叶子花)、锦方心旋子彩画

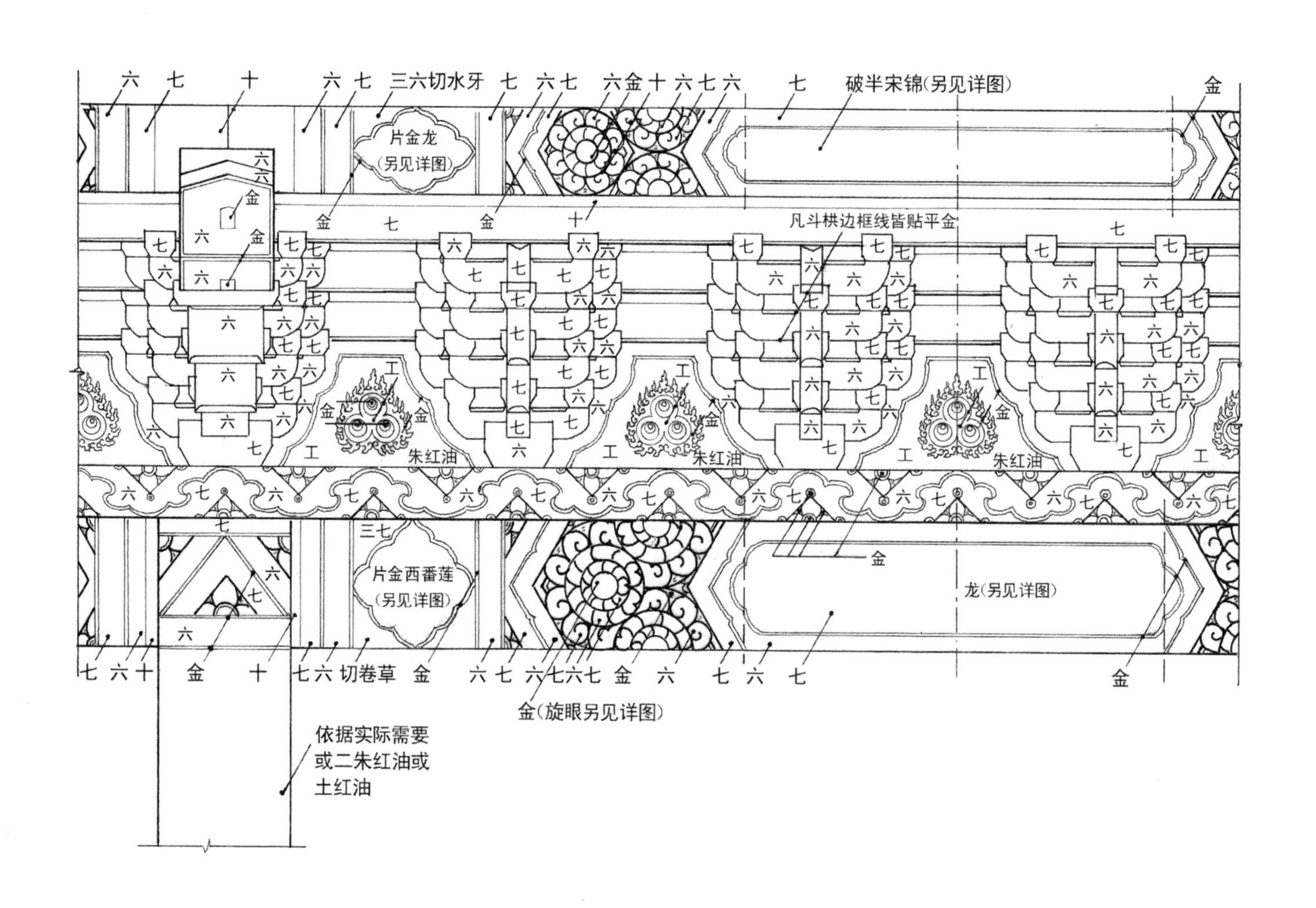
三六切水牙
破半宋锦(另见详图)
片金龙
(另见详图)
凡斗栱边框线皆贴平金
朱红油
片金西番莲
(另见详图)
龙(另见详图)
切卷草
金(旋眼另见详图)
依据实际需要
或二朱红油或
土红油

金线大点金龙锦方心大开间明间纹饰画法

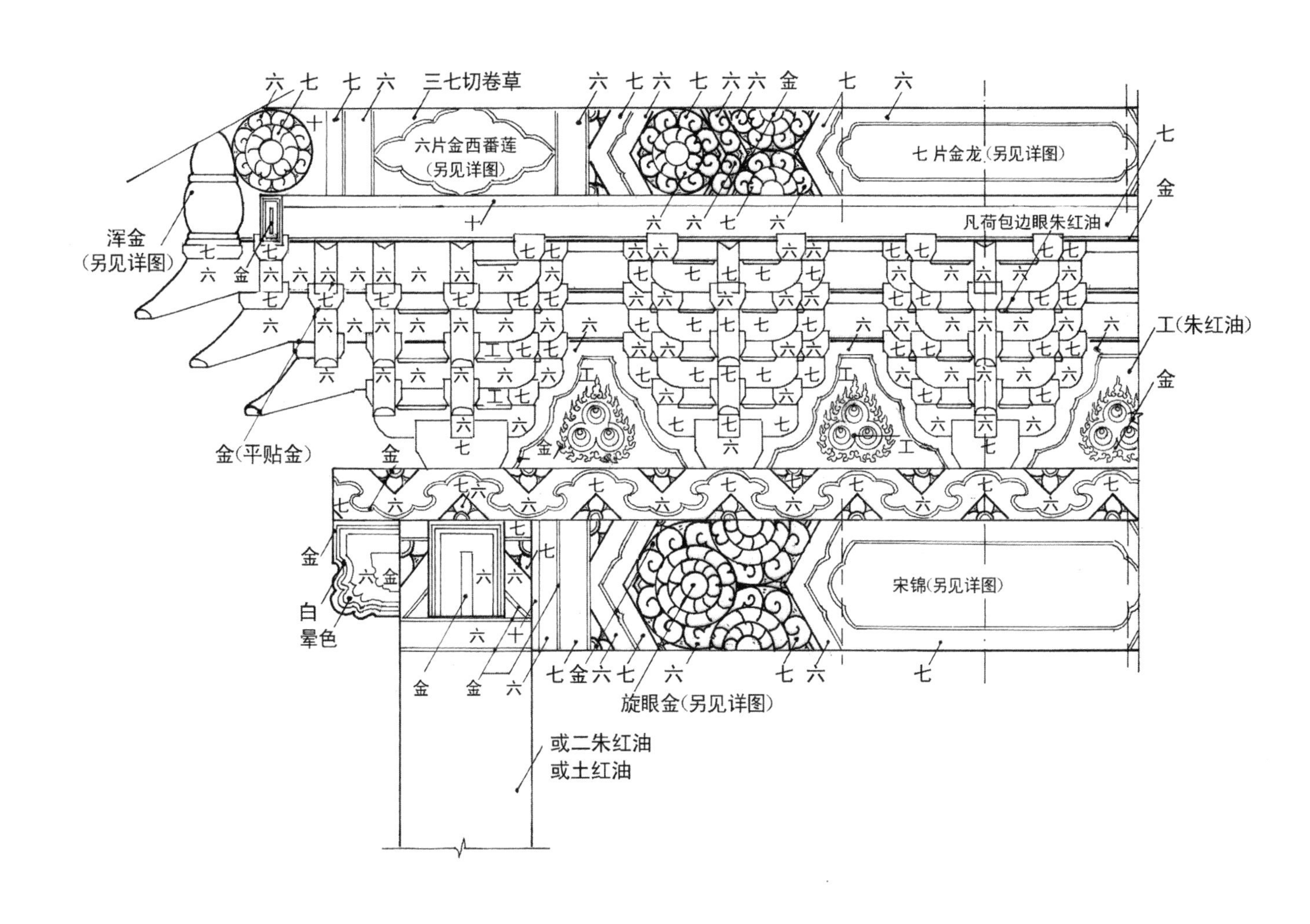

三七切卷草
六片金西番莲
（另见详图）
七片金龙（另见详图）
浑金
（另见详图）
凡荷包边眼朱红油
工（朱红油）
金（平贴金）
白
晕色
宋锦（另见详图）
旋眼金（另见详图）
或二朱红油
或土红油

金线大点金龙锦方心角间纹饰画法

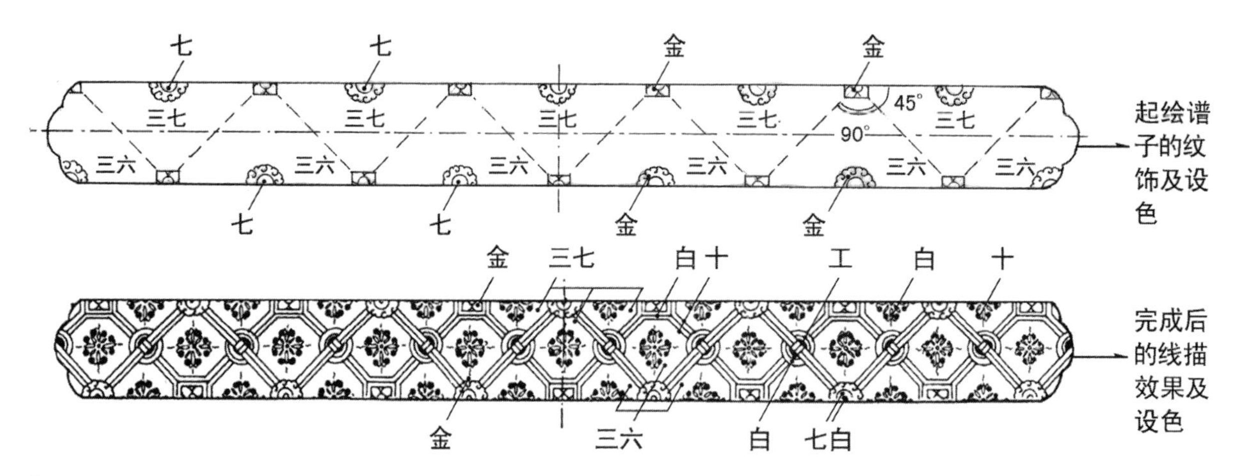

七
七
金
金
三七
三七
三七
三七
三七
45°
90°
三六
三六
三六
三六
三六
三六
七
七
金
金
起绘谱子的纹饰及设色
金
三七
白
十
工
白
十
完成后的线描效果及设色
金
三六
白
七白

①较窄檩等类构件破半式宋锦方心纹饰画法及设色

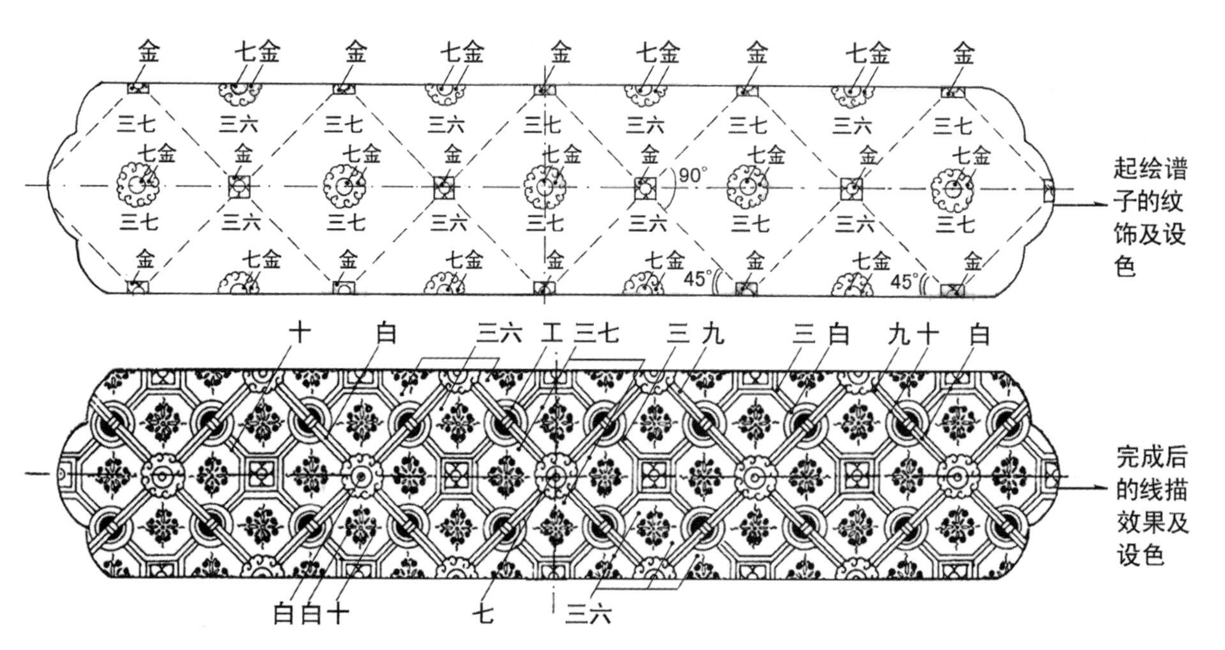

金
七金
金
七金
金
七金
金
七金
金
三七
三六
三七
三六
三七
三六
三七
三六
三七
七金
金
七金
金
七金
金
七金
金
七金
90°
三七
三六
三七
三六
三七
三六
三七
三六
三七
金
七金
金
七金
金
七金
金
七金
金
45°
45°
起绘谱子的纹饰及设色
十
白
三六
工
三七
三
九
三
白
九
十
白
完成后的线描效果及设色
白
白
十
七
三六

②较宽额枋等类构件一整两破式宋锦方心画法及设色

金线大点金龙锦方心宋锦方心纹饰画法及设色

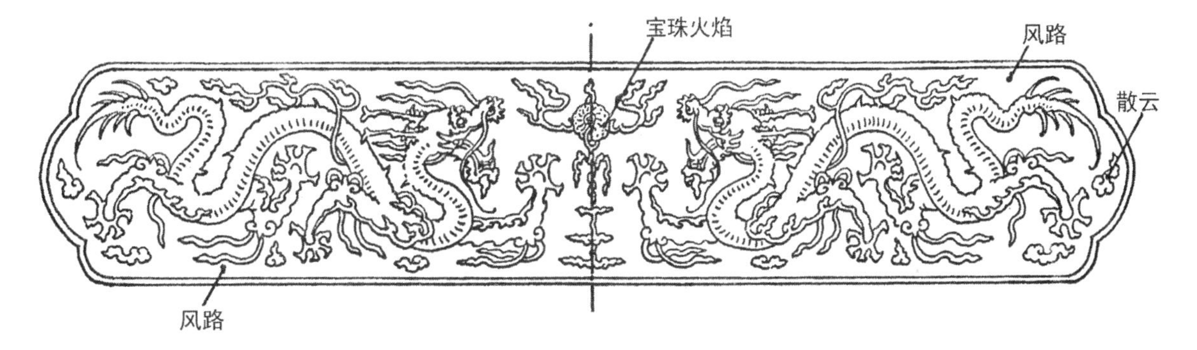
宝珠火焰
风路
散云
风路

①全龙方心

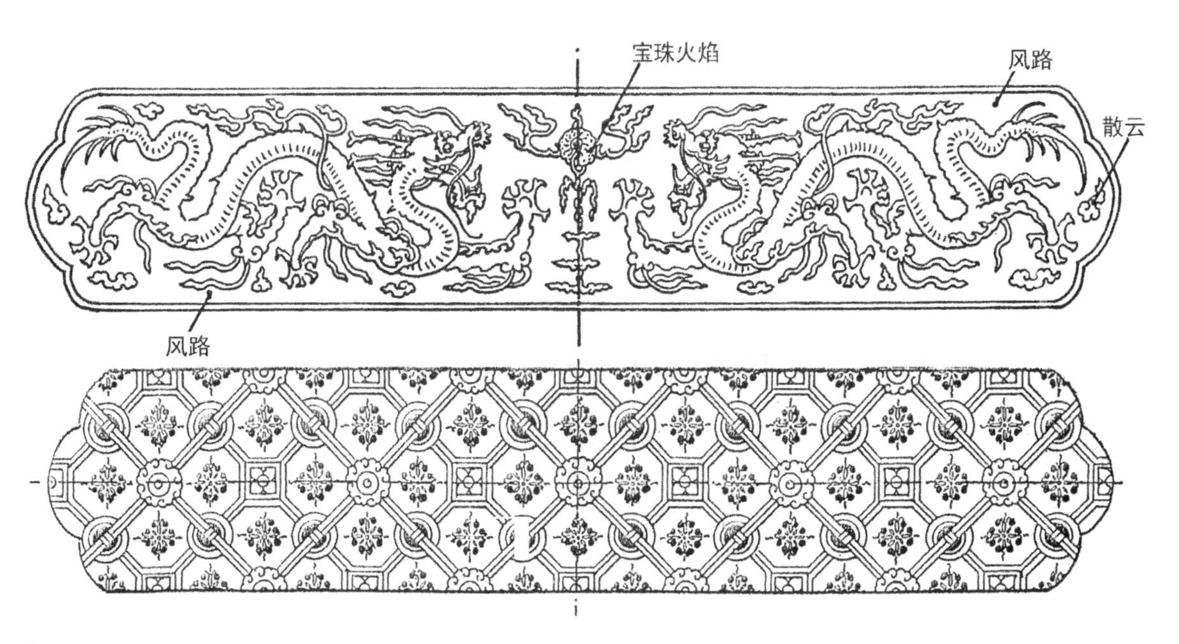
宝珠火焰
风路
散云
风路

②龙锦方心

③凤锦方心

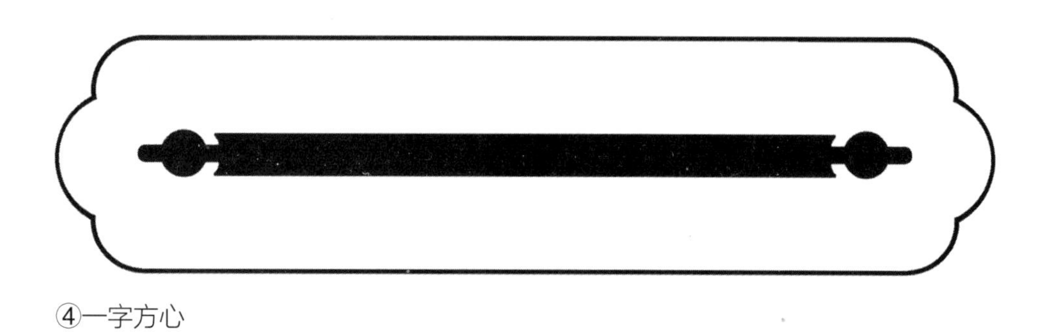

④一字方心

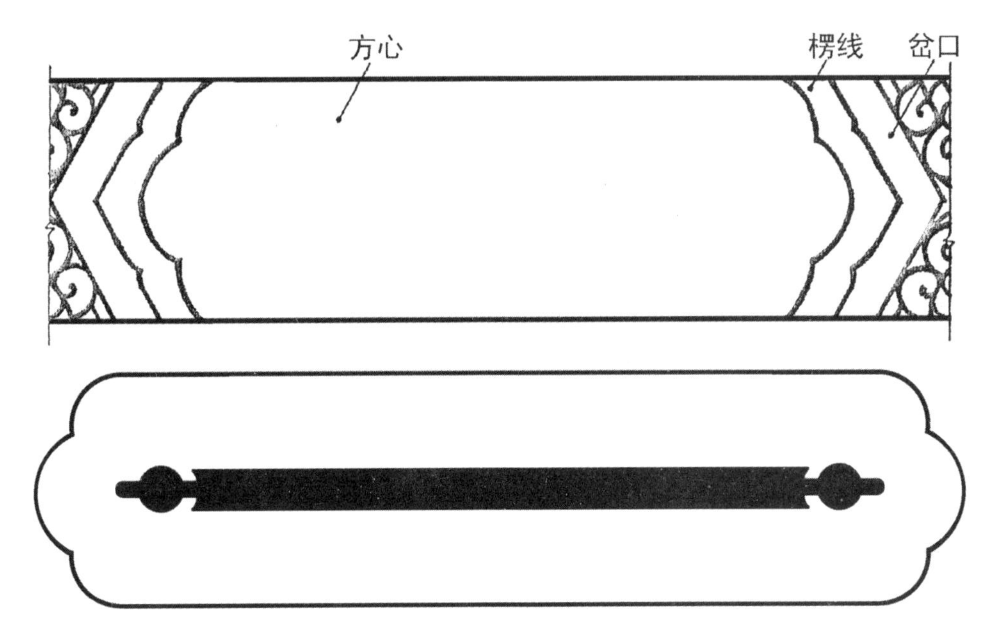
方心
楞线
岔口

⑤空方心与一字方心

软夔龙方心

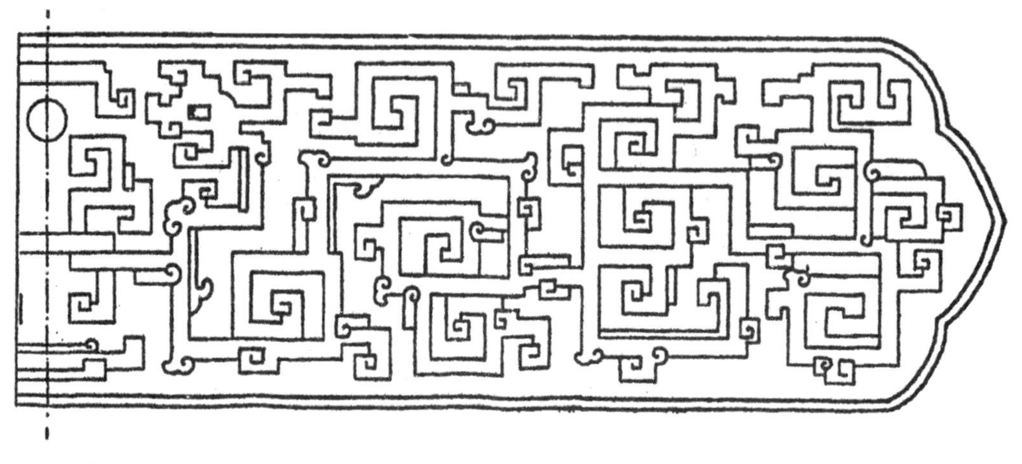

硬夔龙方心

⑥夔龙方心

⑦花锦方心

⑧夔龙黑叶子花方心

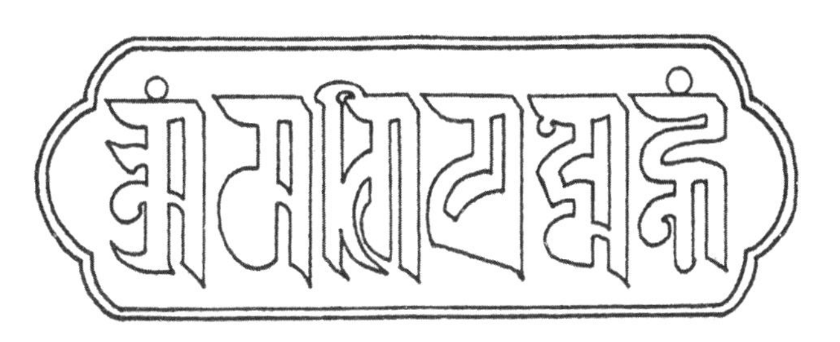

⑨梵纹方心

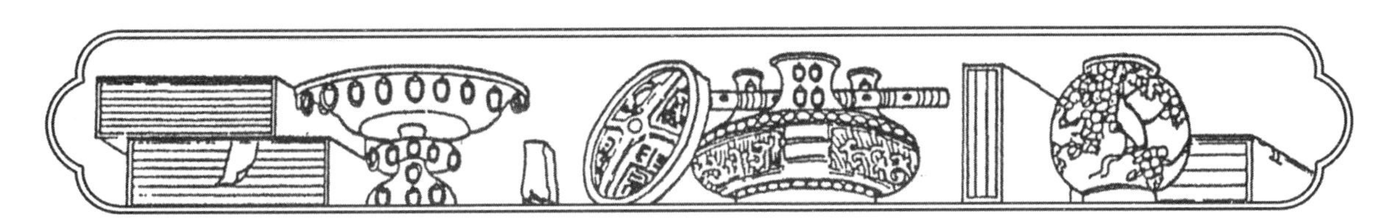

⑩博古方心

旋子彩画方心内容纹饰的搭配组合形式

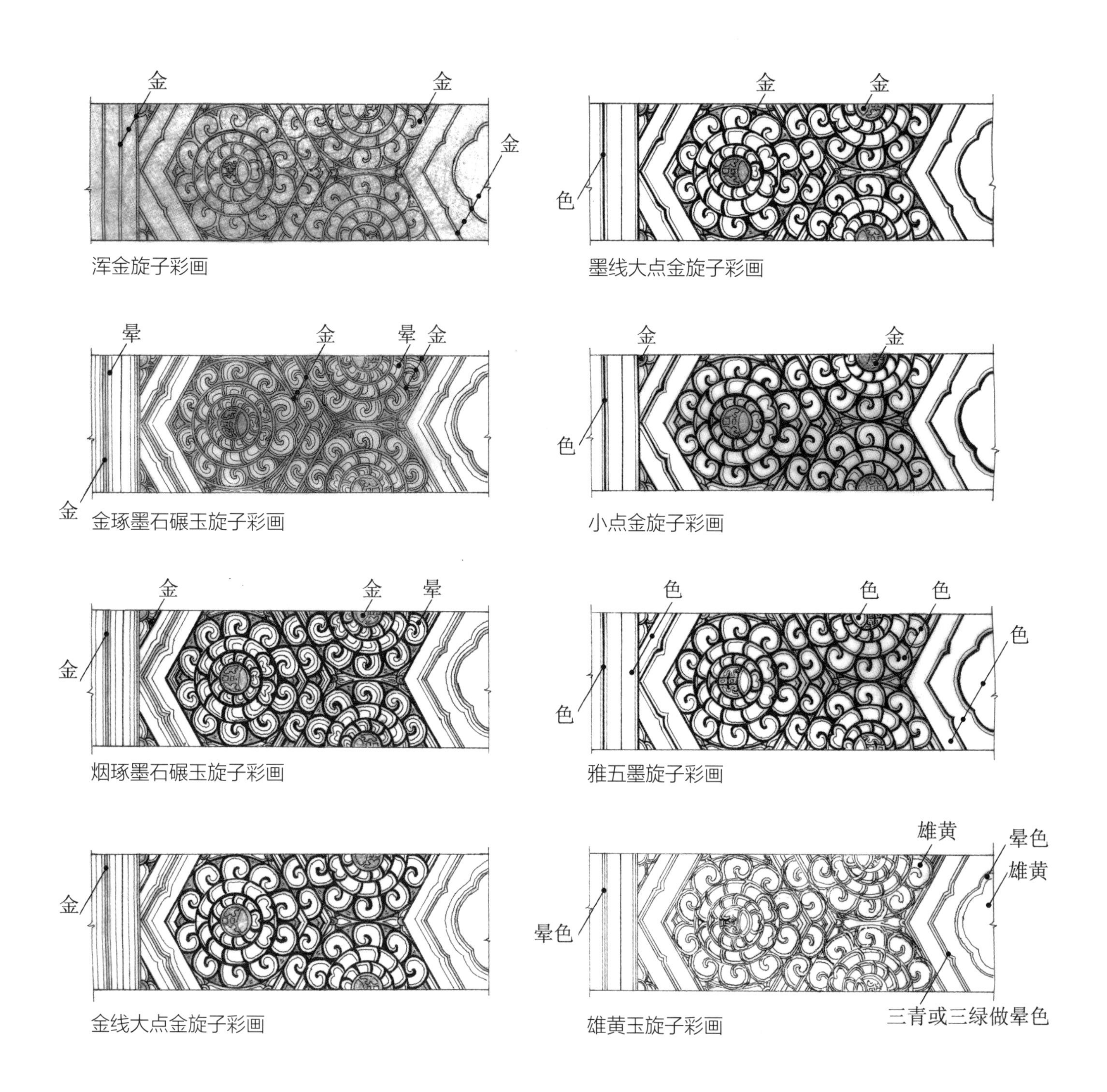
金
金
金
浑金旋子彩画
金
金
色
墨线大点金旋子彩画
晕
金
晕
金
金
金琢墨石碾玉旋子彩画
金
金
色
小点金旋子彩画
金
金
晕
金
烟琢墨石碾玉旋子彩画
色
色
色
色
色
雅五墨旋子彩画
金
金线大点金旋子彩画
雄黄
晕色
雄黄
晕色
雄黄玉旋子彩画
三青或三绿做晕色

旋子彩画八种不同等级做法对照示意图

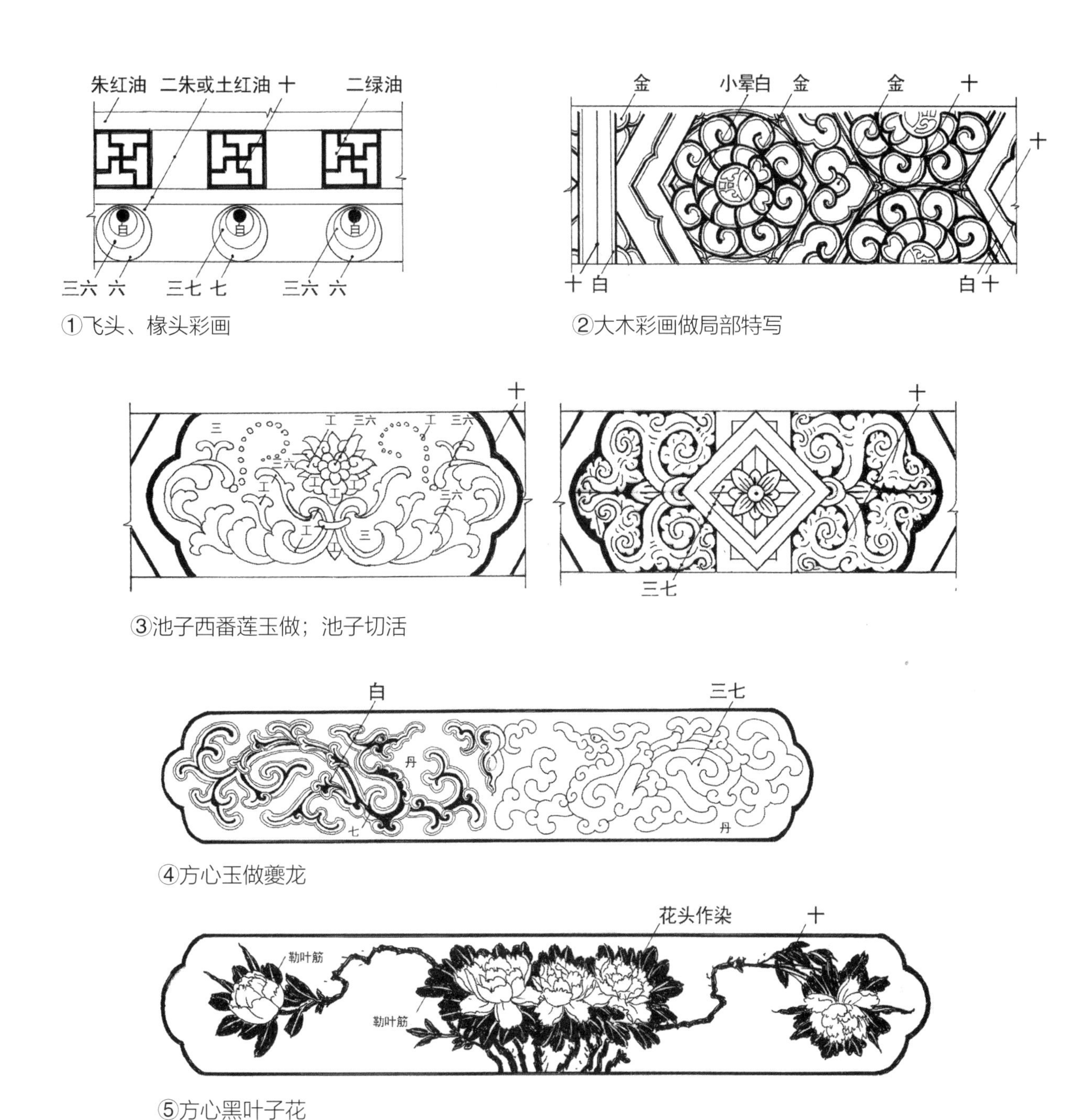
朱红油
二朱或土红油
十
二绿油
三六
六
三七
七
三六
六
①飞头、椽头彩画
金
小晕白
金
金
十
十
十
白
白
十
②大木彩画做局部特写
十
三
工
三六
工
三六
三六
工
工
工
工
工
三六
工
三
工
十
三七
③池子西番莲玉做；池子切活
白
三七
丹
七
丹
④方心玉做夔龙
花头作染
十
勒叶筋
勒叶筋
⑤方心黑叶子花

小点金黑叶子花、夔龙方心旋子彩画

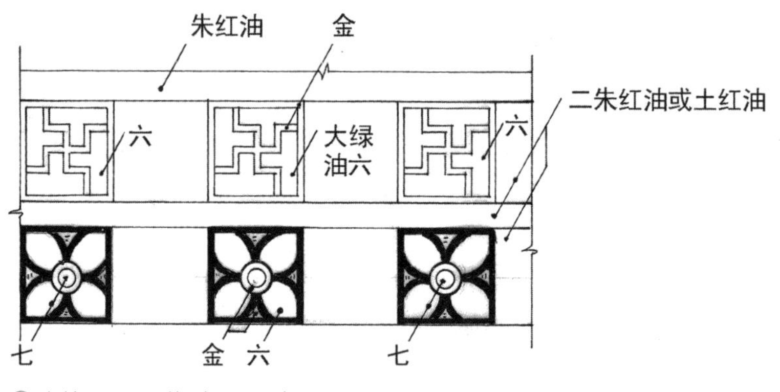
朱红油
金
二朱红油或土红油
六
大绿
油六
六
七
金
六
七

①连檐瓦口、椽头、飞头彩画

二六
十
花头按作染绘法
凡花卉枝框十
二六地
十

②方心黑叶子花彩画

三七
十
二六地
作染
十

③池子切活

④池子黑叶子花

墨线大点金花（黑叶子花）、锦方心旋子彩画（锦纹另见金线大点金）

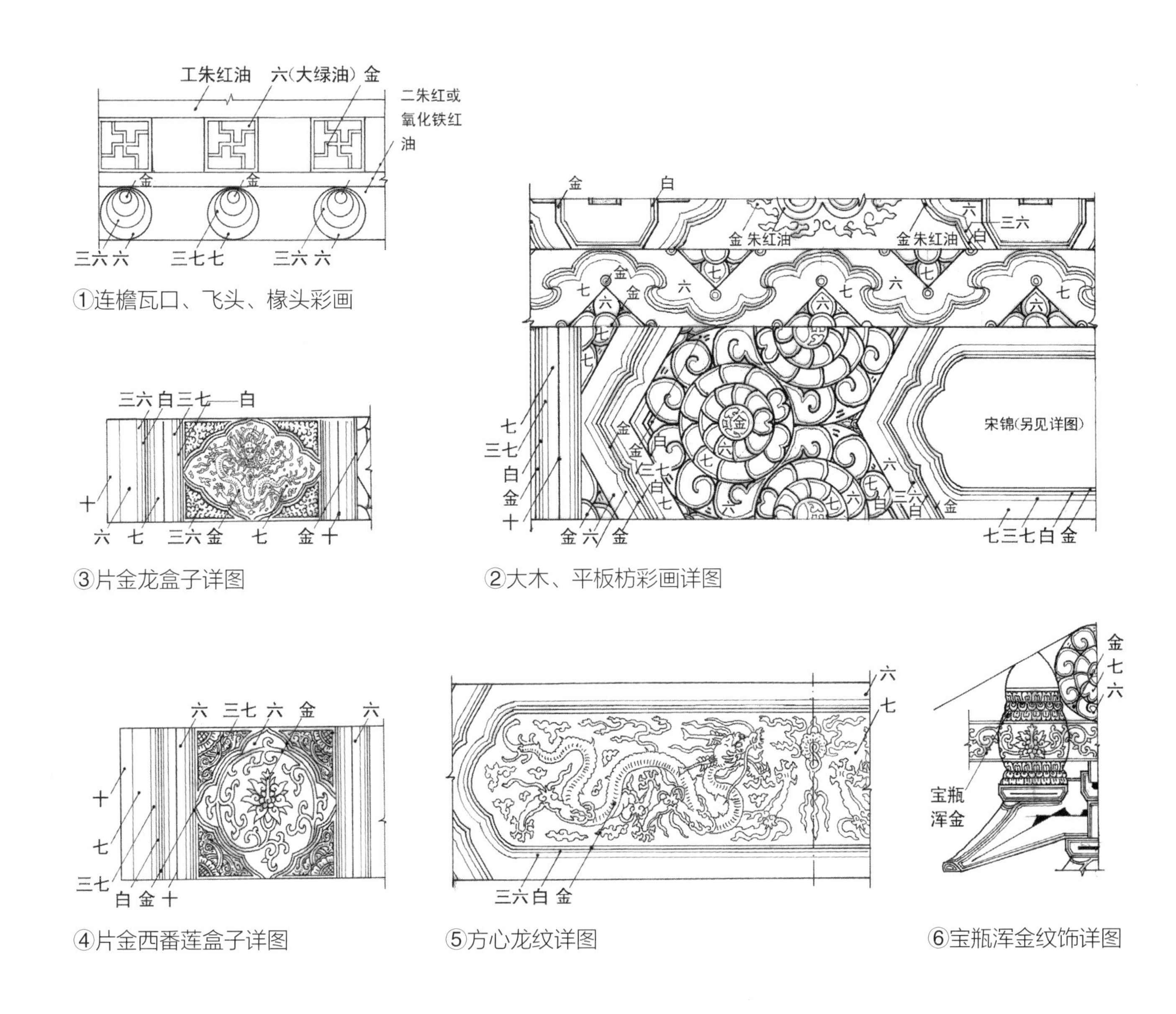
工朱红油
六(大绿油)
金
二朱红或氧化铁红油
三六 六
三七 七
三六 六
①连檐瓦口、飞头、椽头彩画
三六 白 三七
白
十
六 七 三六 金 七 金 十
③片金龙盒子详图
金 白
金 朱红油
金 朱红油
三六
宋锦(另见详图)
七 三七 白 金 十
金 六 金
七 三七 白 金
②大木、平板枋彩画详图
六 三七 六 金 六
十
七
三七
白 金 十
④片金西番莲盒子详图
六
七
三六 白 金
⑤方心龙纹详图
金
七
六
宝瓶浑金
⑥宝瓶浑金纹饰详图

金线大点金龙锦方心椽头、大木、龙方心、盒子、宝瓶细部纹饰画法详图

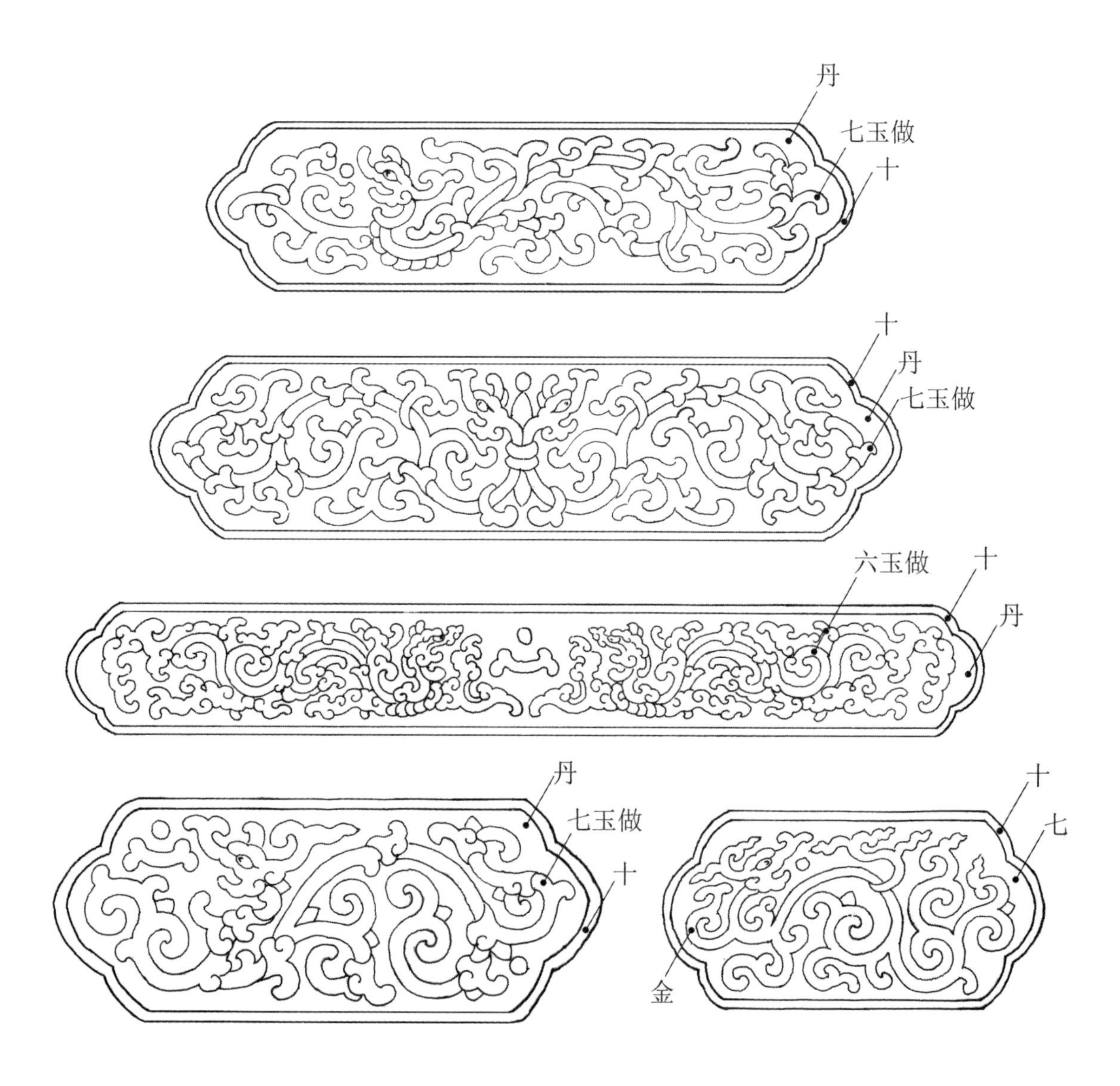
丹
七玉做
十
十
丹
七玉做
六玉做
十
丹
丹
七玉做
十
十
七
金

夔龙纹饰做法

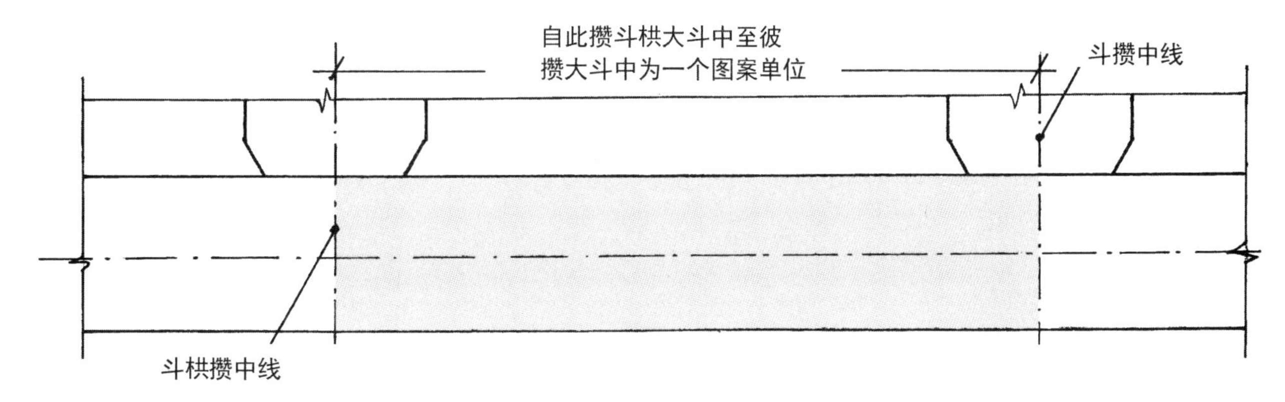
自此攒斗栱大斗中至彼
攒大斗中为一个图案单位
斗攒中线
斗栱攒中线

①自此攒斗栱大斗中至彼攒大斗中为一个图案单位画中分线；并平板枋宽亦分中画线。

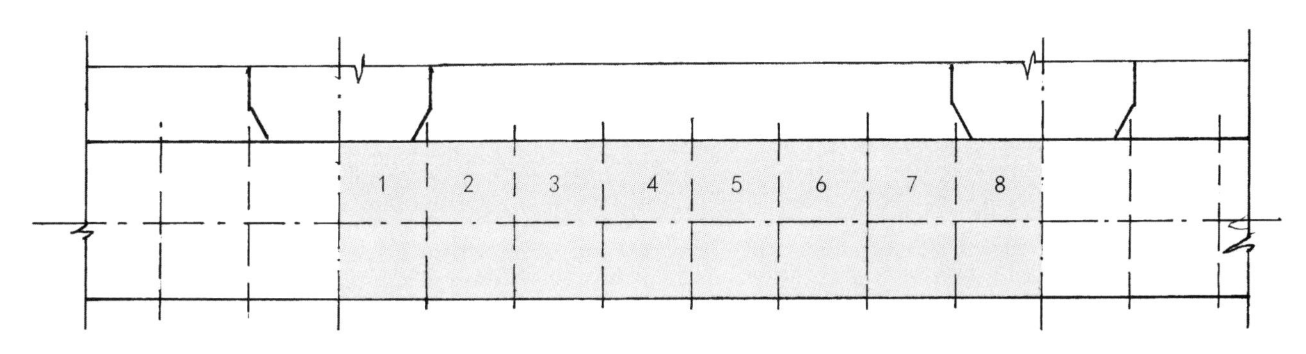
1
2
3
4
5
6
7
8

②将一个图案单位均分为 8 等份，并画虚线格。

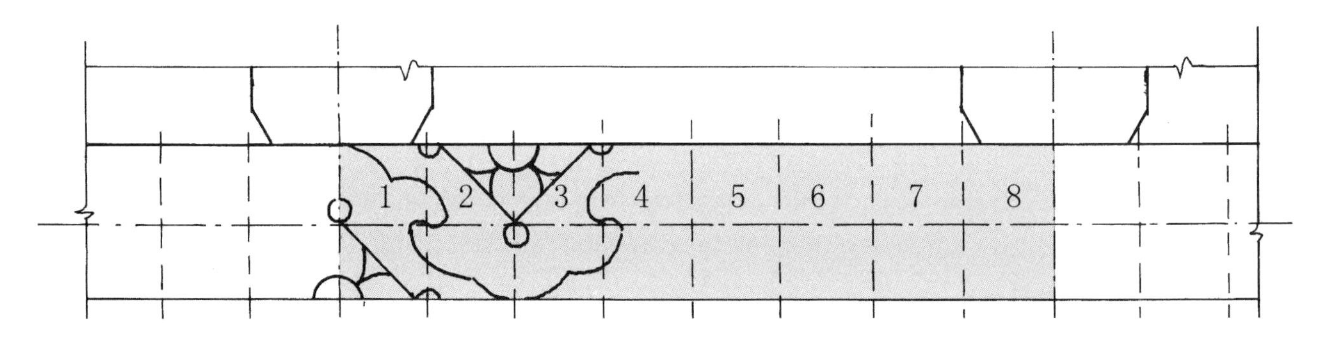
1
2
3
4
5
6
7
8

③自按格勾勒降魔云纹饰

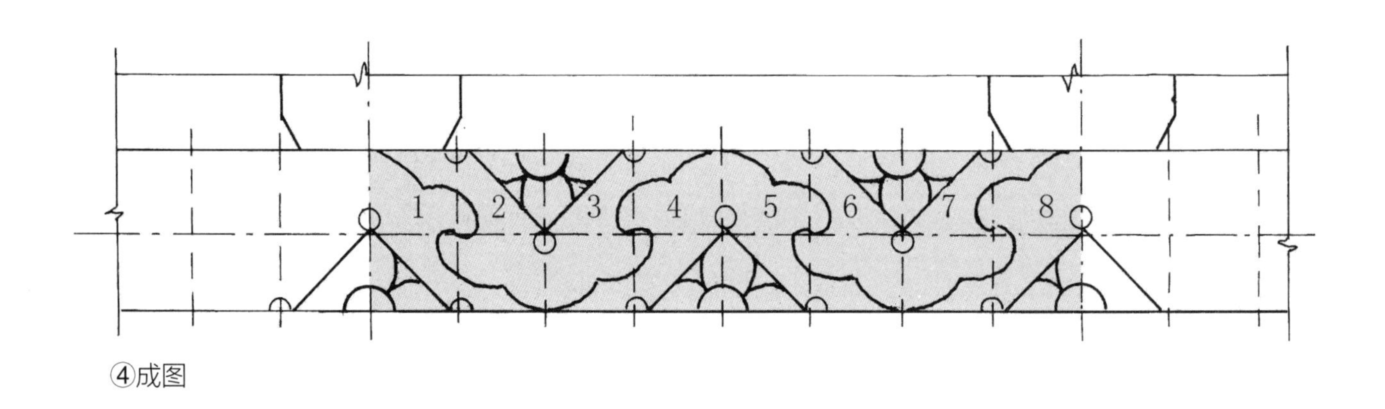
1
2
3
4
5
6
7
8

④成图

平板枋三整两破降魔云构图四个步骤

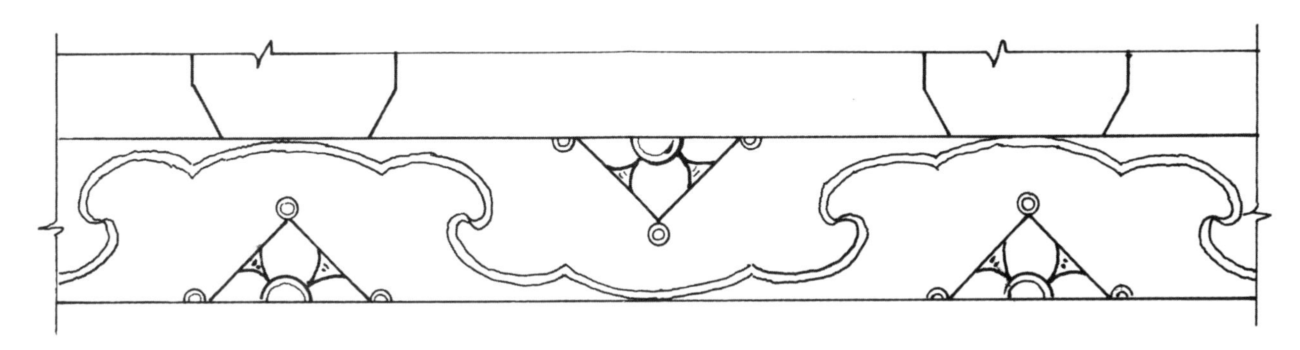

一整两破式（金线大点金旋子彩画）平板枋降魔云画法（见于近代画法）

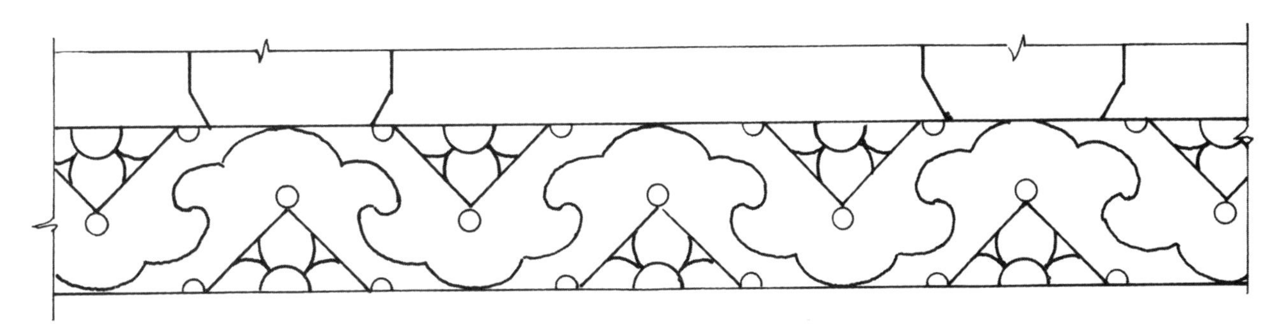

三整两破式（雅五墨旋子彩画）平板枋降魔云画法（见于清代通常画法）

平板枋一整两破式降魔云与三整两破式降魔云画法区别对照

三、苏式彩画部分

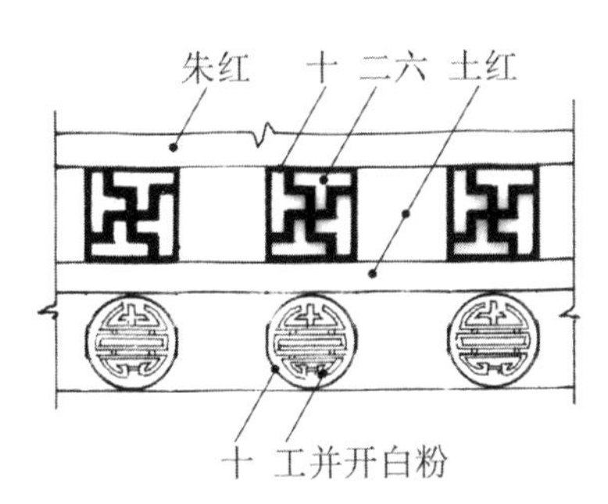
朱红
十
二六
土红
十
工并开白粉

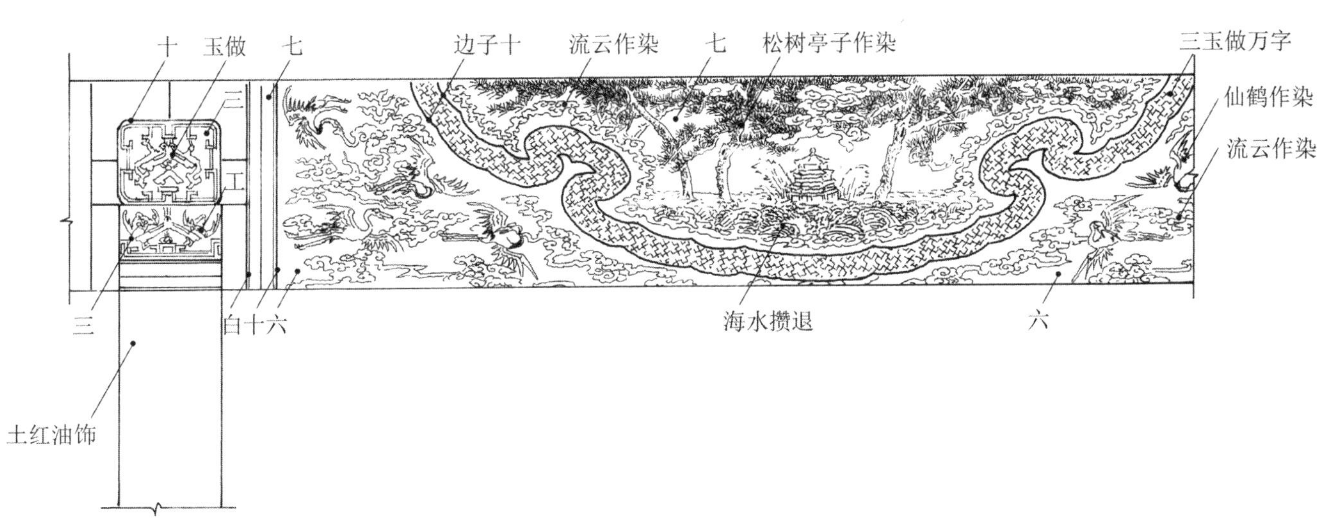
十
玉做
七
边子十
流云作染
七
松树亭子作染
三玉做万字
仙鹤作染
流云作染
三
工
三
白十六
海水攒退
六
土红油饰

清早期搭袱子式苏画

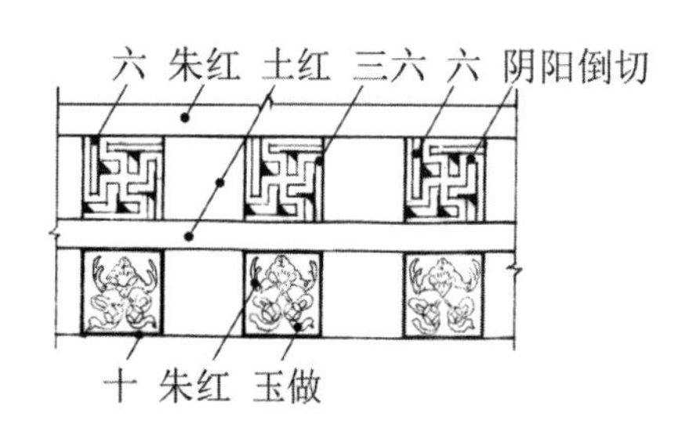
六 朱红 土红 三六 六 阴阳倒切
十 朱红 玉做

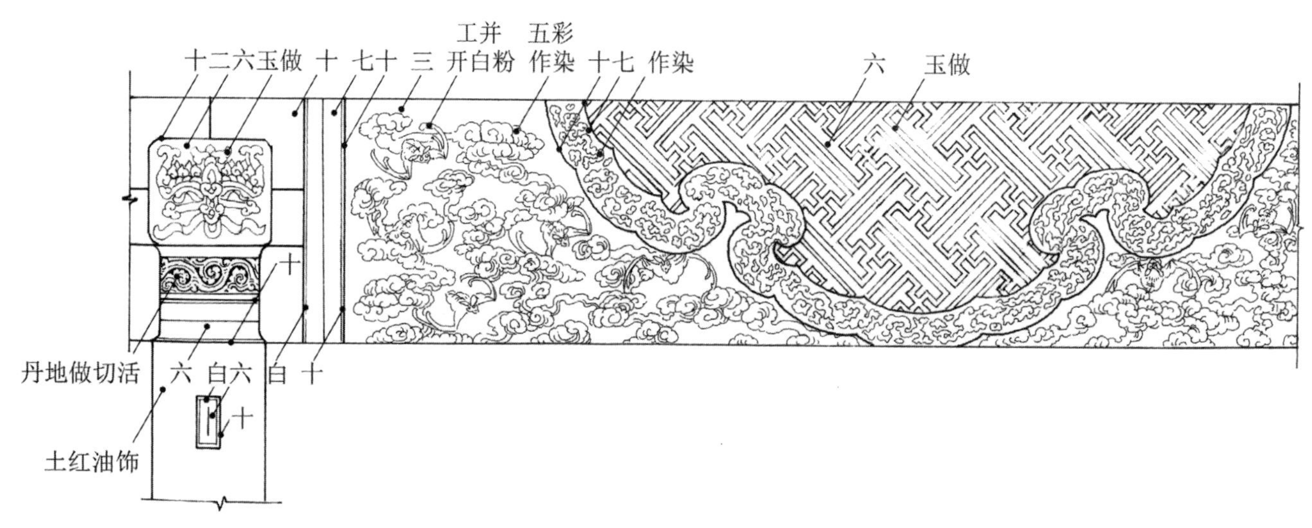
十二六玉做 十 七十 三 开白粉 工并 五彩 作染 十七 作染 六 玉做
十
丹地做切活 六 白六 白 十
十
土红油饰

清早期搭锦袱子苏画

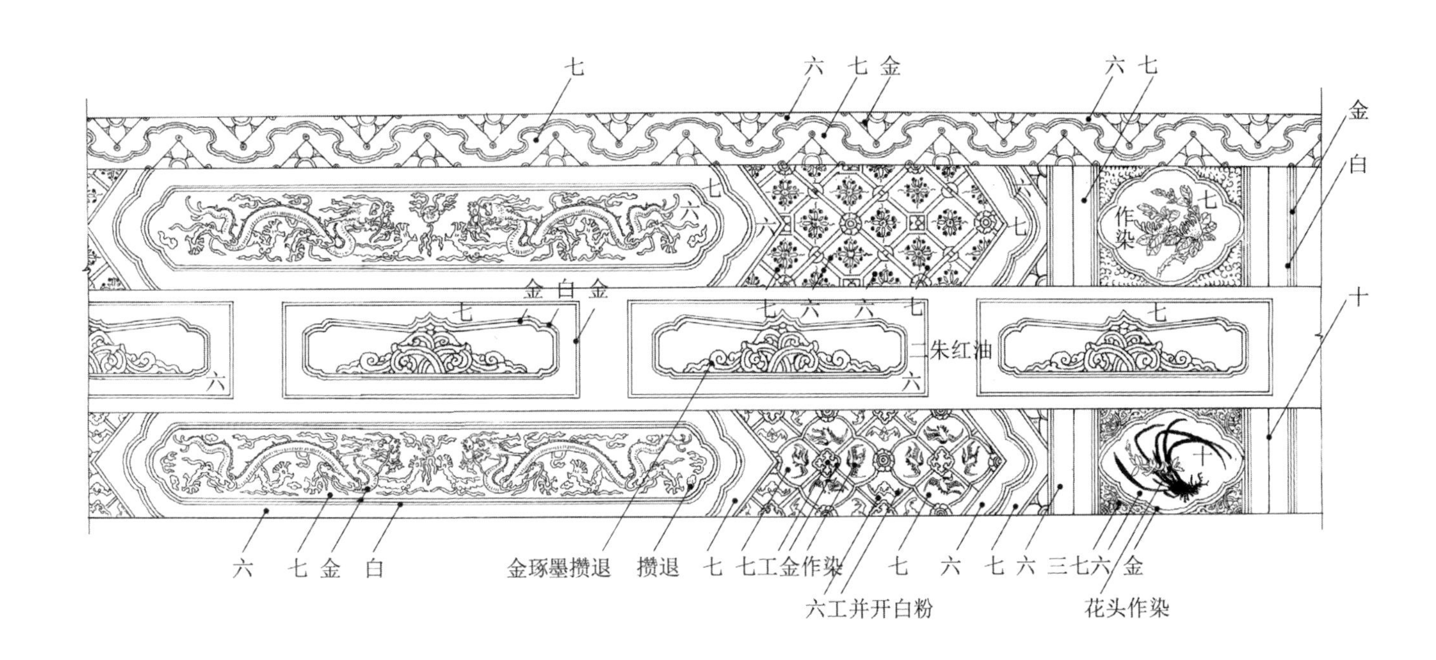
七
六 七 金
六 七
金
白
十
金 白 金
七
六
二朱红油
作染
六 七 金 白
金琢墨攒退
攒退
七 七工金作染
六工并开白粉
七 六 七 六 三七六 金
花头作染

清早期金线方心式苏画（宫廷苏画）

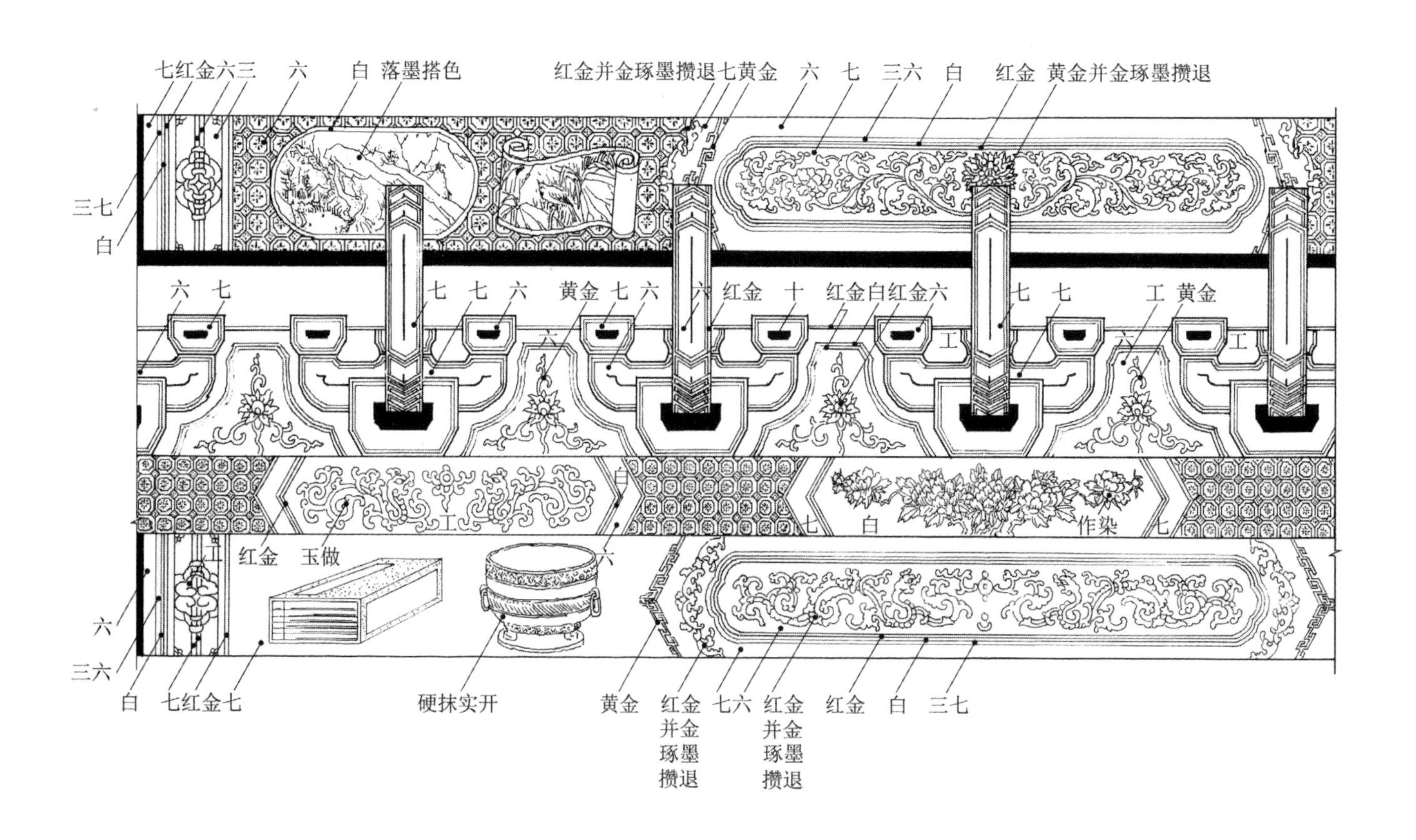
七红金六三
六
白
落墨搭色
红金并金琢墨攒退七黄金
六
七
三六
白
红金
黄金并金琢墨攒退
三七
白
六
七
七
七
六
黄金
七
六
六
红金
十
红金白红金六
七
七
工
黄金
工
白
红金
玉做
七
白
作染
七
六
三六
白
七红金七
硬抹实开
黄金
红金并金琢墨攒退
七六
红金并金琢墨攒退
红金
白
三七

清早中期金琢墨方心式苏画

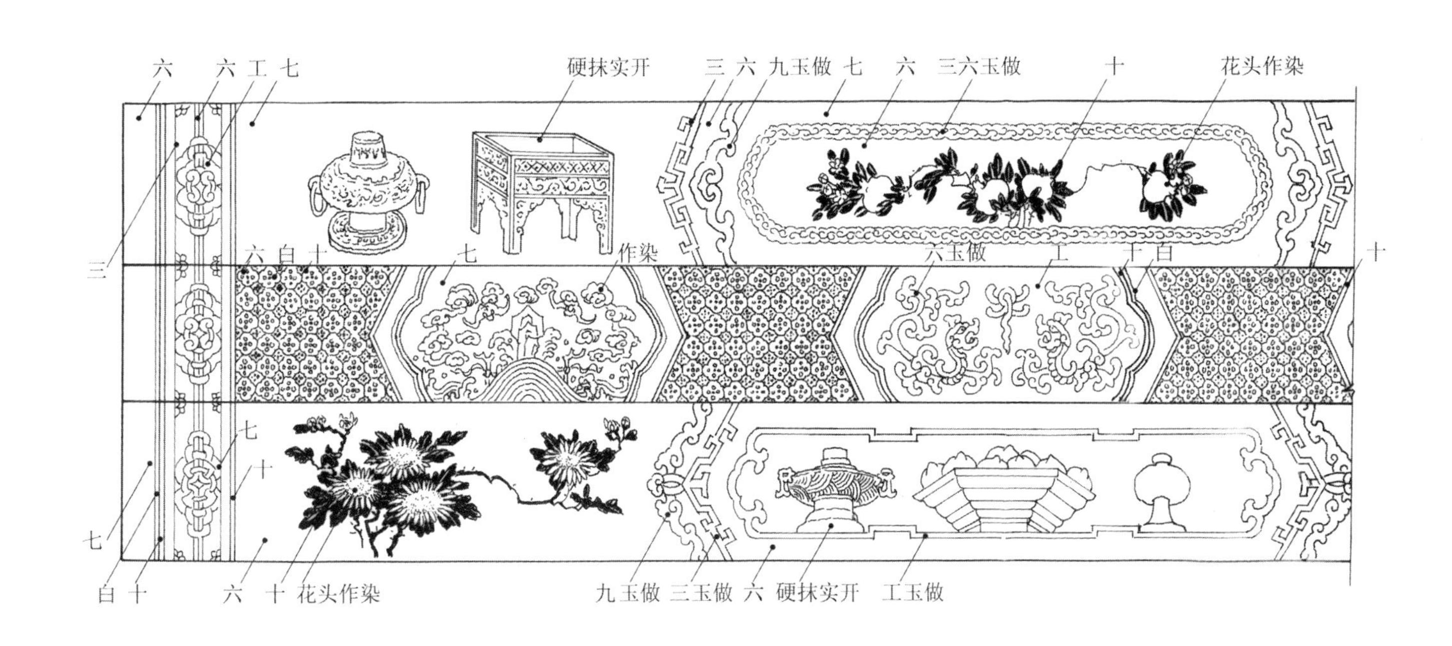
六
六
工
七
硬抹实开
三
六
九玉做
七
六
三六玉做
十
花头作染
三
六
白
十
七
作染
六玉做
工
十
白
十
七
十
七
白
十
六
十
花头作染
九玉做
三玉做
六
硬抹实开
工玉做

清早中期墨线方心式苏画之一

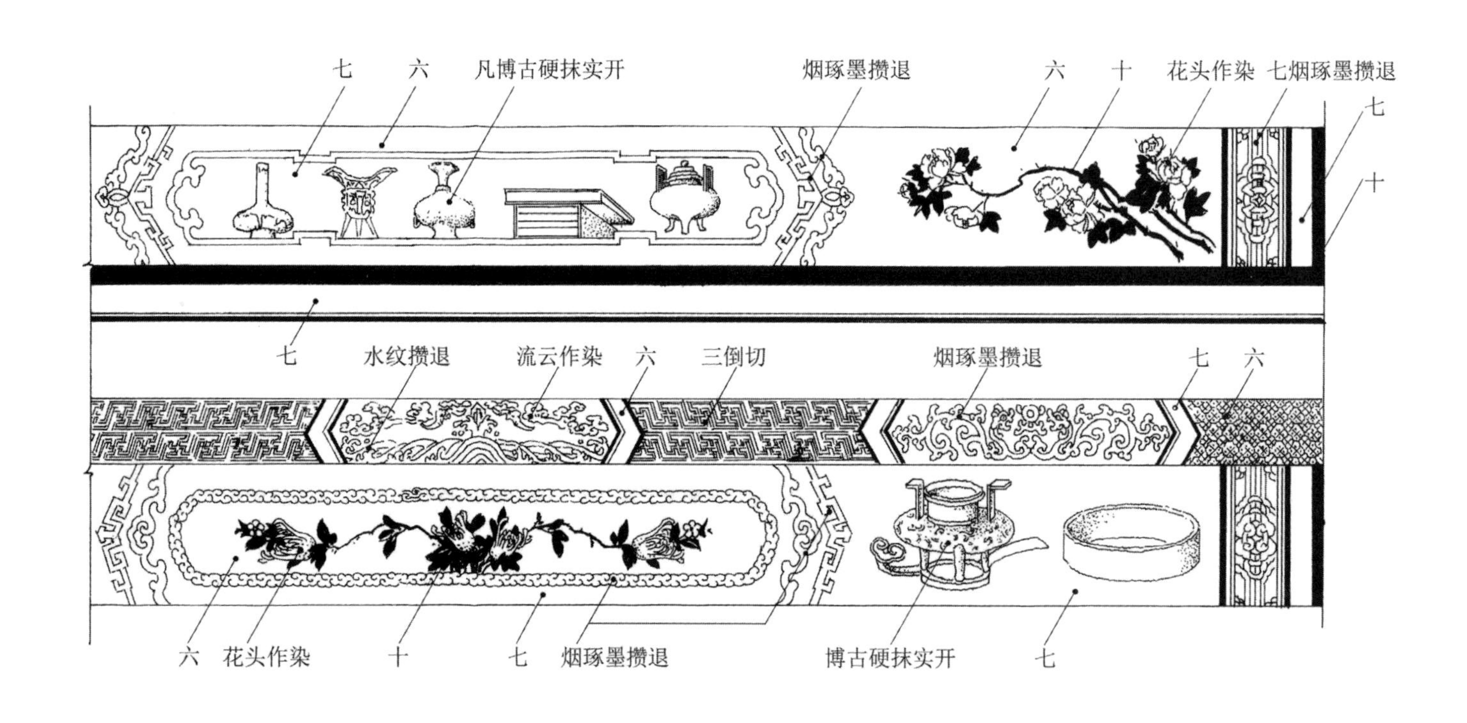
七
六
凡博古硬抹实开
烟琢墨攒退
六
十
花头作染
七烟琢墨攒退
七
十
七
水纹攒退
流云作染
六
三倒切
烟琢墨攒退
七
六
六
花头作染
十
七
烟琢墨攒退
博古硬抹实开
七

清早中期墨线方心式苏画之二

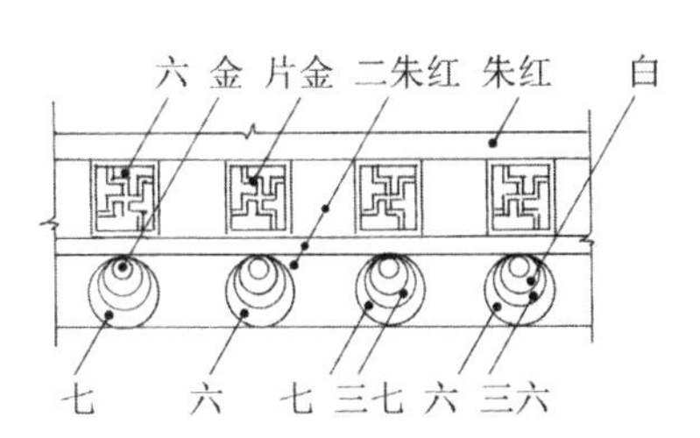
六 金 片金 二朱红 朱红 白
七 六 七 三七 六 三六

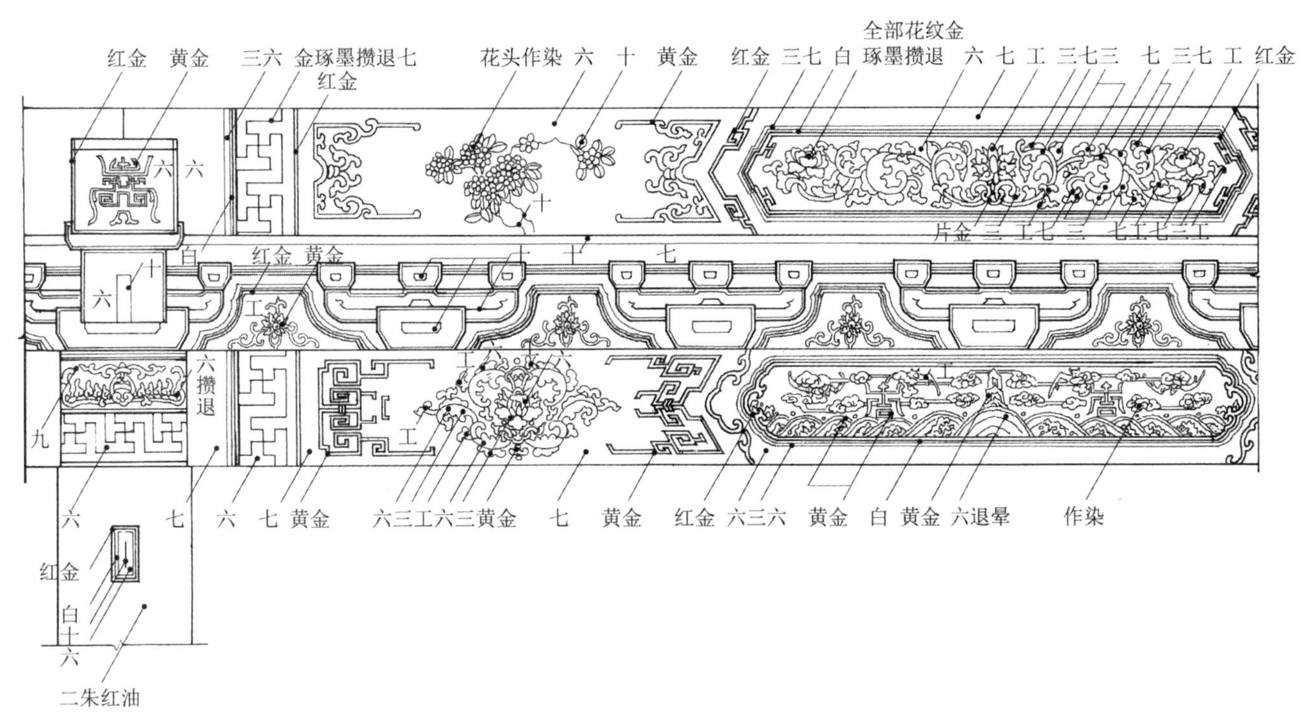
全部花纹金
红金 黄金 三六 金琢墨攒退七 花头作染 六 十 黄金 红金 三七 白 琢墨攒退 六 七 工 三七三 七 三七 工 红金
红金
六 六
白 红金 黄金 十 十 七
片金 三 工七 三 七工七三工
六 十
六攒退
九
六 七 六 七 黄金 六三工六三黄金 七 黄金 红金 六三六 黄金 白 黄金 六退晕 作染
红金
白
十
六
二朱红油

清中期金琢墨方心式苏画

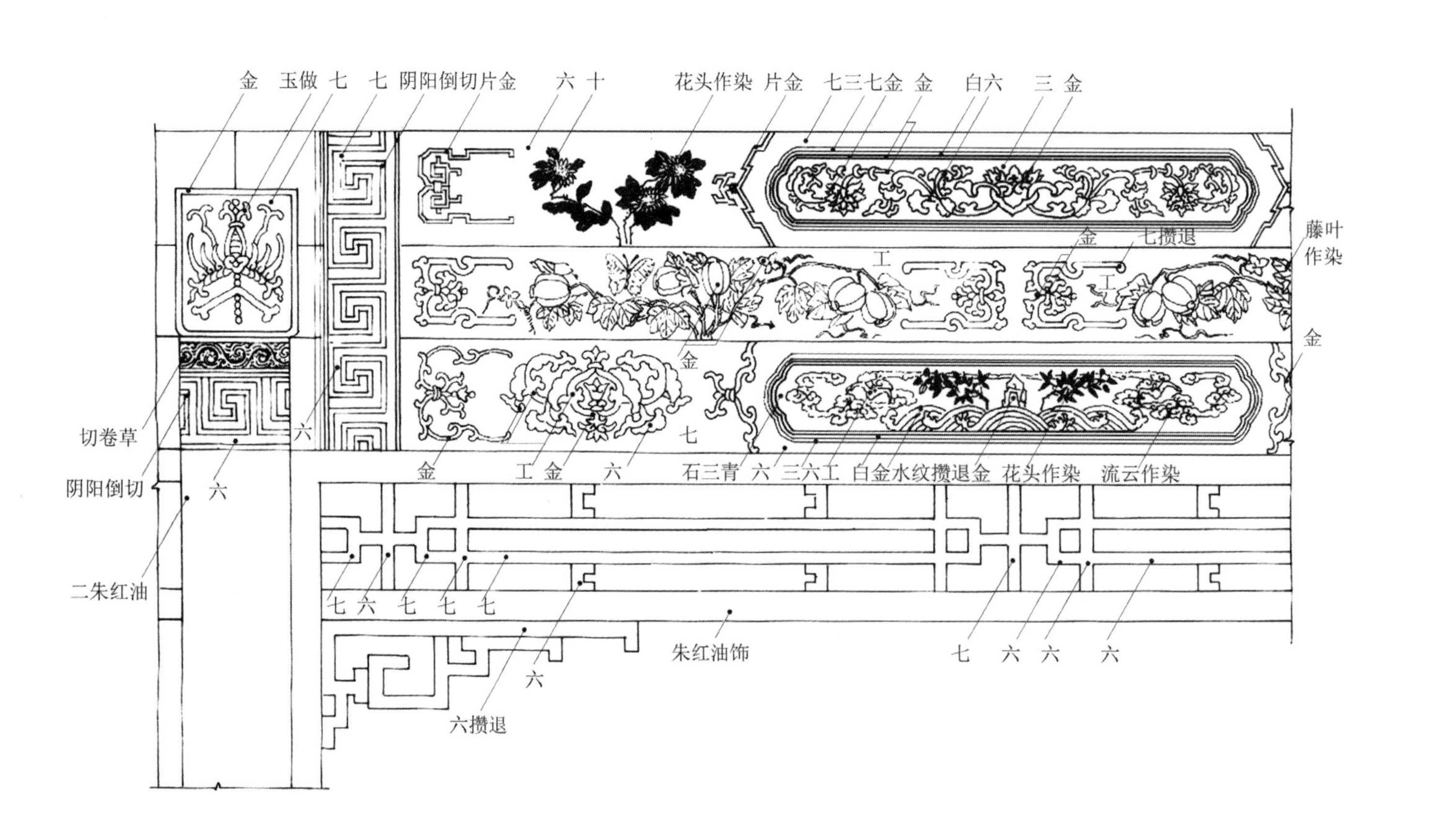

金
玉做
七
七
阴阳倒切片金
六
十
花头作染
片金
七三七金
金
白六
三
金
藤叶作染
金
七攒退
工
工
金
金
七
切卷草
六
阴阳倒切
六
金
工
金
六
石三青
六
三六工
白金水纹攒退金
花头作染
流云作染
二朱红油
七
六
七
七
七
朱红油饰
七
六
六
六
六
六攒退

清中期金线方心式苏画

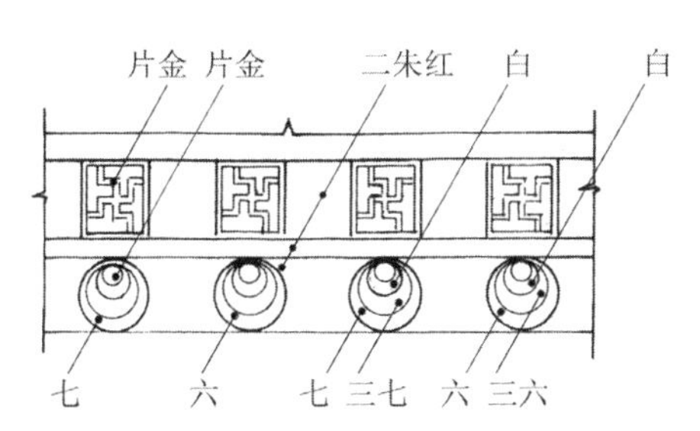
片金 片金
二朱红
白
白
七
六
七 三七
六 三六

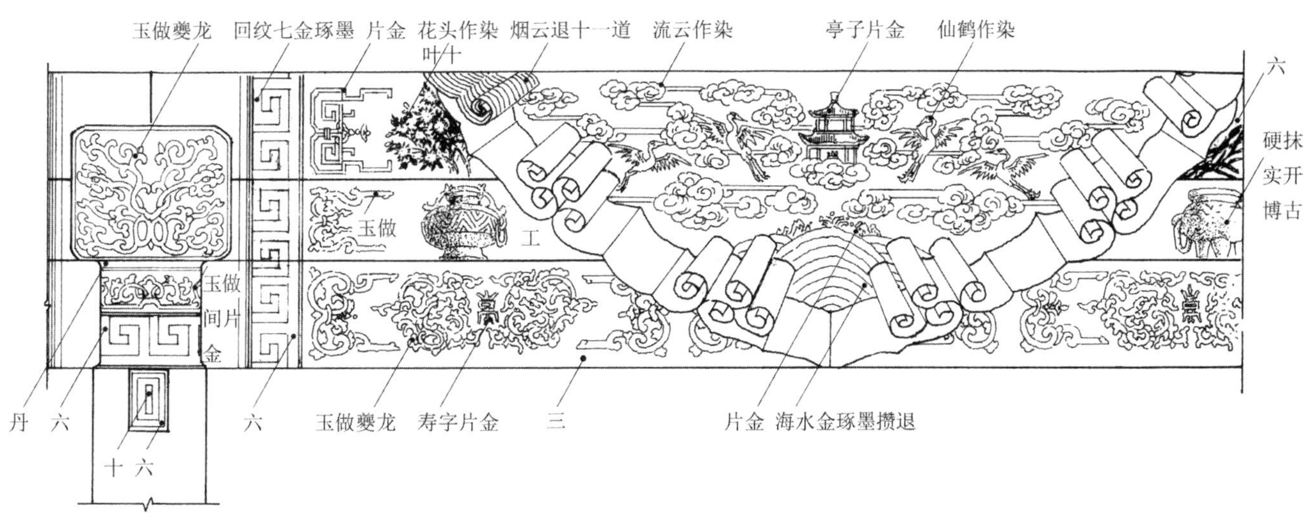
玉做夔龙
回纹七金琢墨
片金
花头作染
叶十
烟云退十一道
流云作染
亭子片金
仙鹤作染
六
硬抹
实开
博古
玉做
工
玉做
间片
金
丹
六
十 六
六
玉做夔龙
寿字片金
三
片金
海水金琢墨攒退

清中期金琢墨搭袱子苏画

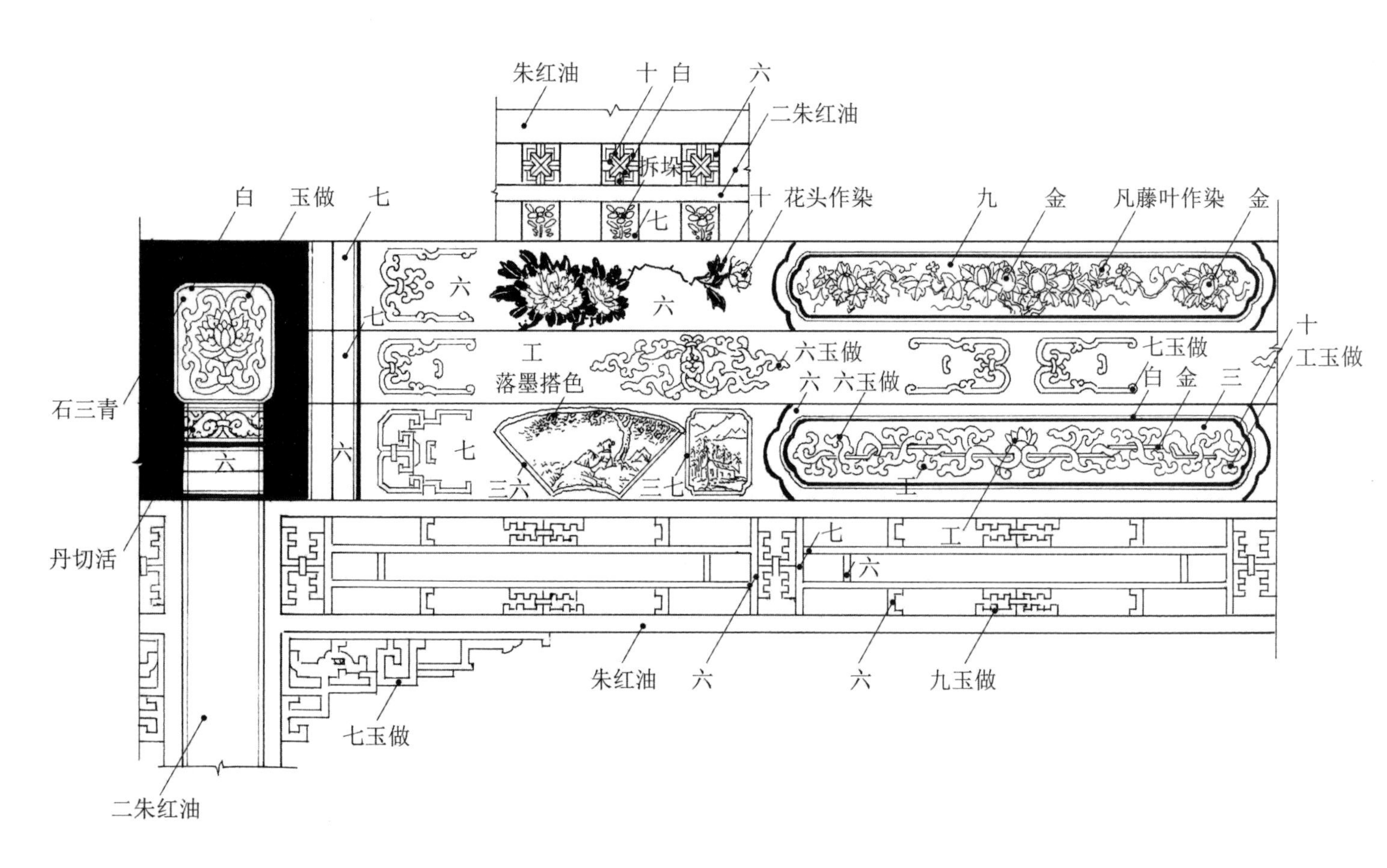
朱红油
十
白
六
二朱红油
拆垛
七
白
玉做
七
十
花头作染
九
金
凡藤叶作染
金
六
六
七
七
工
六玉做
七玉做
十
工玉做
落墨搭色
六
六玉做
白
金
三
石三青
六
六
七
三六
三七
工
丹切活
七
工
六
朱红油
六
六
九玉做
七玉做
二朱红油

清中期墨线点金方心式苏画（大开间）

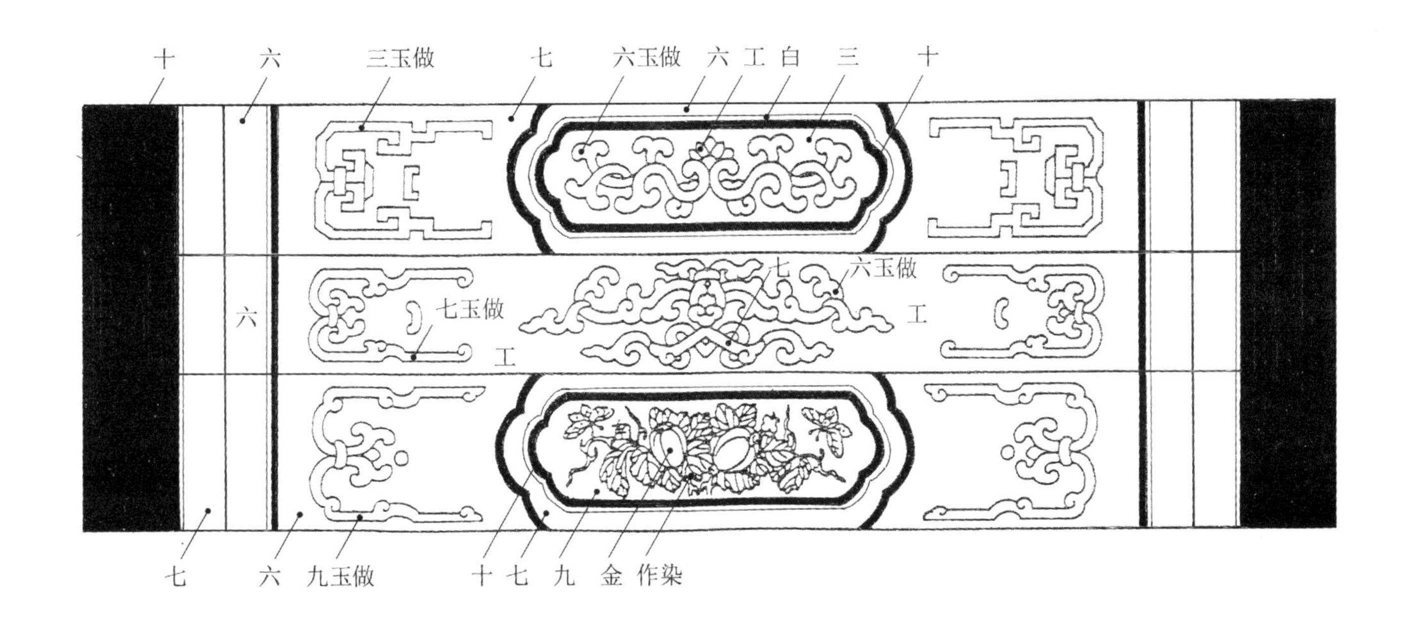
十
六
三玉做
七
六玉做
六
工
白
三
十
七
六玉做
六
七玉做
工
工
七
六
九玉做
十
七
九
金
作染

清中期墨线点金方心式苏画（小开间）

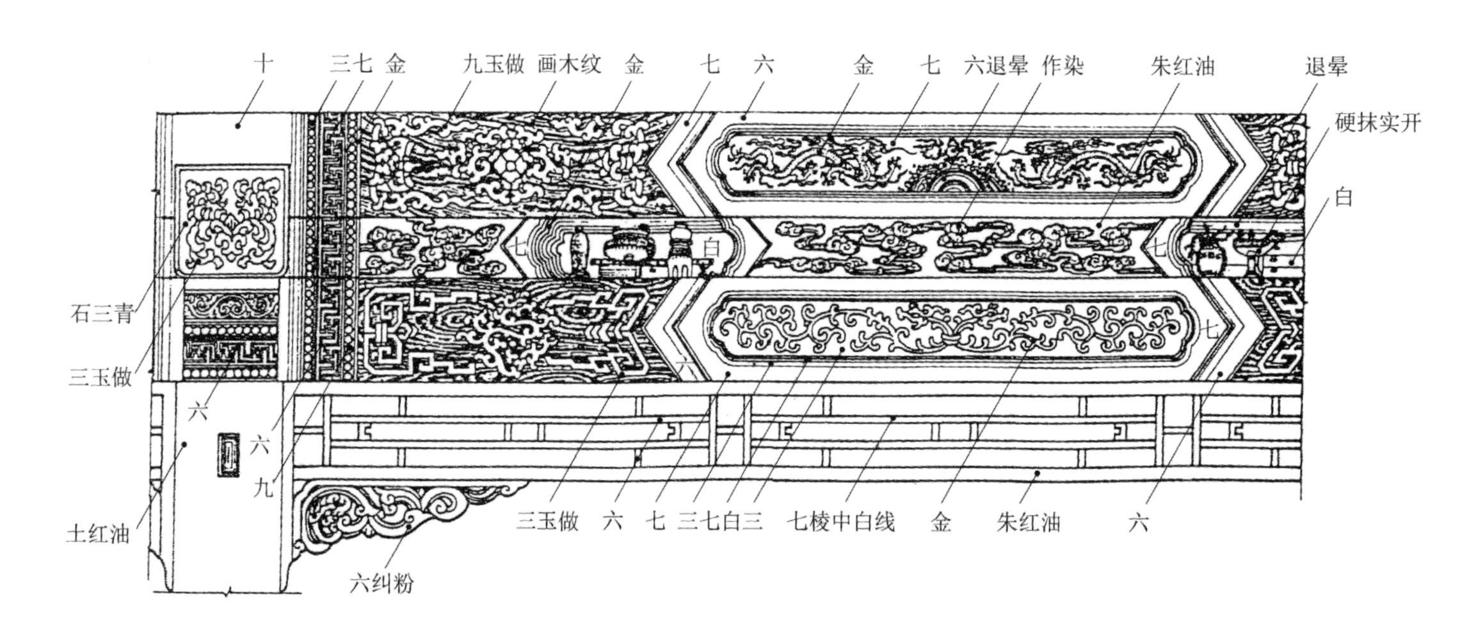
十
三七
金
九玉做
画木纹
金
七
六
金
七
六退晕
作染
朱红油
退晕
硬抹实开
白
石三青
三玉做
六
六
九
土红油
六纠粉
三玉做
六
七
三七白三
七棱中白线
金
朱红油
六
七
白
七
七
六
七

清中期云秋木方心式苏画

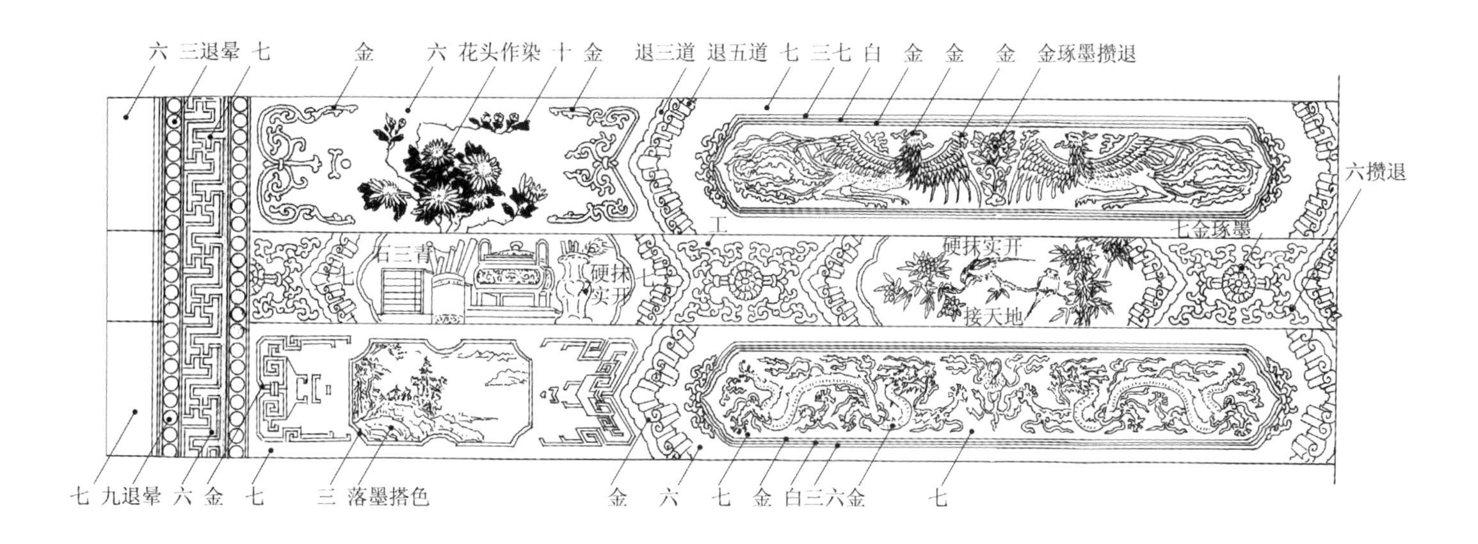
六
三退晕
七
金
六
花头作染
十
金
退三道
退五道
七
三七
白
金
金
金
金琢墨攒退
六攒退
工
石三青
七
硬抹实开
七
硬抹实开
七金琢墨
接天地
七
九退晕
六
金
七
三
落墨搭色
金
六
七
金
白三六金
七

清晚期金琢墨方心式苏画之一（宫廷苏画）

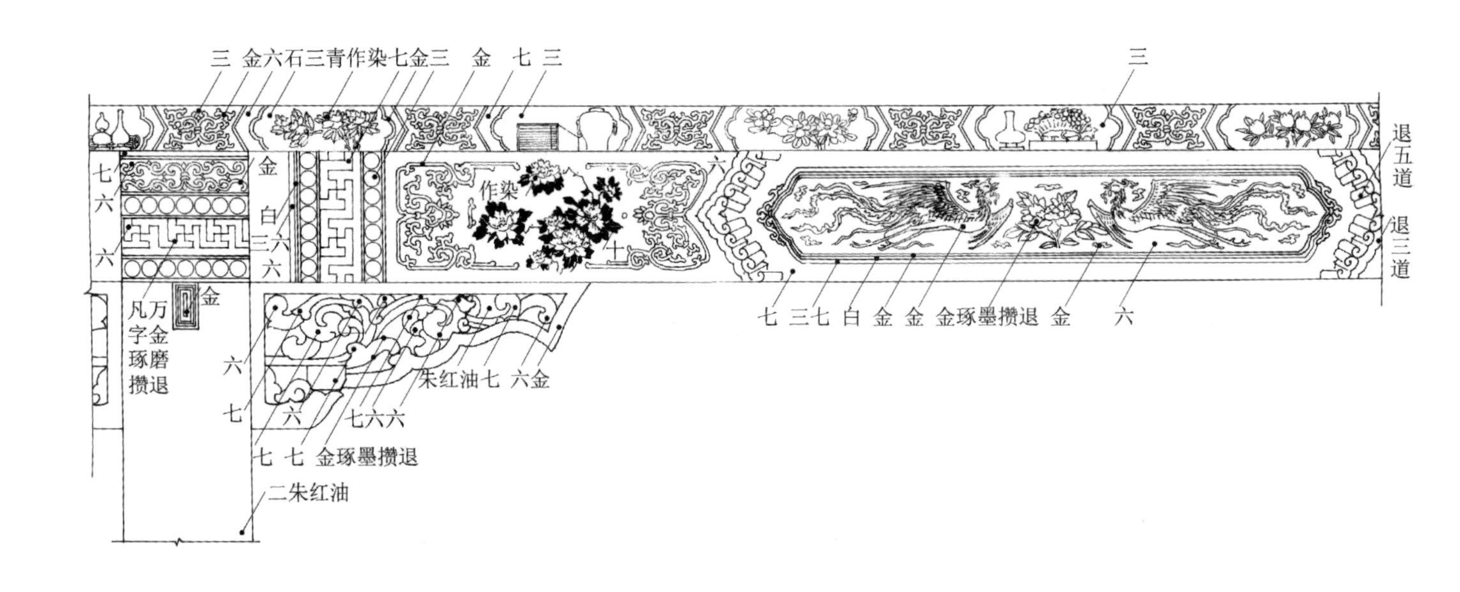
三 金六石三青作染七金三 金 七 三
三
退五道
退三道
七
六
六
金
白
三六
六
作染
六
十
金
万金琢磨攒退
凡字
六
七
七 七 金琢墨攒退
六
七六六
朱红油七 六金
二朱红油
七 三七 白 金 金 金琢墨攒退 金 六

清晚期金琢墨方心式苏画之二（宫廷苏画）

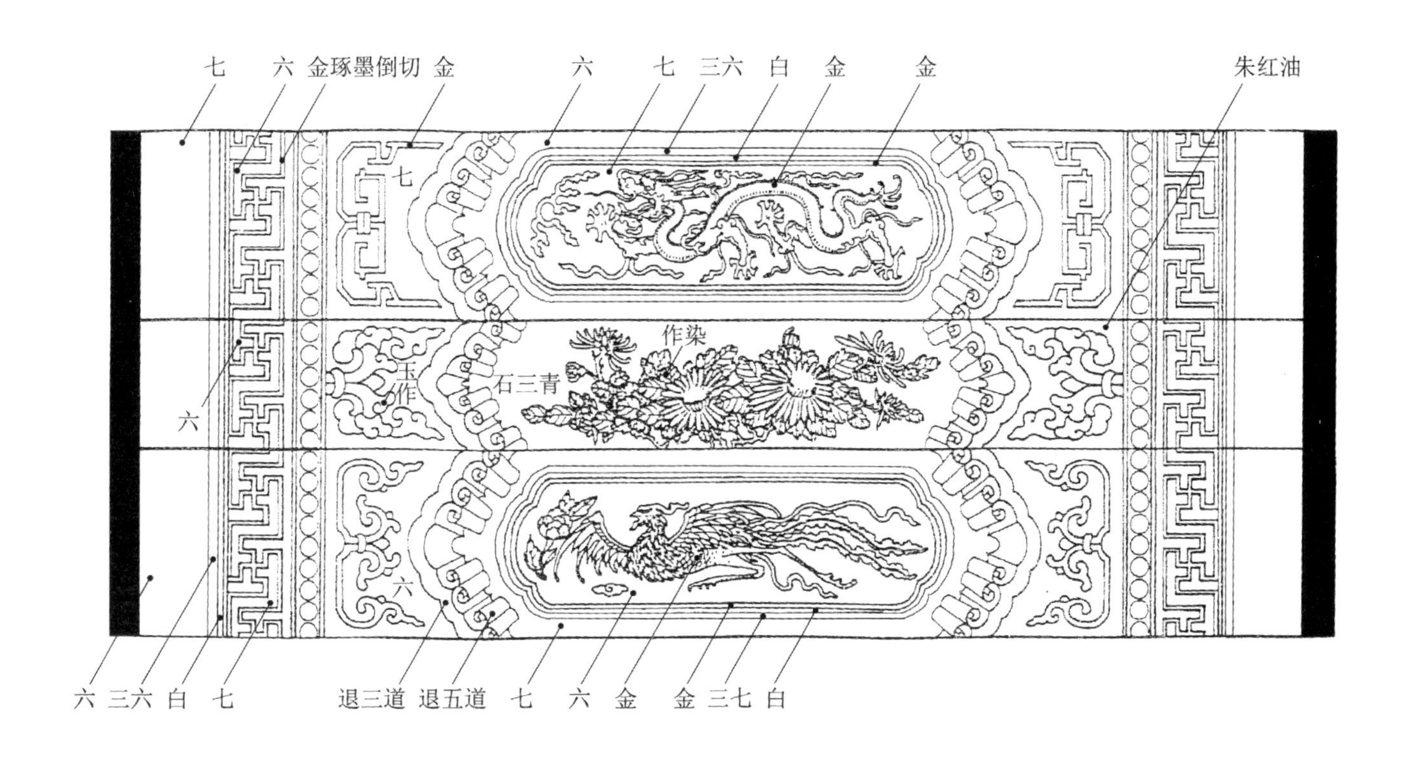
七
六
金琢墨倒切
金
六
七
三六
白
金
金
朱红油
七
玉
作
作染
石三青
六
六
六
三六
白
七
退三道
退五道
七
六
金
金
三七
白

清晚期金琢墨方心式苏画之三（宫廷苏画）

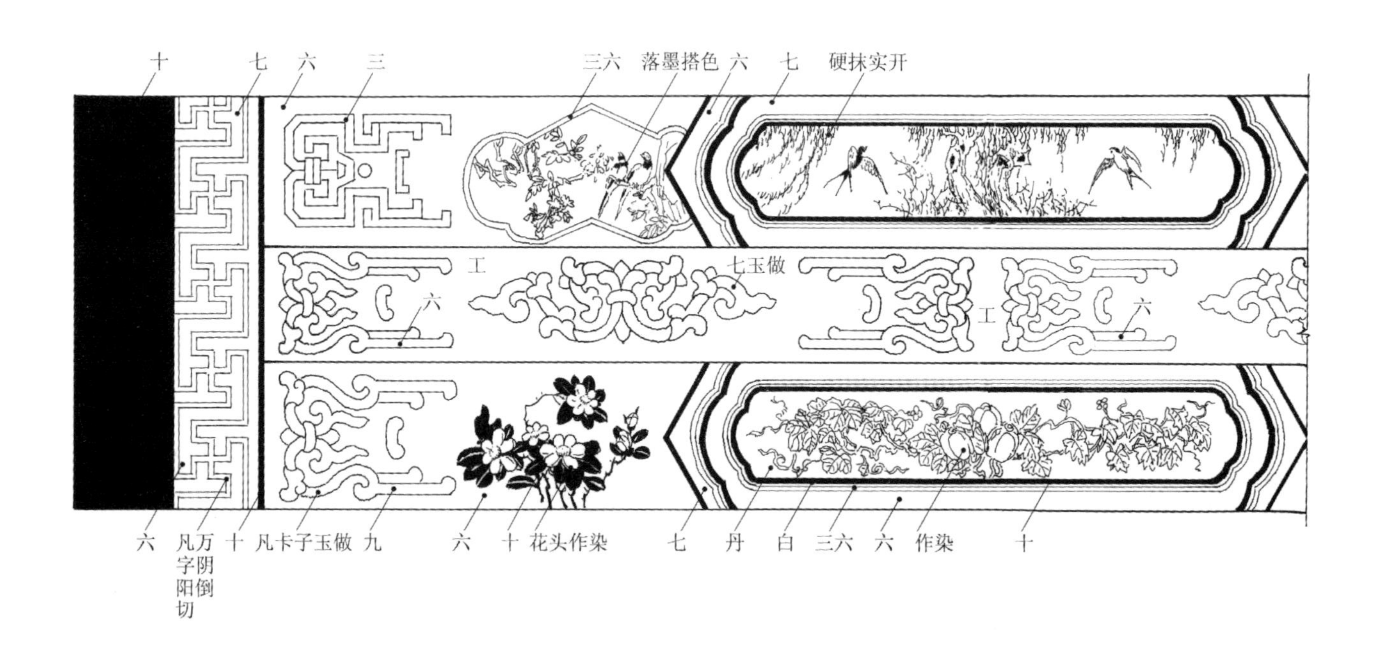
十
七
六
三
三六
落墨搭色
六
七
硬抹实开
工
七玉做
六
工
六
六
凡万
字阴
阳倒
切
十
凡卡子玉做
九
六
十
花头作染
七
丹
白
三六
六
作染
十

清晚期墨线方心式苏画

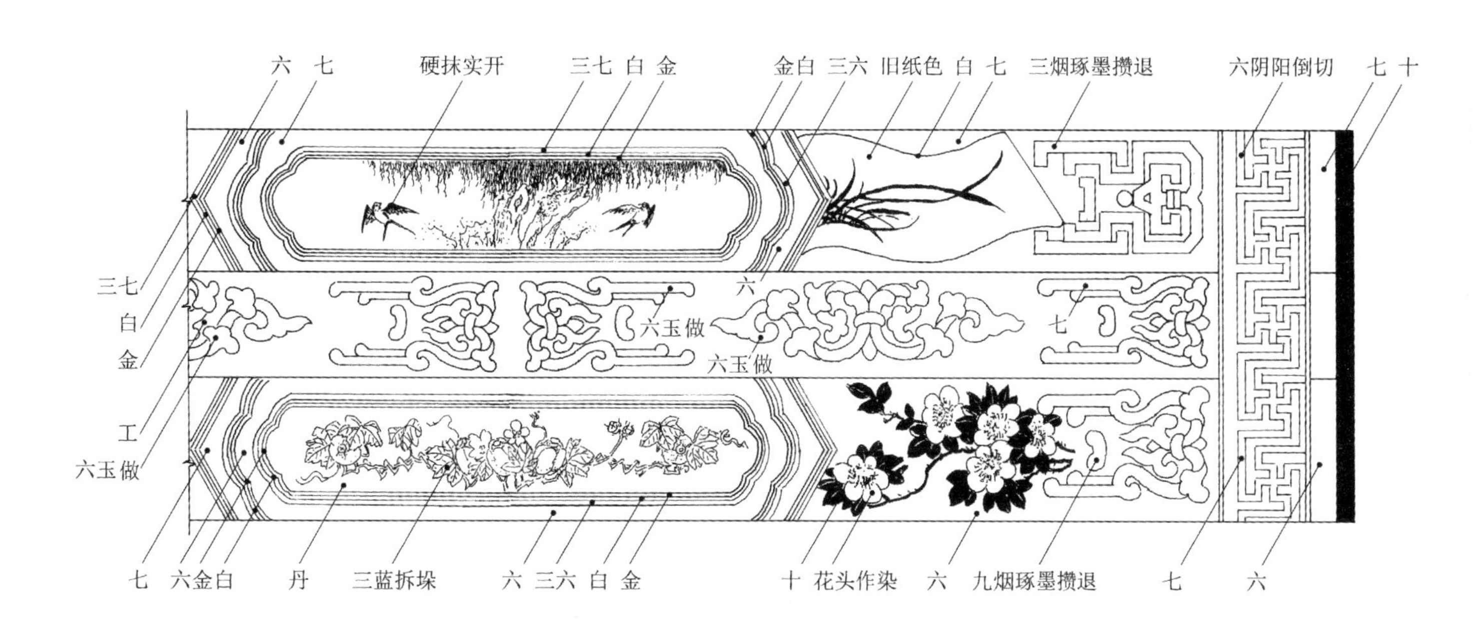
六 七
硬抹实开
三七 白 金
金白 三六 旧纸色 白 七
三烟琢墨攒退
六阴阳倒切
七 十
三七
白
金
工
六玉做
六
六玉做
六玉做
七
七 六金白
丹
三蓝拆垛
六 三六 白 金
十 花头作染
六 九烟琢墨攒退
七
六

清晚期金线方心式苏画

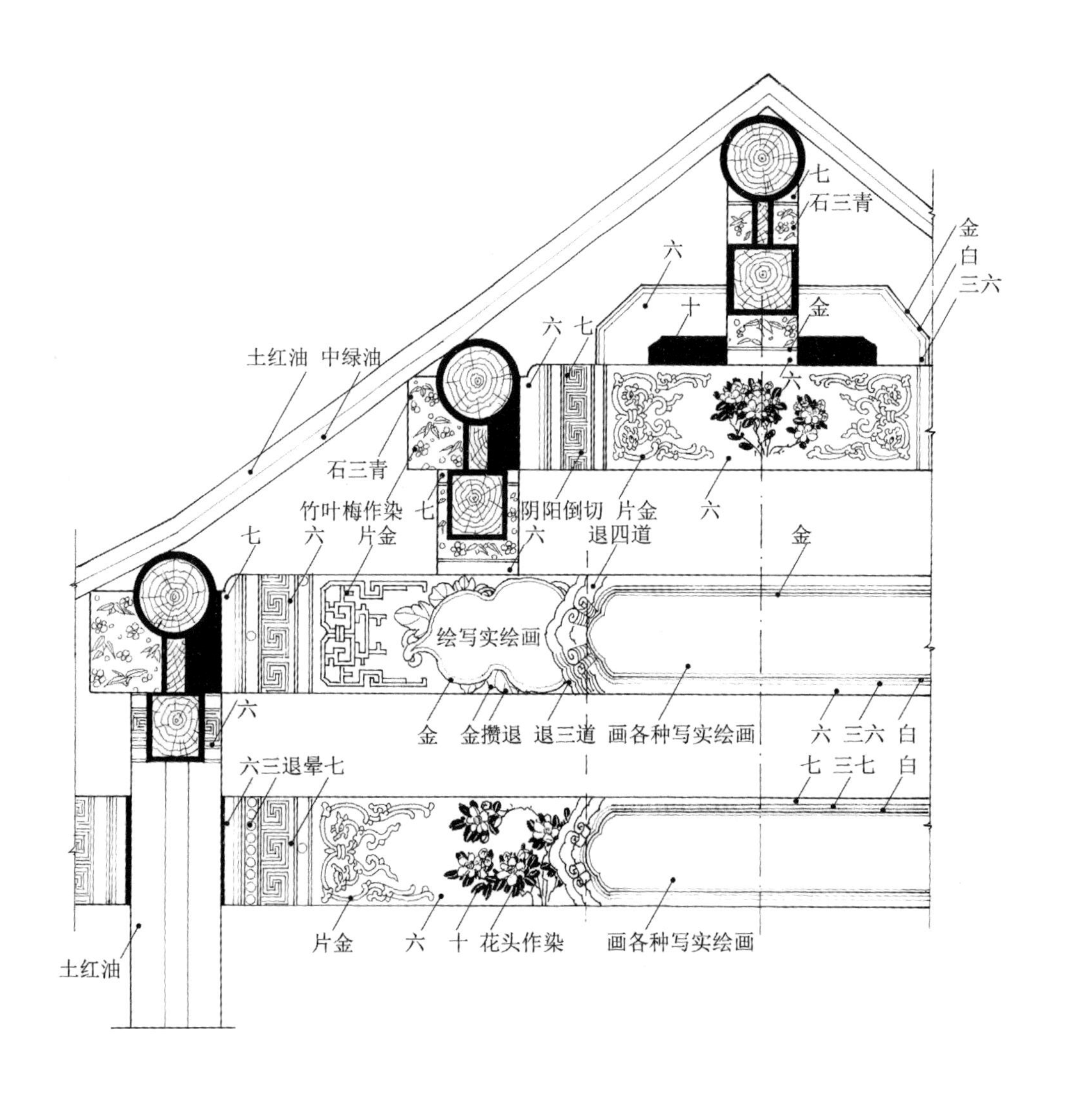
七
石三青
金
白
三六
六
十
金
六 七
六
土红油 中绿油
石三青
竹叶梅作染 七
阴阳倒切 片金
六
七
六
片金
六
退四道
金
绘写实绘画
六
金
金攒退
退三道
画各种写实绘画
六 三六 白
六三退晕七
七 三七 白
片金
六
十
花头作染
画各种写实绘画
土红油

清晚期金线方心式苏画（山面）

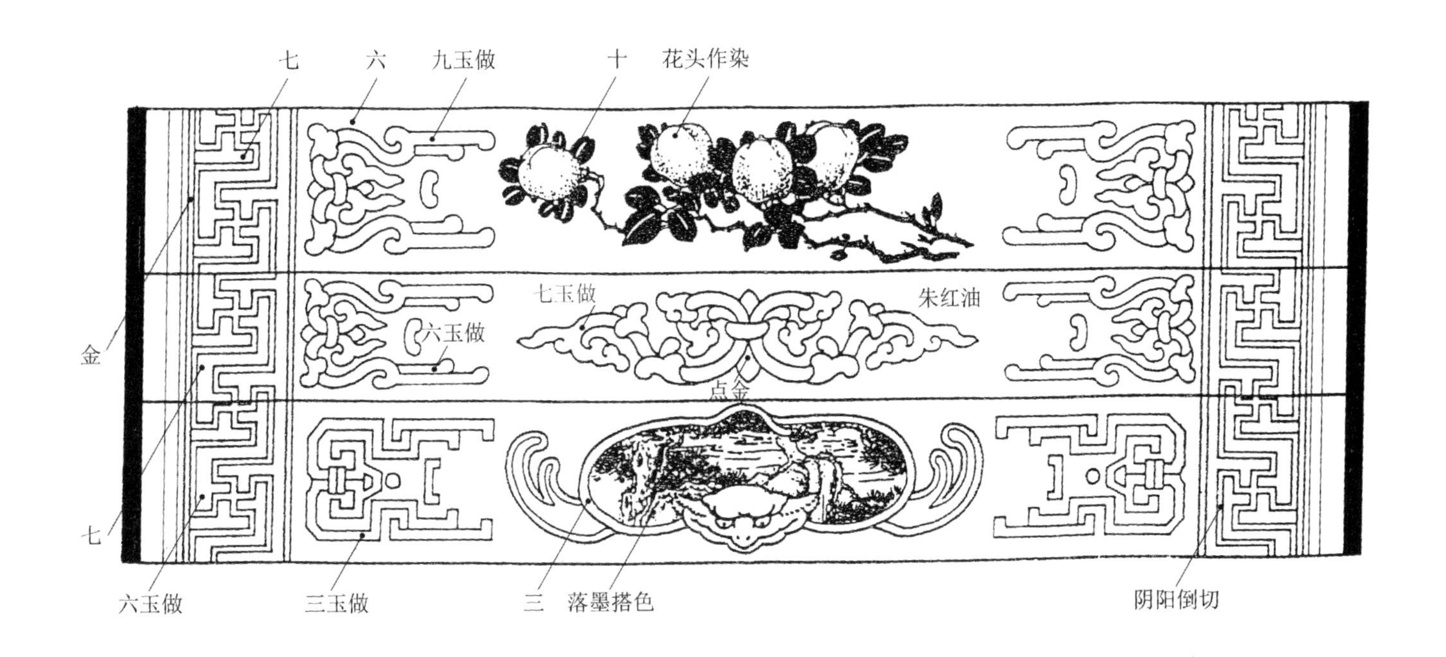
七
六
九玉做
十
花头作染
七玉做
朱红油
六玉做
金
点金
七
六玉做
三玉做
三
落墨搭色
阴阳倒切

清晚期金线方心式苏画（仅用于小开间）

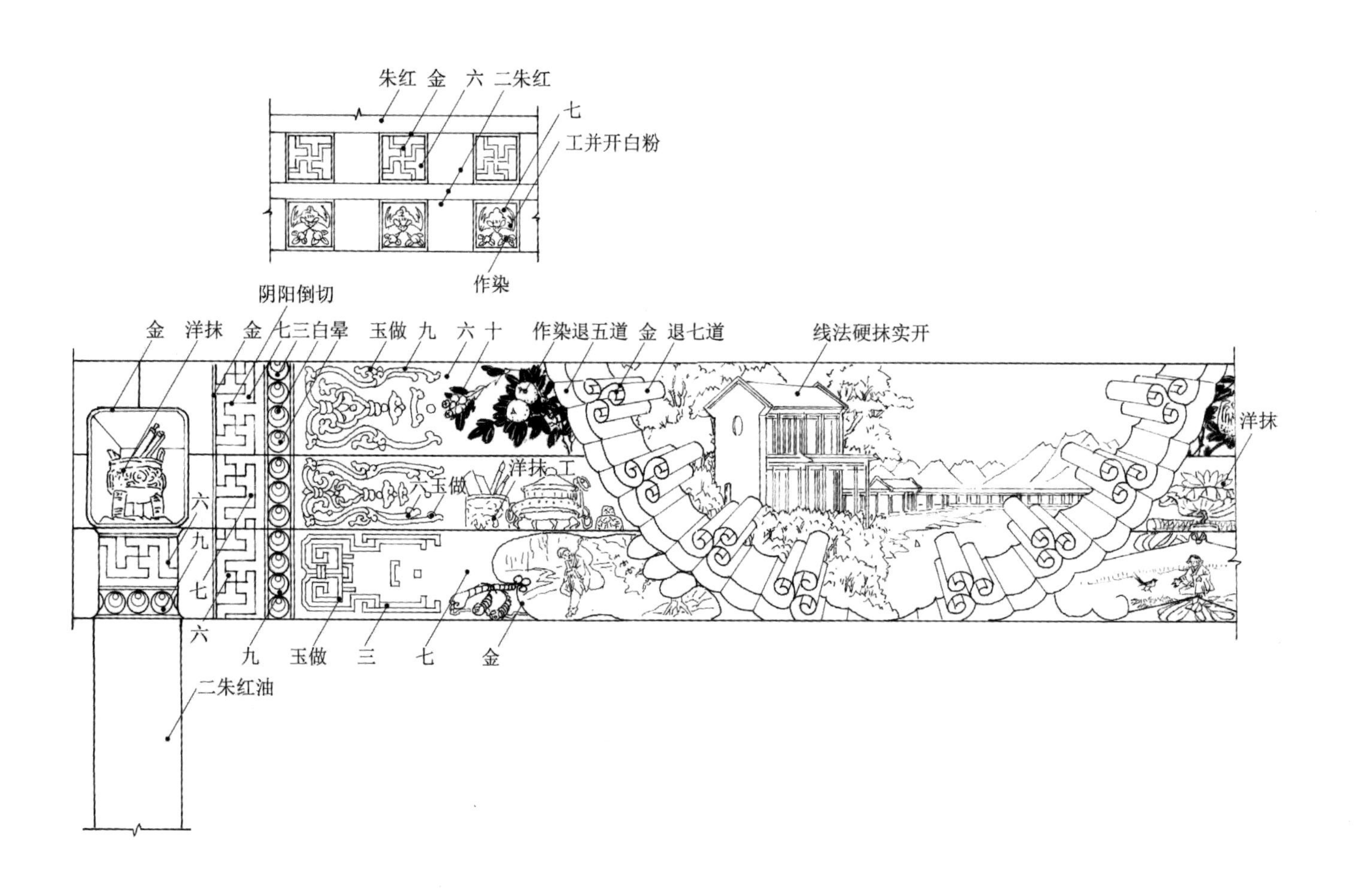
朱红 金 六 二朱红
七
工并开白粉
作染
阴阳倒切
金 洋抹 金 七三白晕 玉做 九 六 十 作染退五道 金 退七道 线法硬抹实开
洋抹
洋抹 工
六玉做
六
九
七
六
九 玉做 三 七 金
二朱红油

清晚期金琢墨包袱式苏画之一

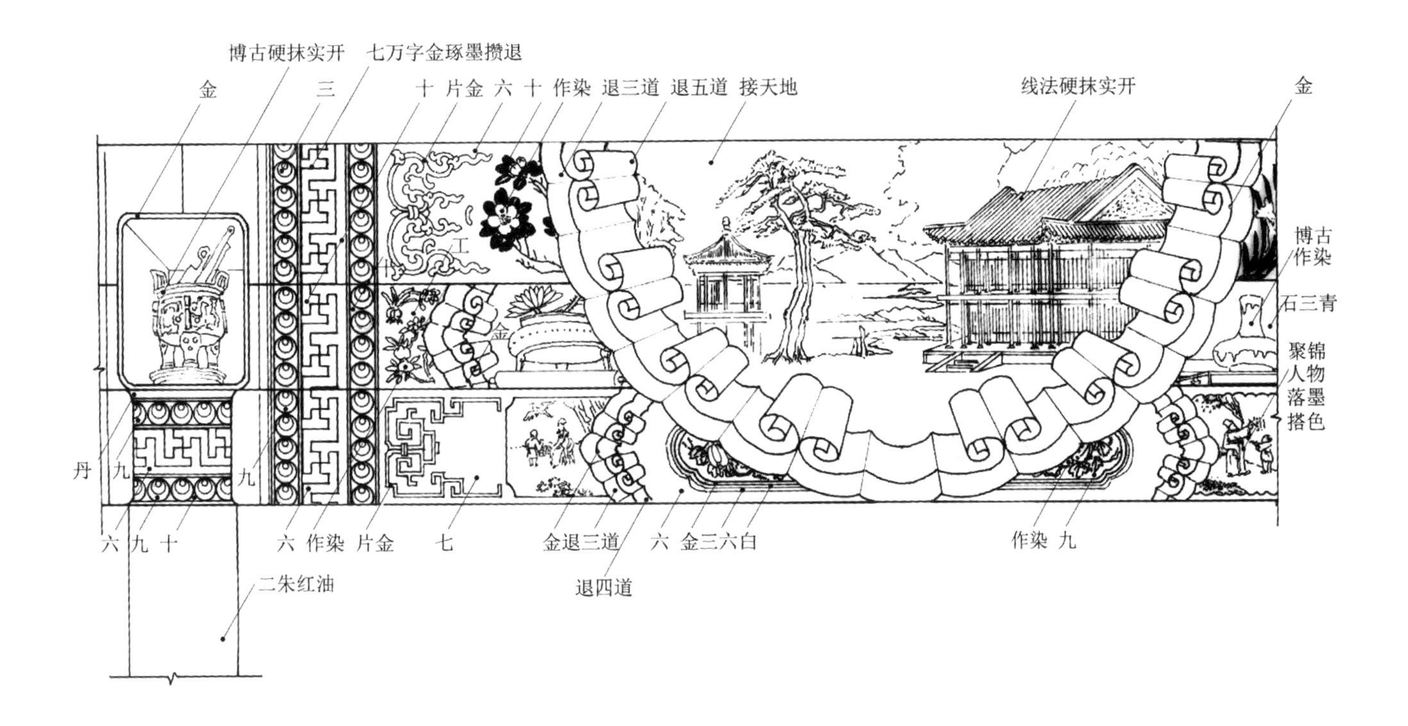
博古硬抹实开
七万字金琢墨攒退
金
三
十
片金
六
十
作染
退三道
退五道
接天地
线法硬抹实开
金
博古
作染
石三青
聚锦
人物
落墨
搭色
丹
九
九
六
九
十
六
作染
片金
七
金退三道
六
金三六白
作染
九
退四道
二朱红油

清晚期金琢墨包袱式苏画之二

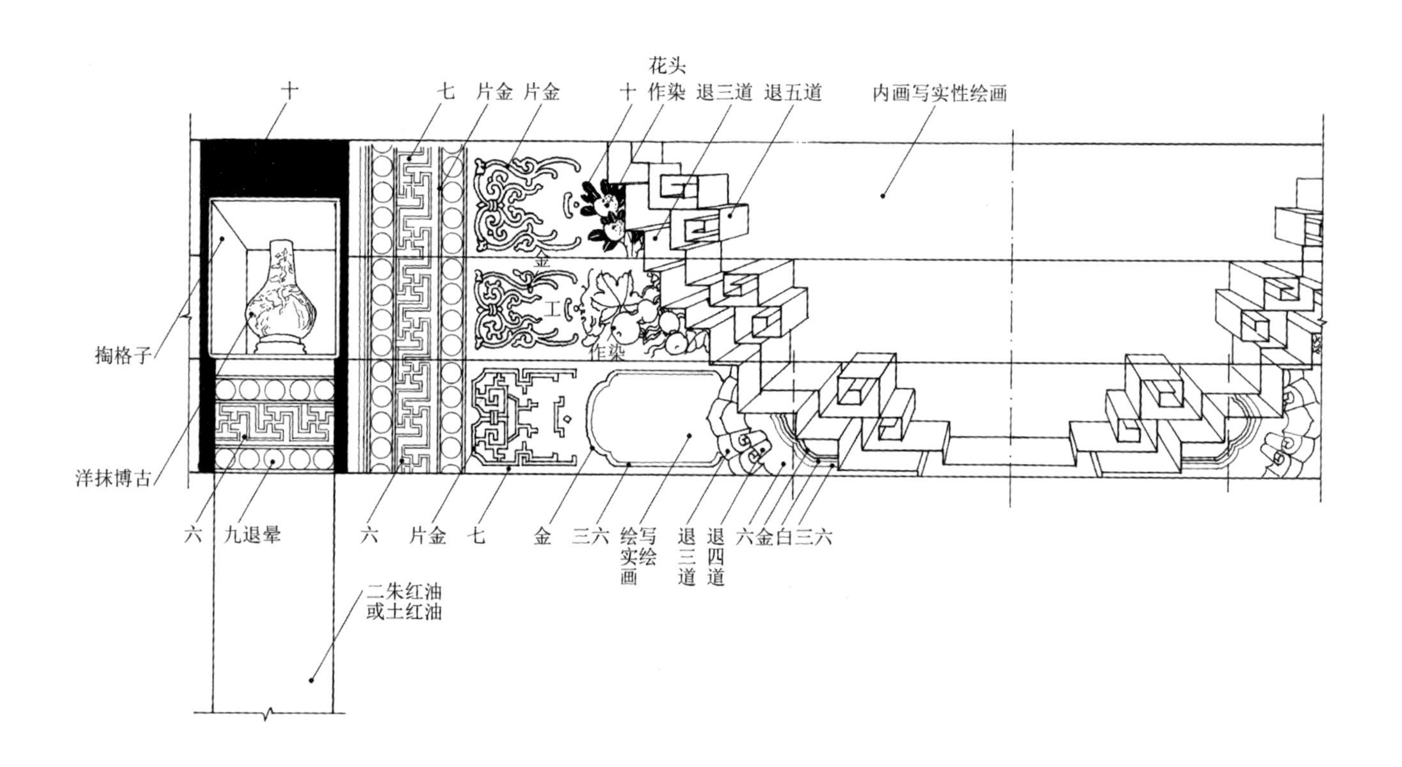

花头
十
七
片金
片金
十
作染
退三道
退五道
内画写实性绘画
金
工
作染
掏格子
洋抹博古
六
九退晕
六
片金
七
金
三六
绘写实绘画
退三道
退四道
六金白三六
二朱红油
或土红油

清晚期金线包袱式苏画之一

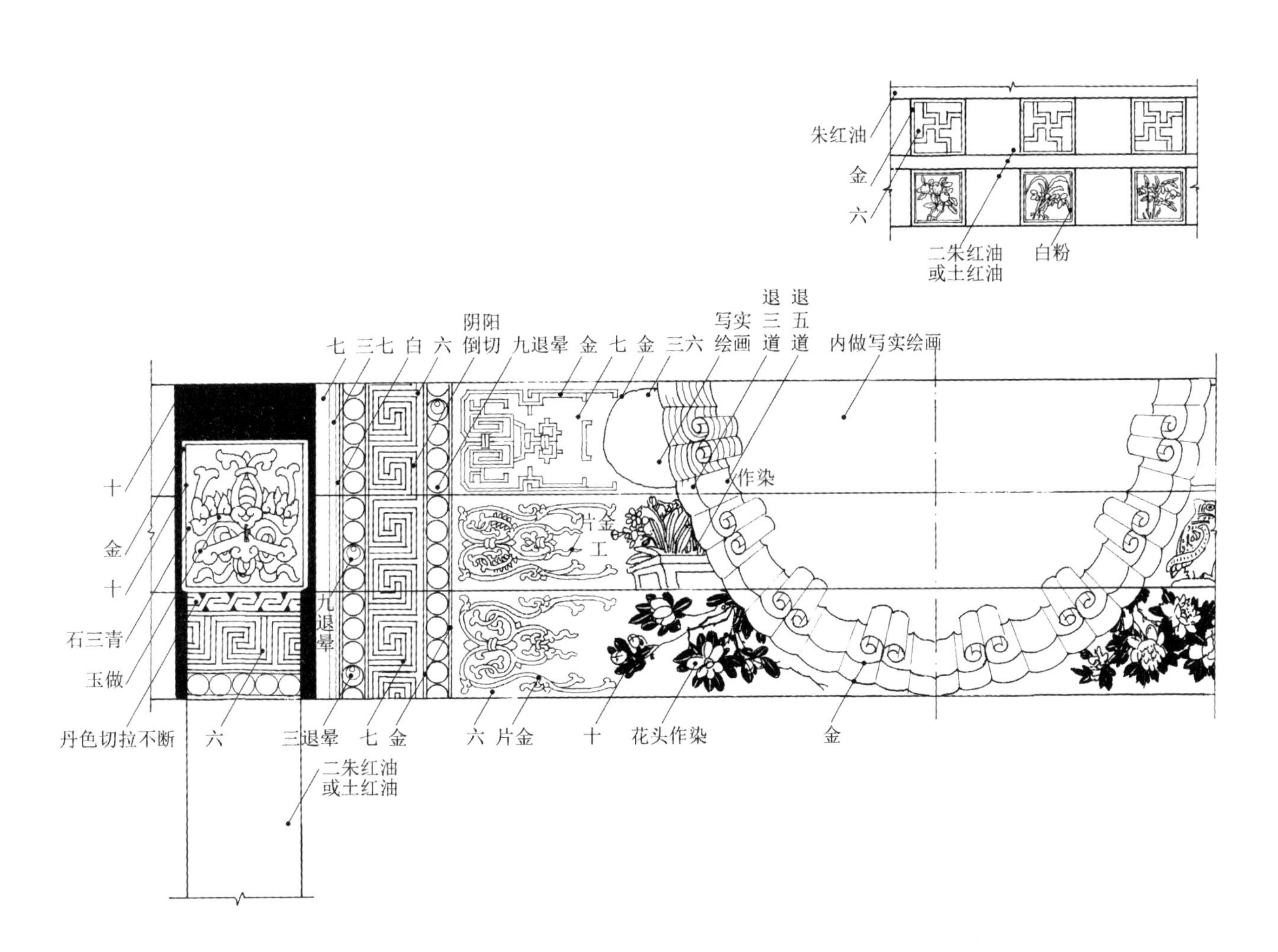
朱红油
金
六
二朱红油
或土红油
白粉
七
三七
白
六
阴阳
倒切
九退晕
金
七
金
三六
写实
绘画
退
三
道
退
五
道
内做写实绘画
作染
片金
工
十
金
十
石三青
玉做
九
退
晕
丹色切拉不断
六
三退晕
七
金
六
片金
十
花头作染
金
二朱红油
或土红油

清晚期金线包袱式苏画之二

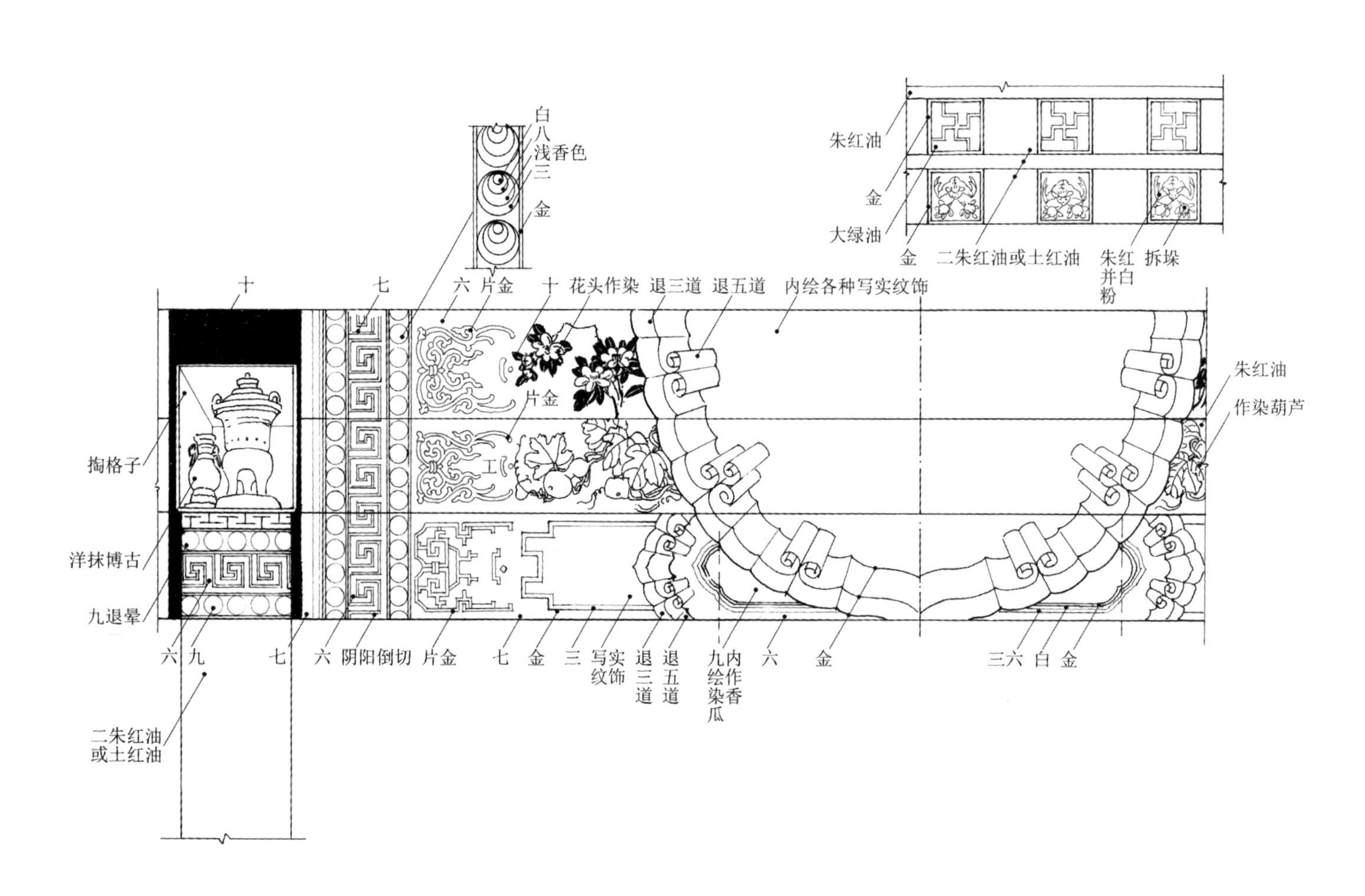
白
八
浅香色
三
金
朱红油
金
大绿油
金
二朱红油或土红油
朱红并白粉
拆垛
十
七
六
片金
十
花头作染
退三道
退五道
内绘各种写实纹饰
片金
工
朱红油
作染葫芦
掏格子
洋抹博古
九退晕
六
九
七
六
阴阳倒切
片金
七
金
三
写实纹饰
退三道
退五道
九
内绘作染香瓜
六
金
三六
白
金
二朱红油或土红油

清晚期金线包袱式苏画之三

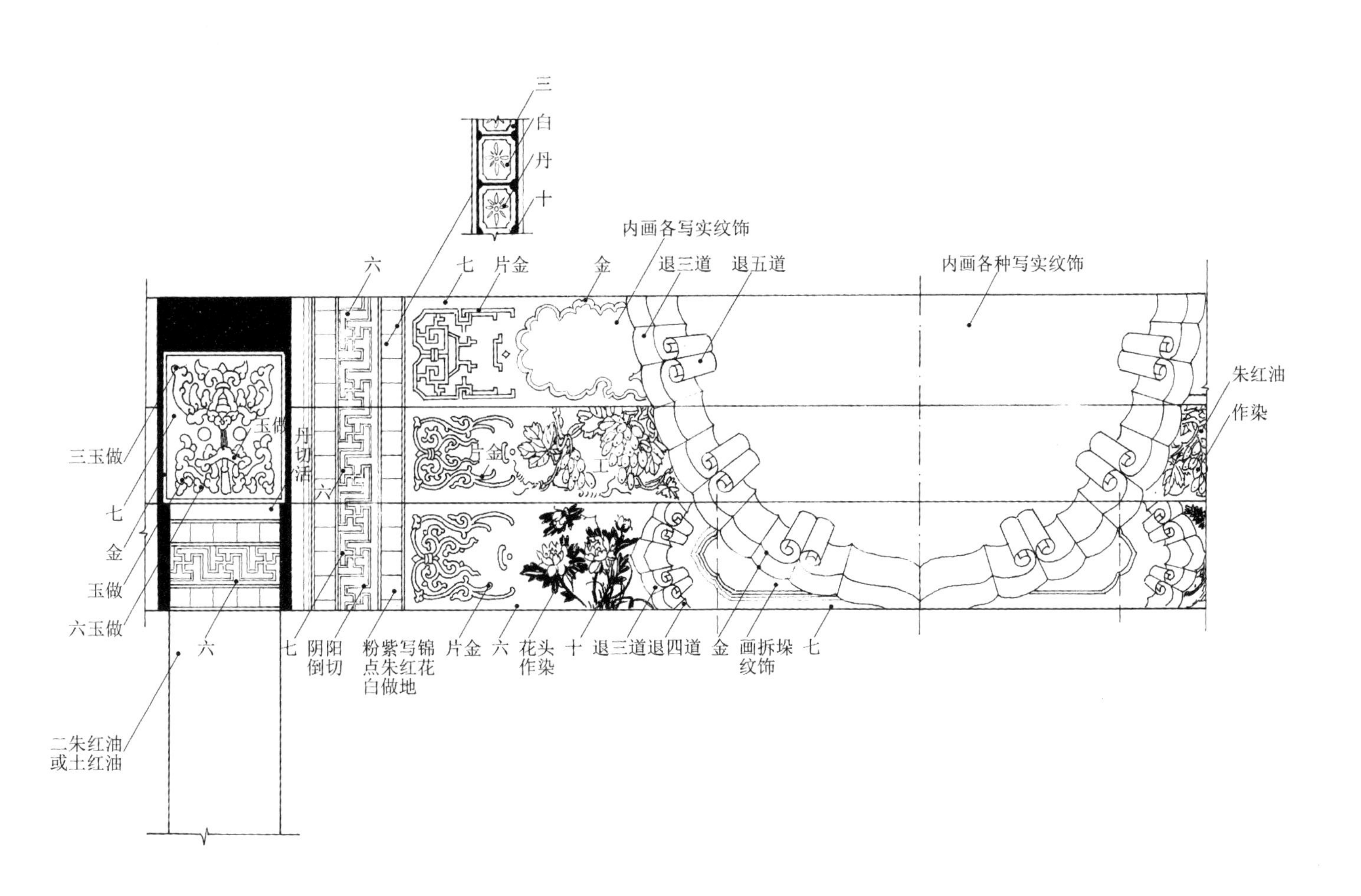

三
白
丹
十
内画各写实纹饰
六
七
片金
金
退三道
退五道
内画各种写实纹饰
朱红油
作染
三玉做
玉做
丹切活
片金
七
金
玉做
六玉做
六
七
阴阳倒切
粉紫写锦点朱红花白做地
片金
六
花头作染
十
退三道退四道
金
画拆垛纹饰
七
二朱红油或土红油

清晚期金线包袱式苏画之四

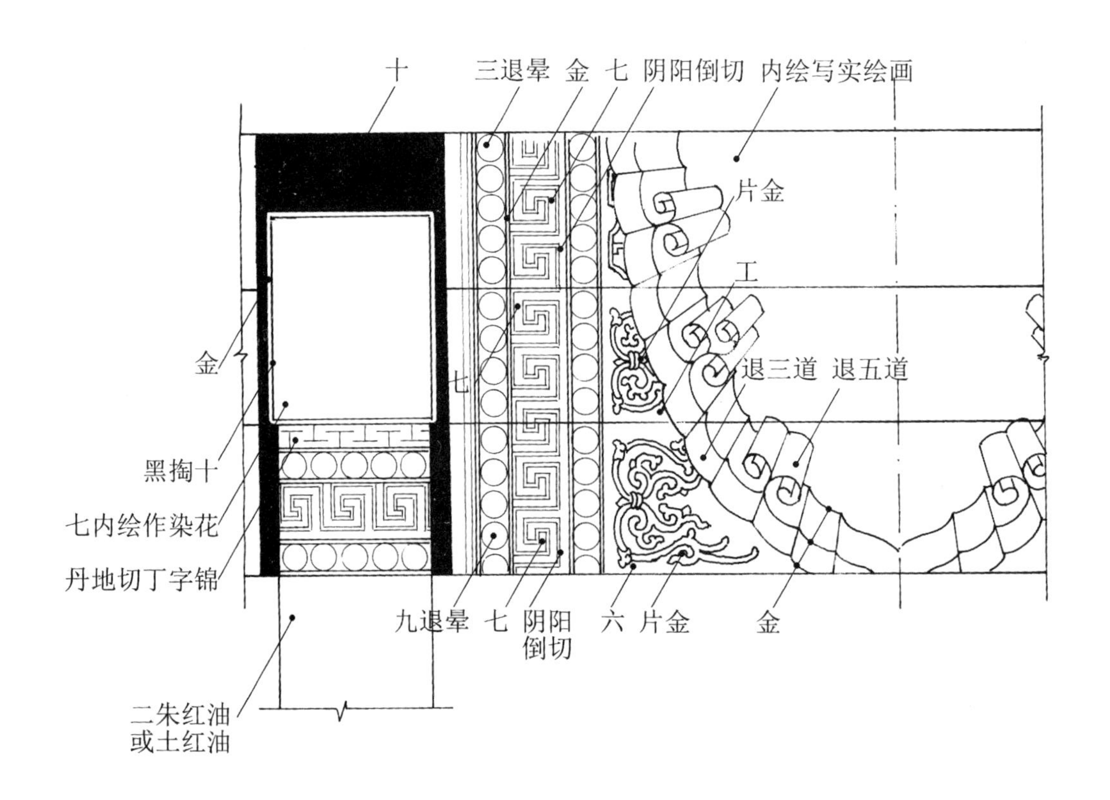
十
三退晕
金
七
阴阳倒切
内绘写实绘画
片金
工
退三道
退五道
金
七
黑掏十
七内绘作染花
丹地切丁字锦
九退晕
七
阴阳
倒切
六
片金
金
二朱红油
或土红油

清晚期金线包袱式苏画（小开间）

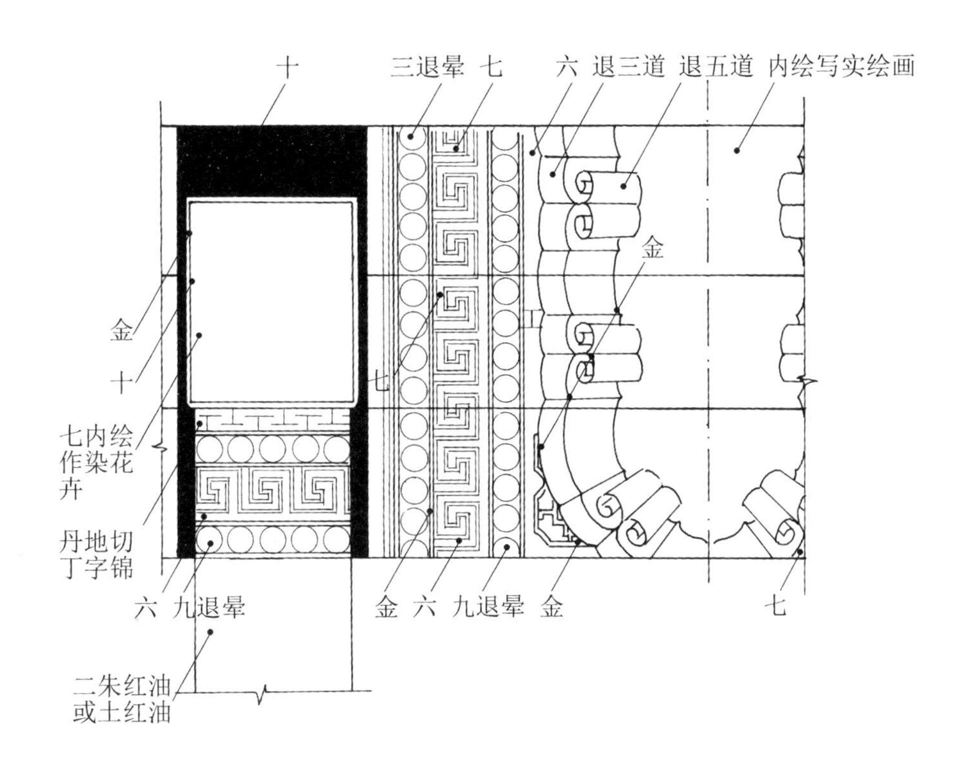
十
三退晕
七
六
退三道
退五道
内绘写实绘画
金
金
十
七
七内绘
作染花
卉
丹地切
丁字锦
六
九退晕
金
六
九退晕
金
七
二朱红油
或土红油

清晚期金线包袱式苏画（更小开间）

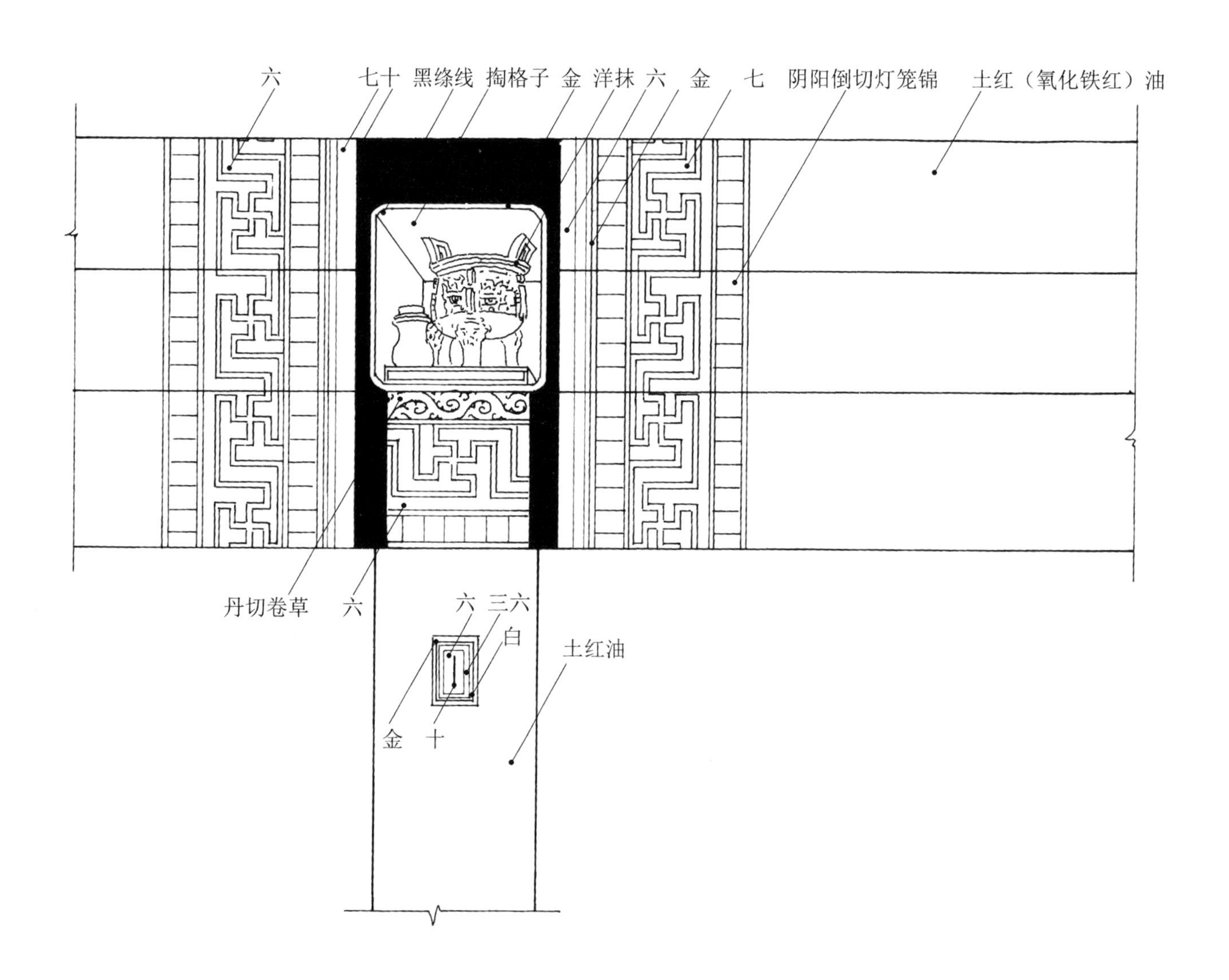
六
七十
黑绦线
掏格子
金
洋抹
六
金
七
阴阳倒切灯笼锦
土红（氧化铁红）油
丹切卷草
六
六
三六
白
土红油
金
十

民国时期金线掐箍头苏画

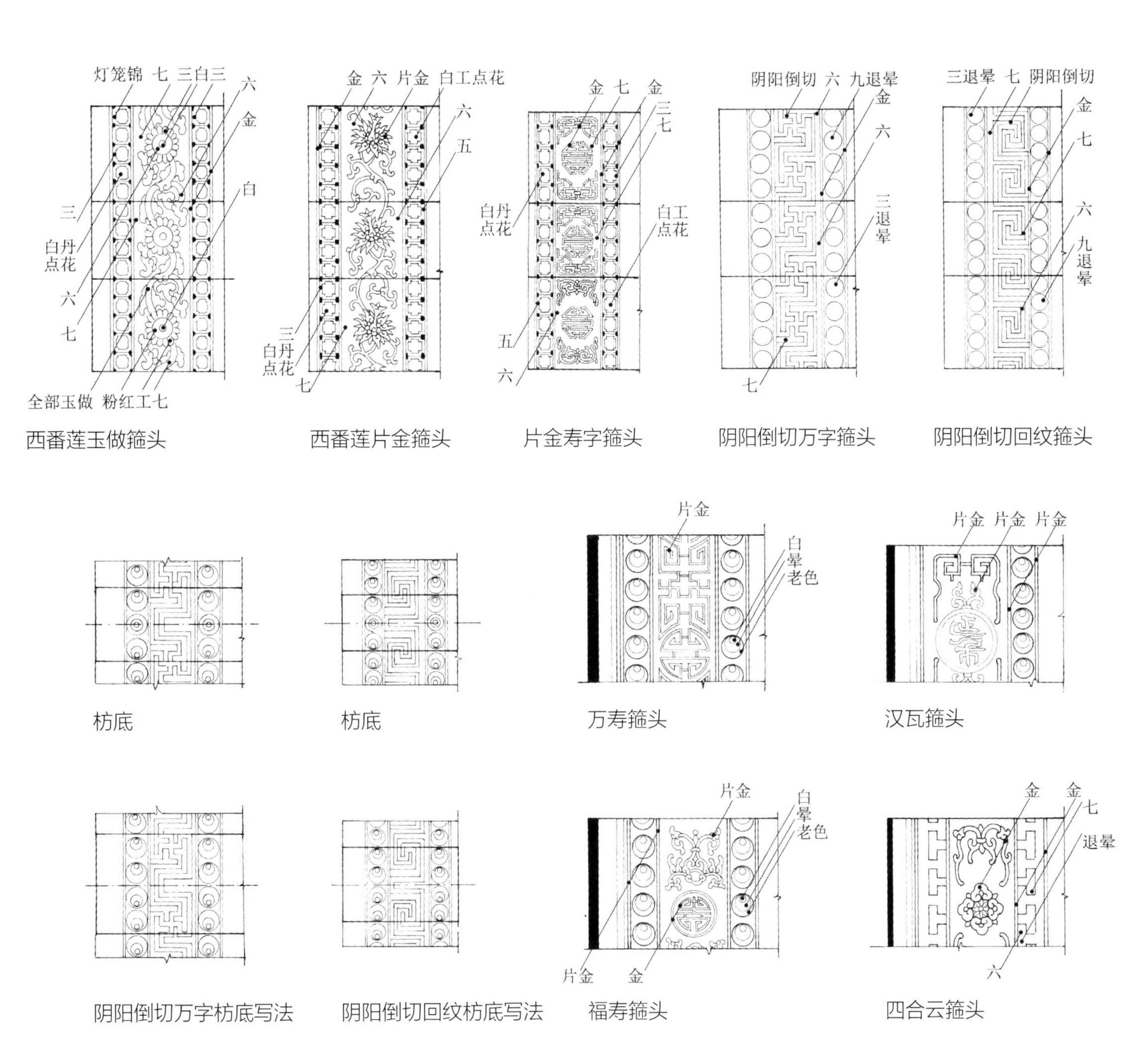
灯笼锦
七
三白三
六
金
白
三
白丹
点花
六
七
全部玉做
粉红工七
金
六
片金
白工点花
六
五
三
白丹
点花
七
金
七
金
三
七
白丹
点花
白工
点花
五
六
阴阳倒切
六
九退晕
金
六
三
退
晕
七
三退晕
七
阴阳倒切
金
七
六
九
退
晕
片金
白
晕
老色
片金
片金
片金
片金
白
晕
老色
片金
金
金
金
七
退晕
六

西番莲玉做箍头　西番莲片金箍头　片金寿字箍头　阴阳倒切万字箍头　阴阳倒切回纹箍头

枋底　枋底　万寿箍头　汉瓦箍头

阴阳倒切万字枋底写法　阴阳倒切回纹枋底写法　福寿箍头　四合云箍头

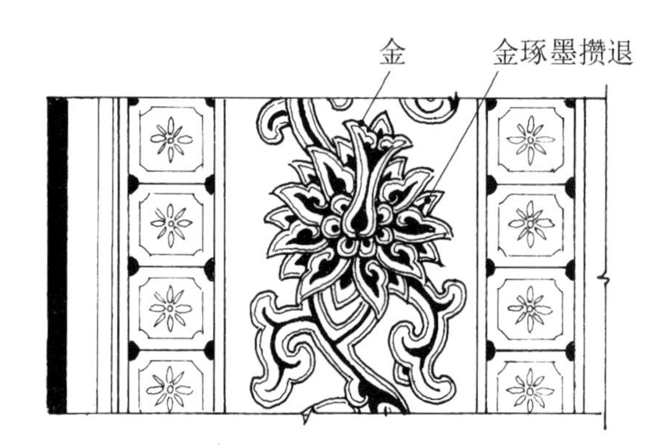
金
金琢墨攒退

金琢墨攒退西番莲箍头

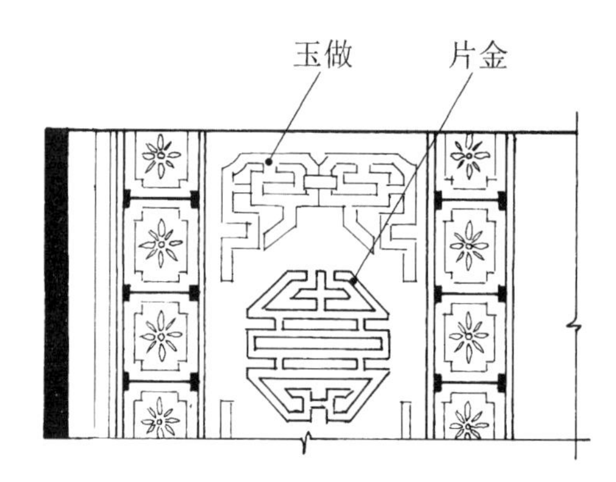
玉做
片金

玉做卡子片金寿字箍头

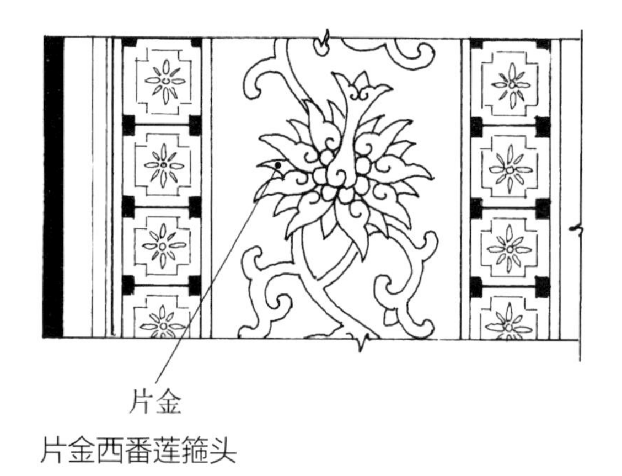
片金

片金西番莲箍头

片金 玉做

玉做卡子片金汉瓦箍头

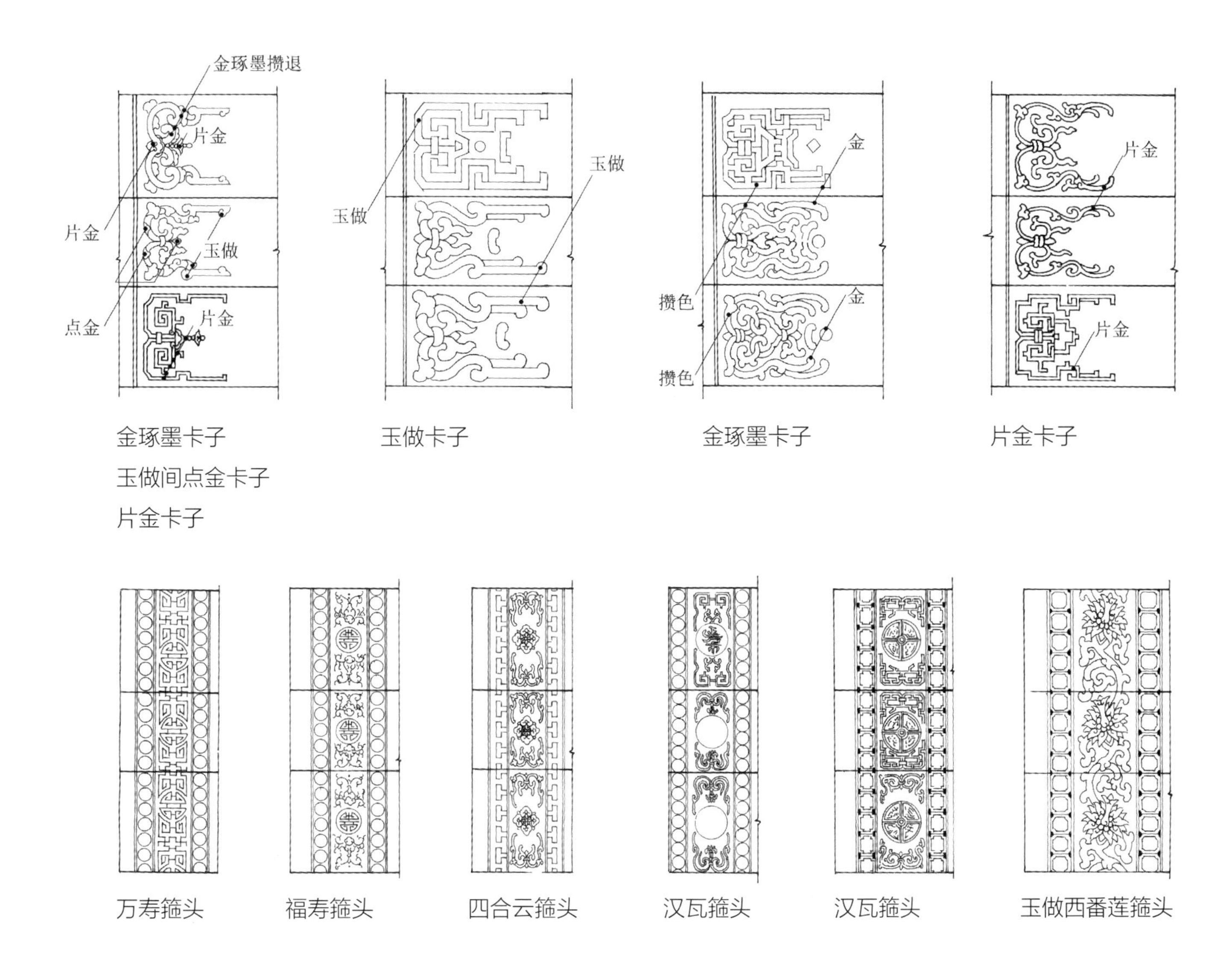
金琢墨攒退
片金
片金
玉做
点金
片金
金琢墨卡子
玉做间点金卡子
片金卡子
玉做
玉做
玉做卡子
金
攒色
金
攒色
金琢墨卡子
片金
片金
片金卡子
万寿箍头
福寿箍头
四合云箍头
汉瓦箍头
汉瓦箍头
玉做西番莲箍头

苏式彩画的箍头及卡子画法

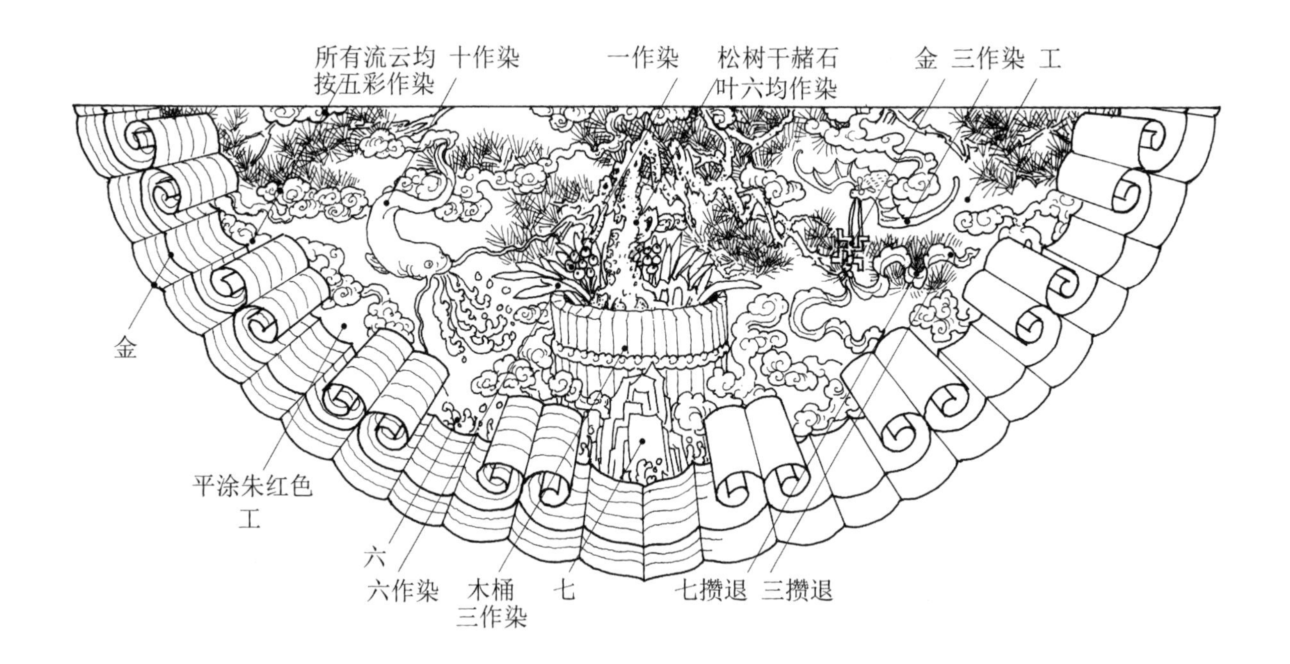
所有流云均
按五彩作染
十作染
一作染
松树干赭石
叶六均作染
金
三作染
工
金
平涂朱红色
工
六
六作染
木桶
三作染
七
七攒退
三攒退

包袱心“一统万年青”

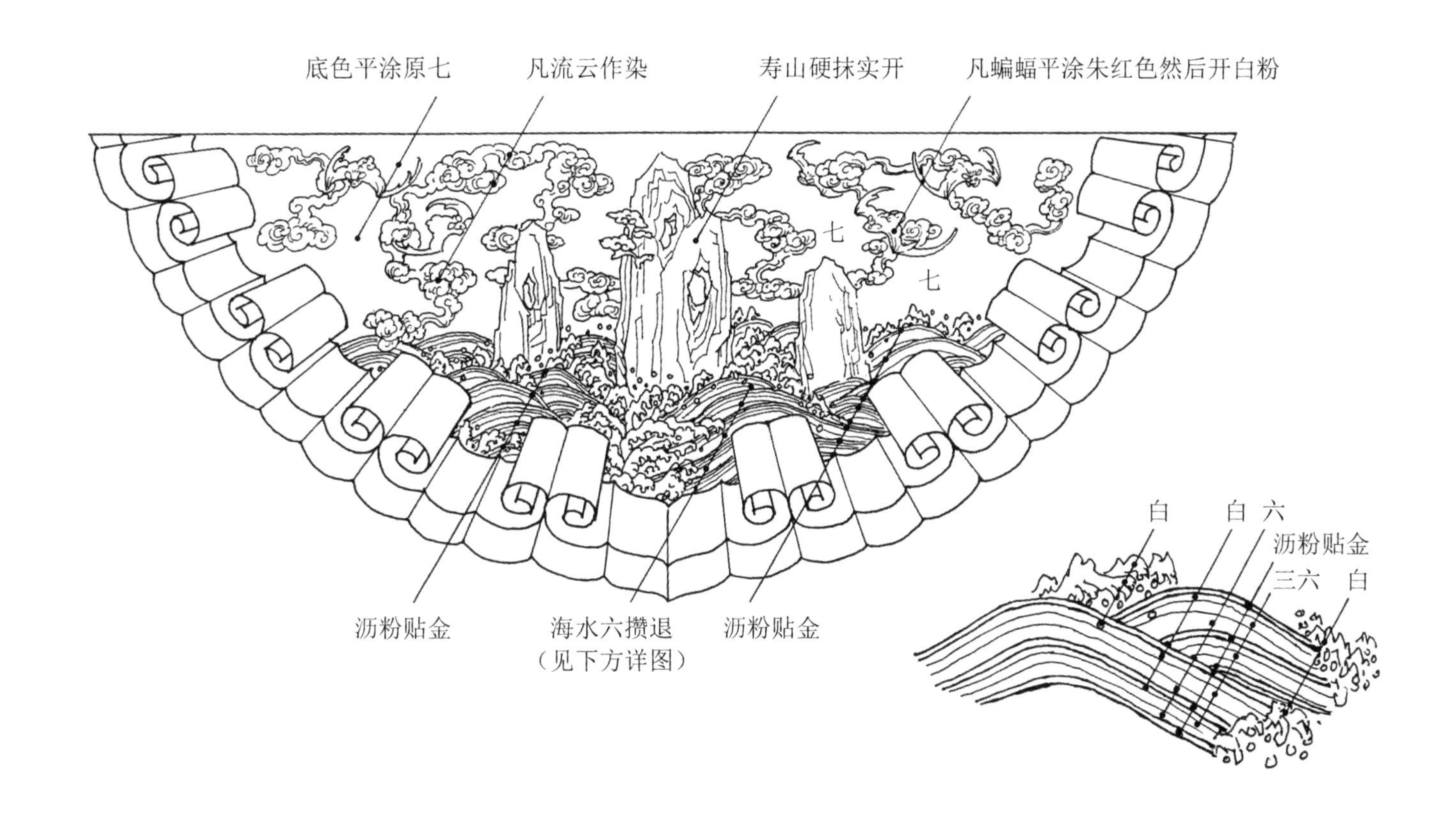
底色平涂原七
凡流云作染
寿山硬抹实开
凡蝙蝠平涂朱红色然后开白粉
七
七
沥粉贴金
海水六攒退
（见下方详图）
沥粉贴金
白
白
六
沥粉贴金
三六
白

包袱心“寿山福海”

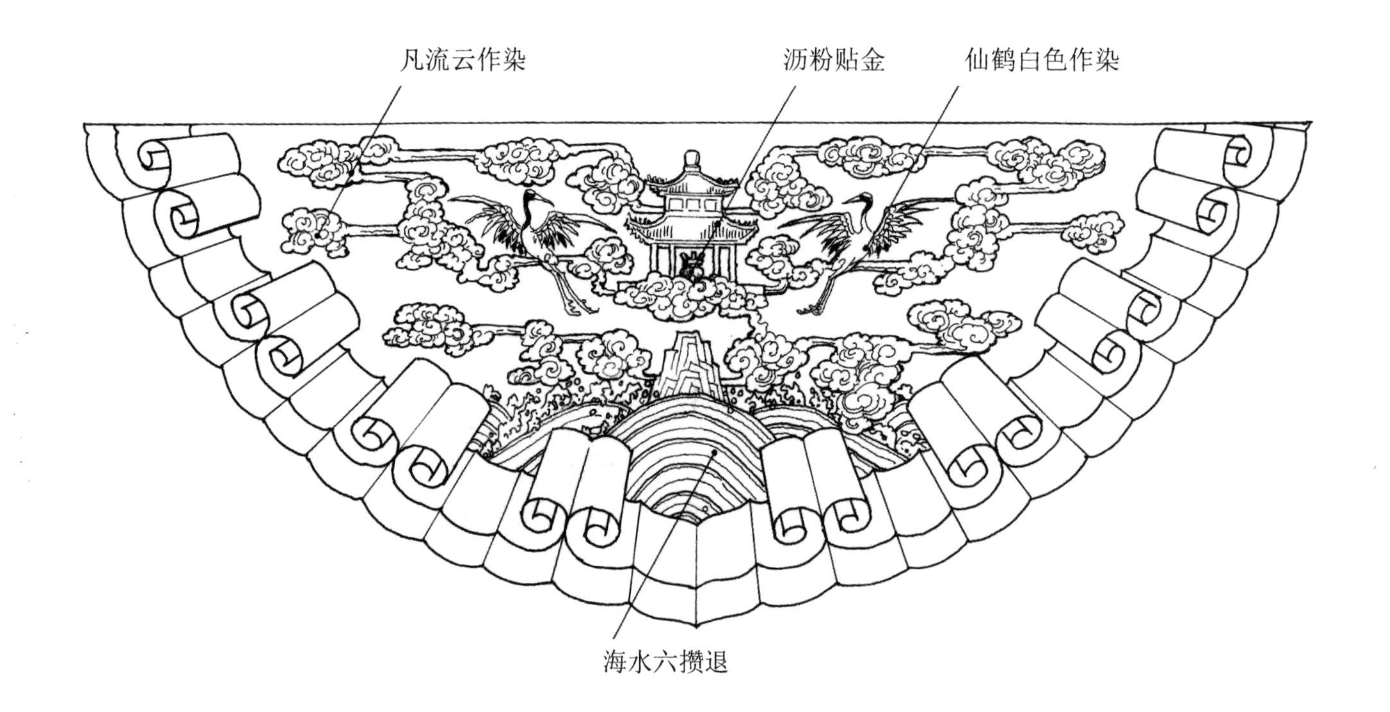
凡流云作染
沥粉贴金
仙鹤白色作染
海水六攒退

包袱心“海屋添筹”

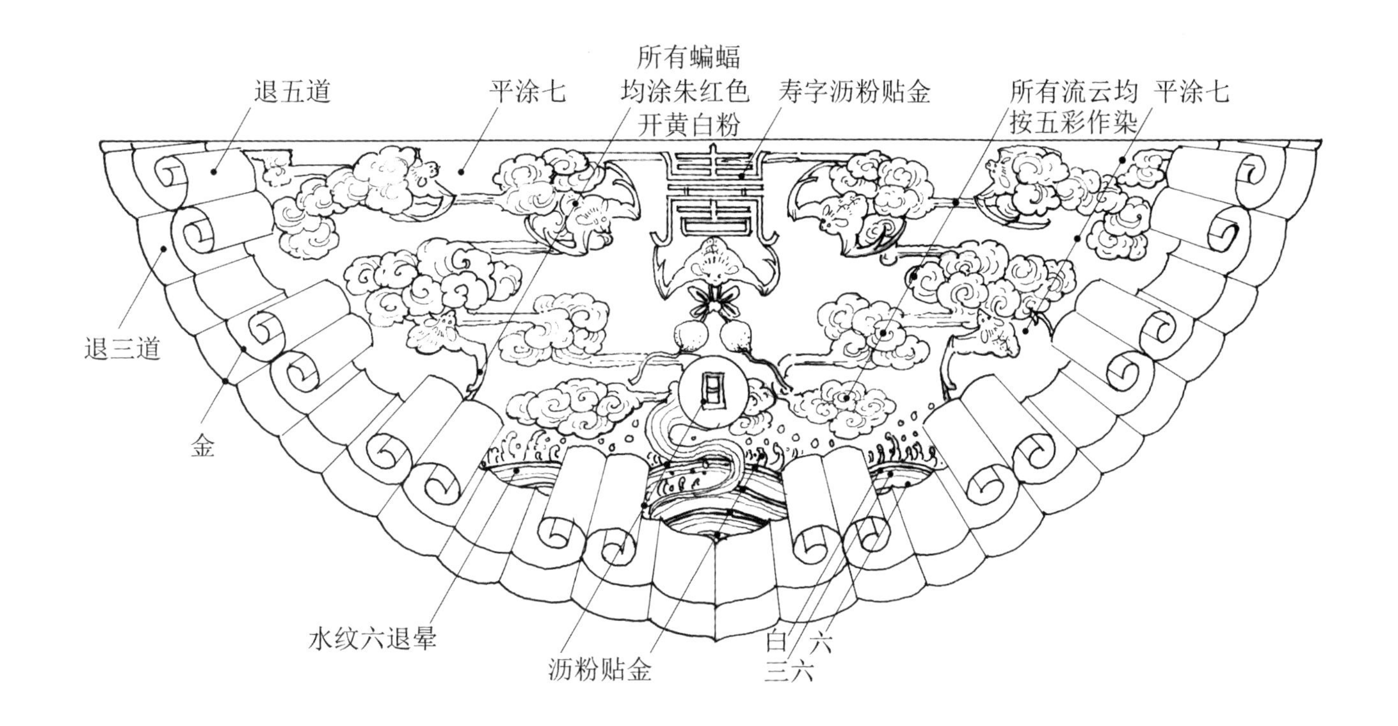
所有蝙蝠
均涂朱红色
开黄白粉
退五道
平涂七
寿字沥粉贴金
所有流云均
按五彩作染
平涂七
退三道
金
水纹六退晕
沥粉贴金
白
六
三六

包袱心“万福流云”

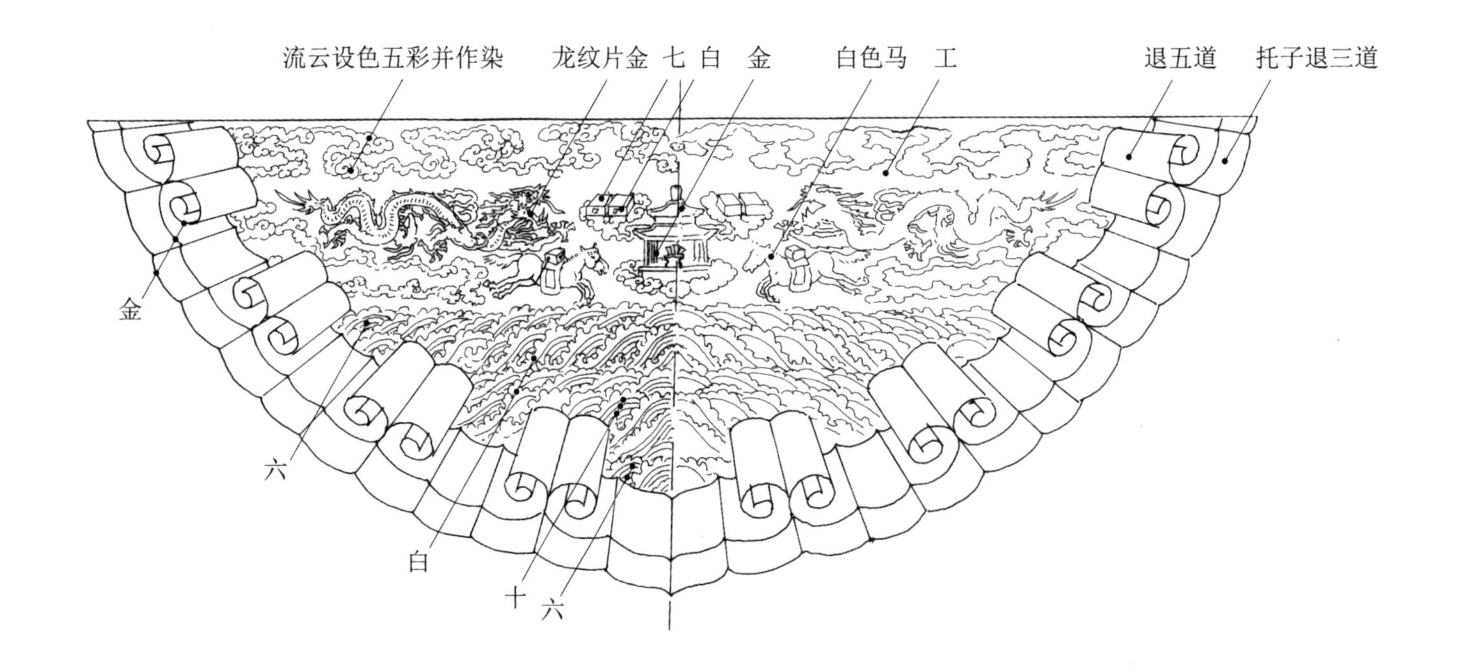
流云设色五彩并作染
龙纹片金
七
白
金
白色马
工
退五道
托子退三道
金
六
白
十
六

包袱心“白马送书”

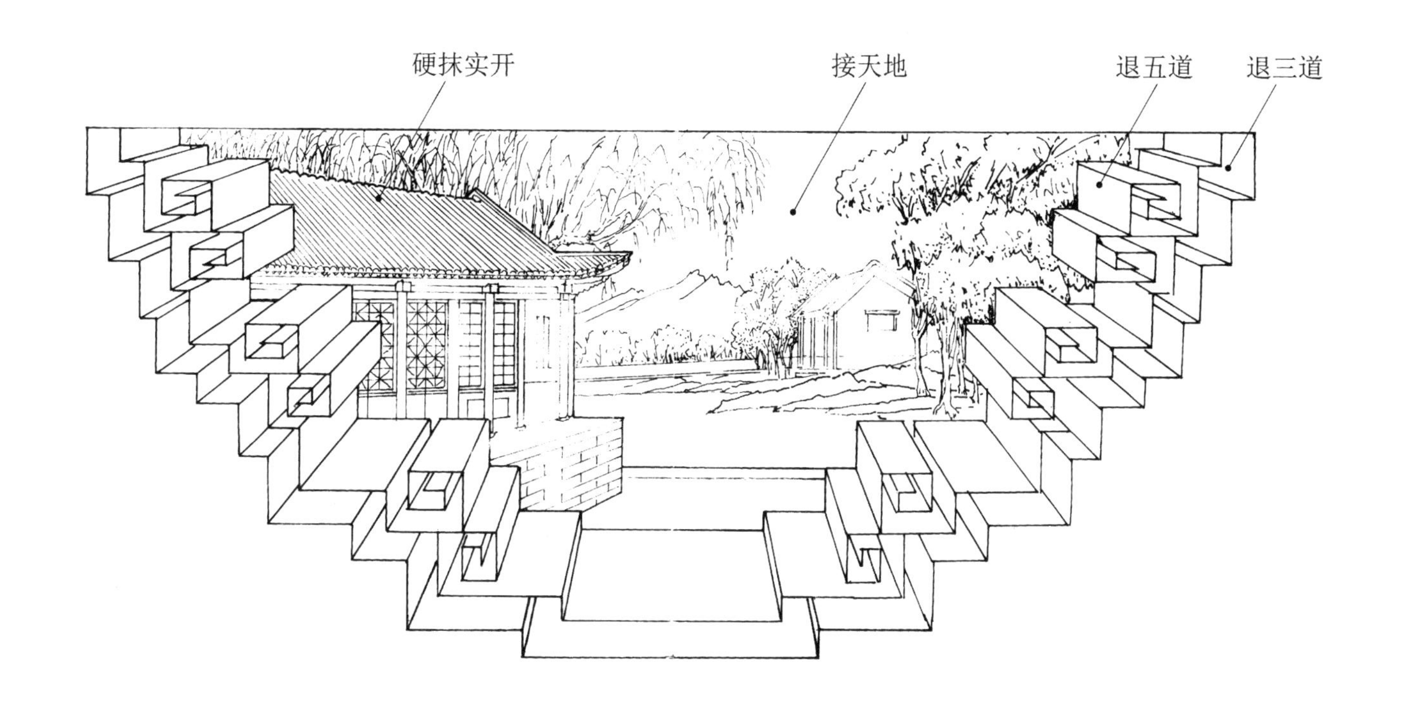
硬抹实开
接天地
退五道
退三道

包袱心“硬抹实开绘法线法”

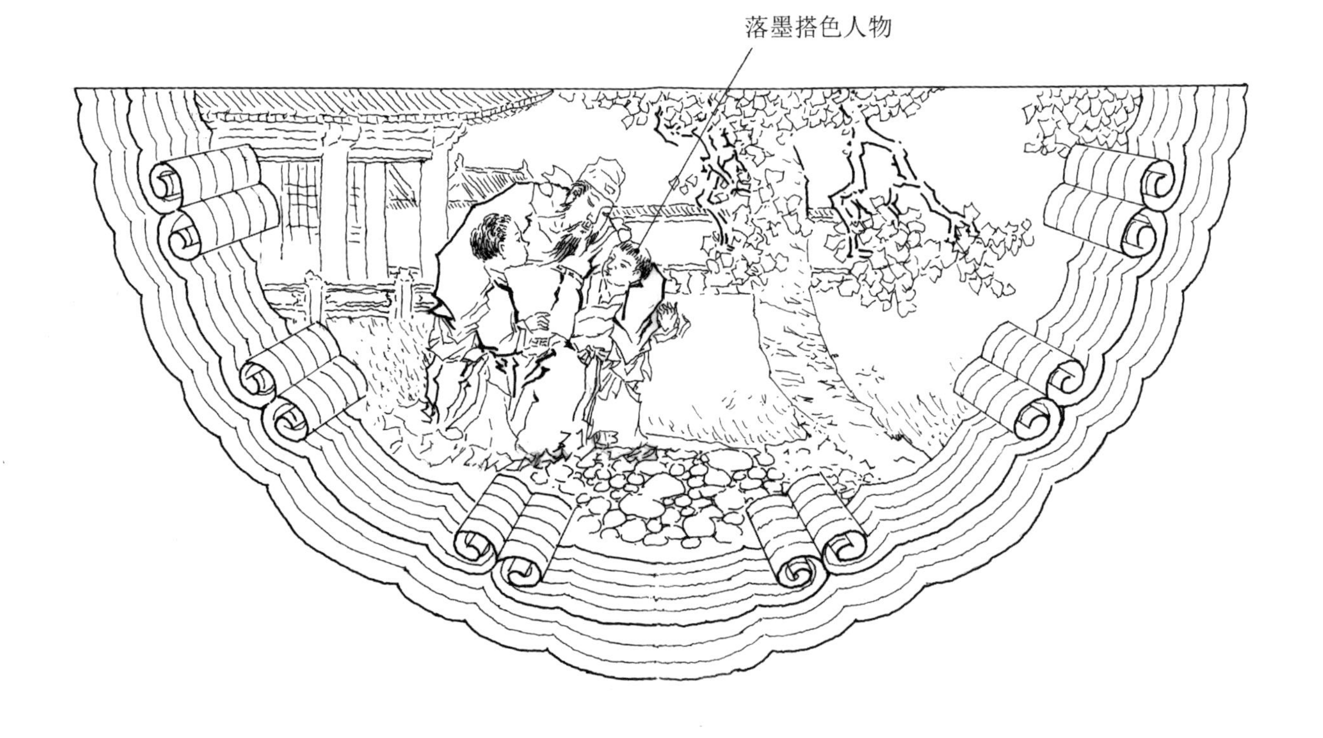
落墨搭色人物

包袱心“太白醉酒”

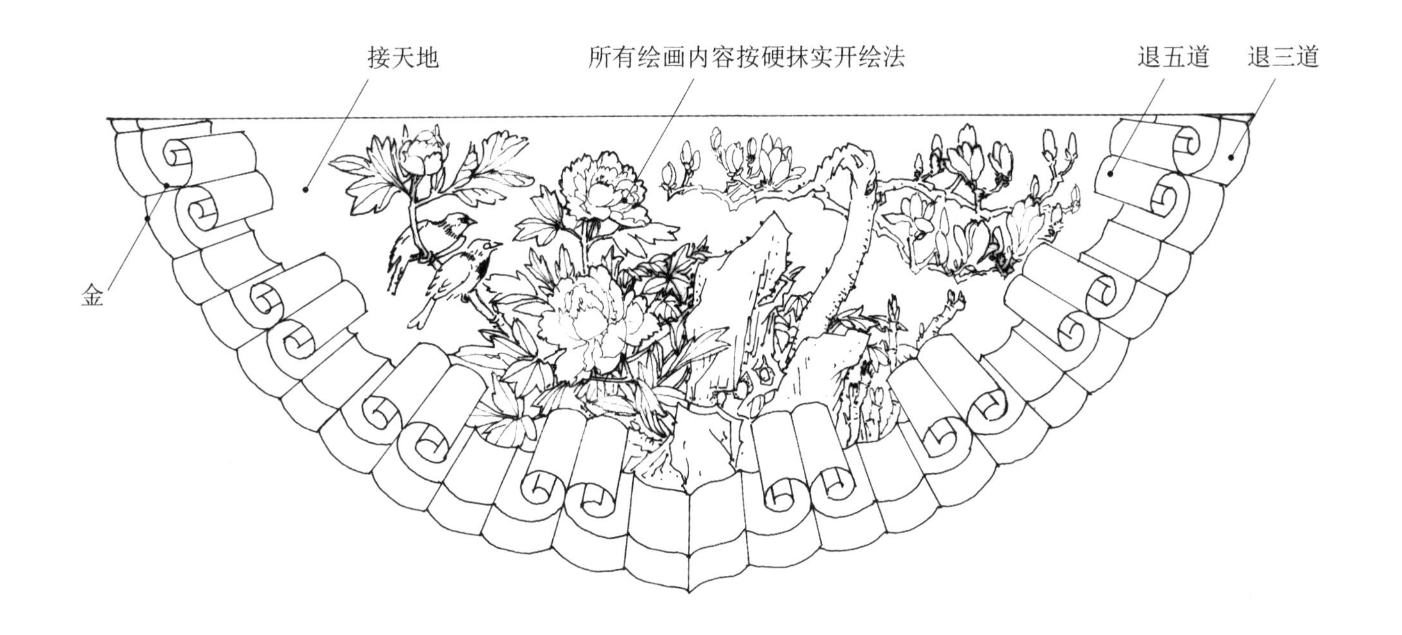
接天地
所有绘画内容按硬抹实开绘法
退五道
退三道
金

包袱心“富贵白头”

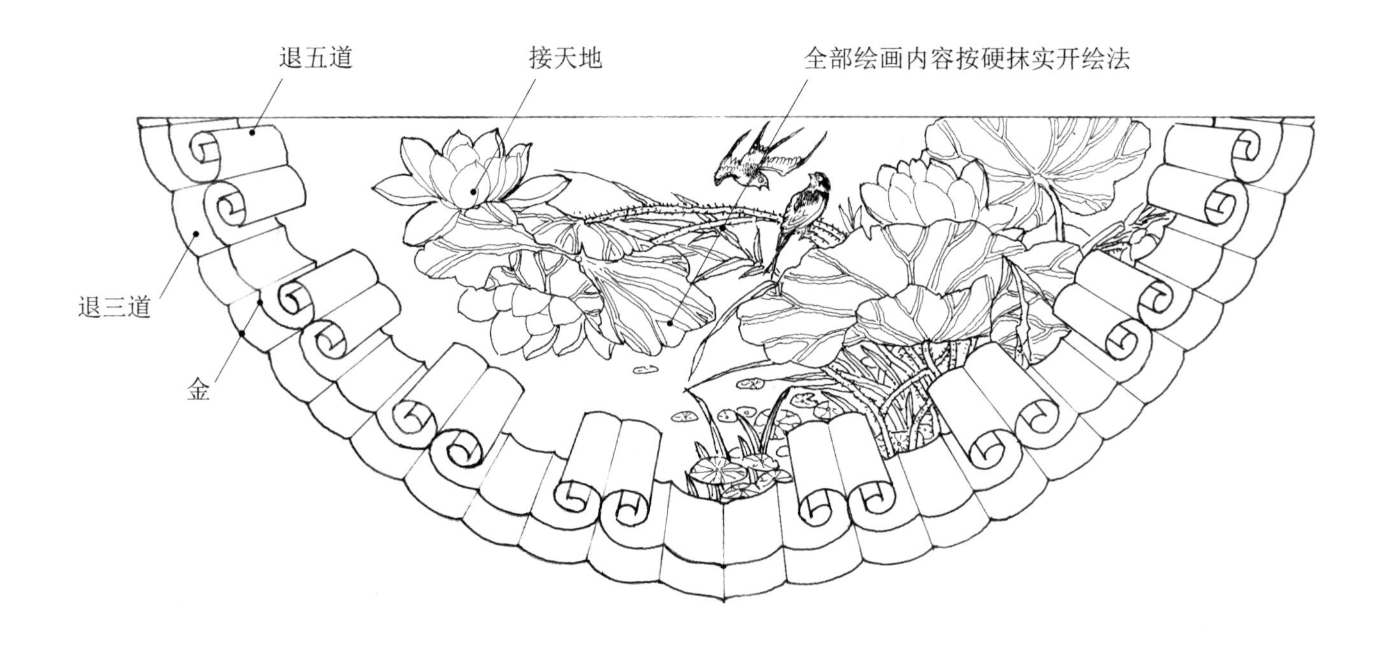
退五道
接天地
全部绘画内容按硬抹实开绘法
退三道
金

包袱心“海晏河清”花卉

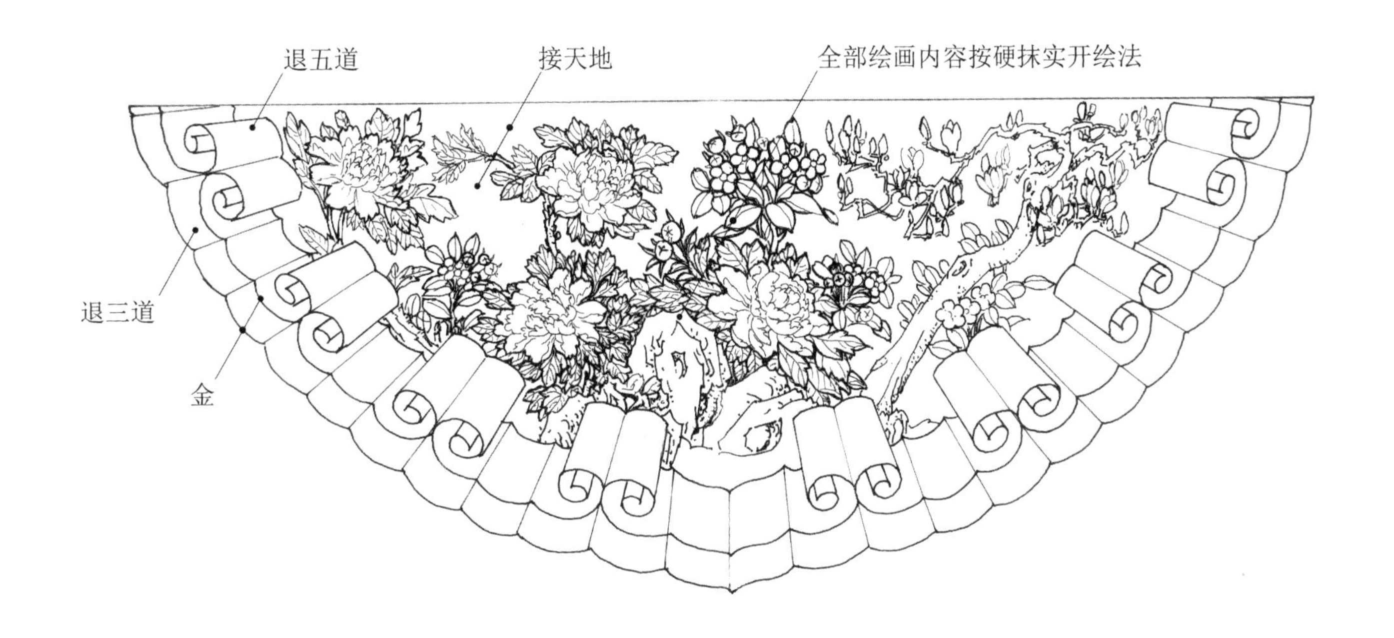
退五道
接天地
全部绘画内容按硬抹实开绘法
退三道
金

包袱心“玉堂富贵”花卉

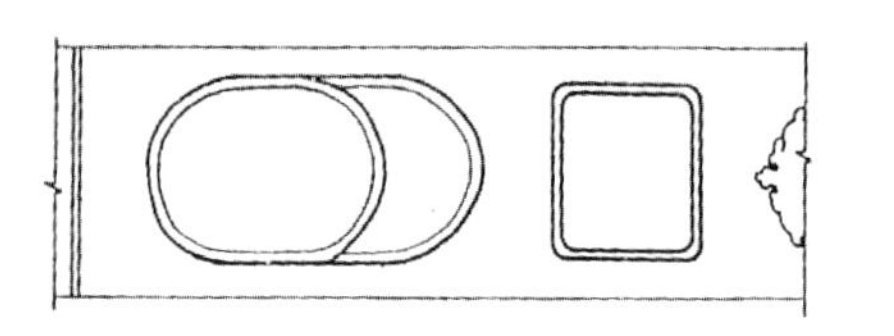

①双扇面、斗方

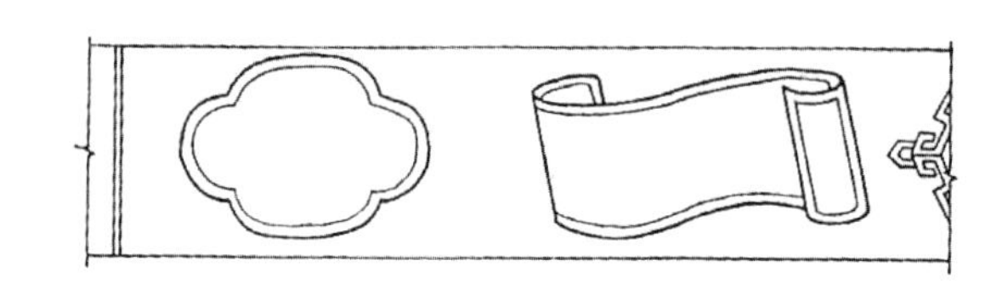

②扇面、卷书

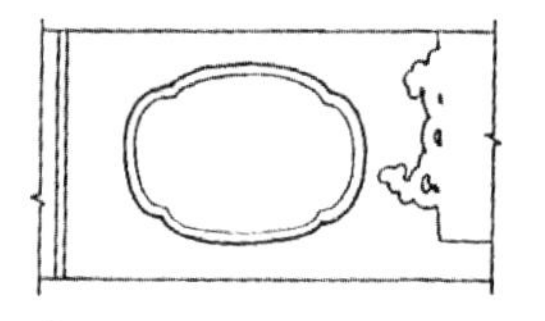

③扇面

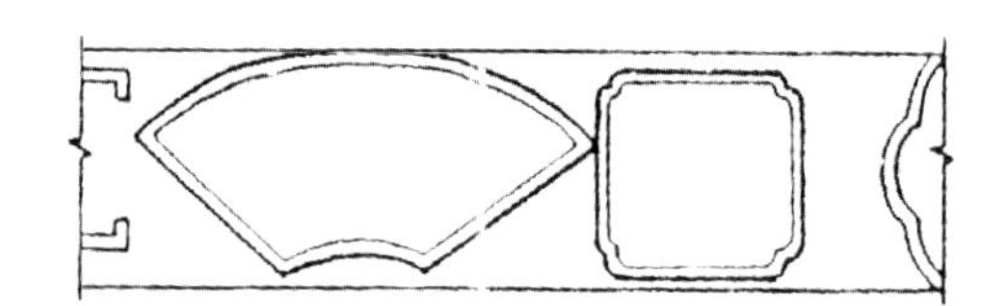

④扇面、斗方

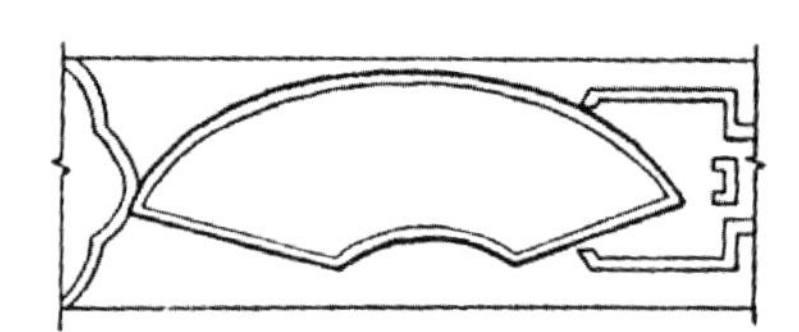

⑤扇面

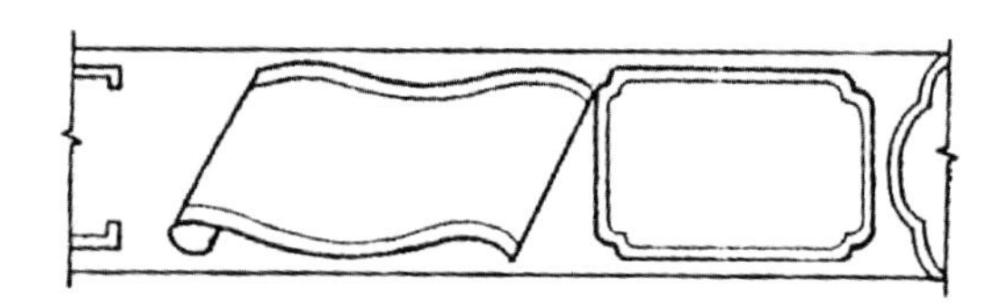

⑥卷书、斗方

⑦铜罄

⑧云团、葫芦

⑨铜罄、香圆

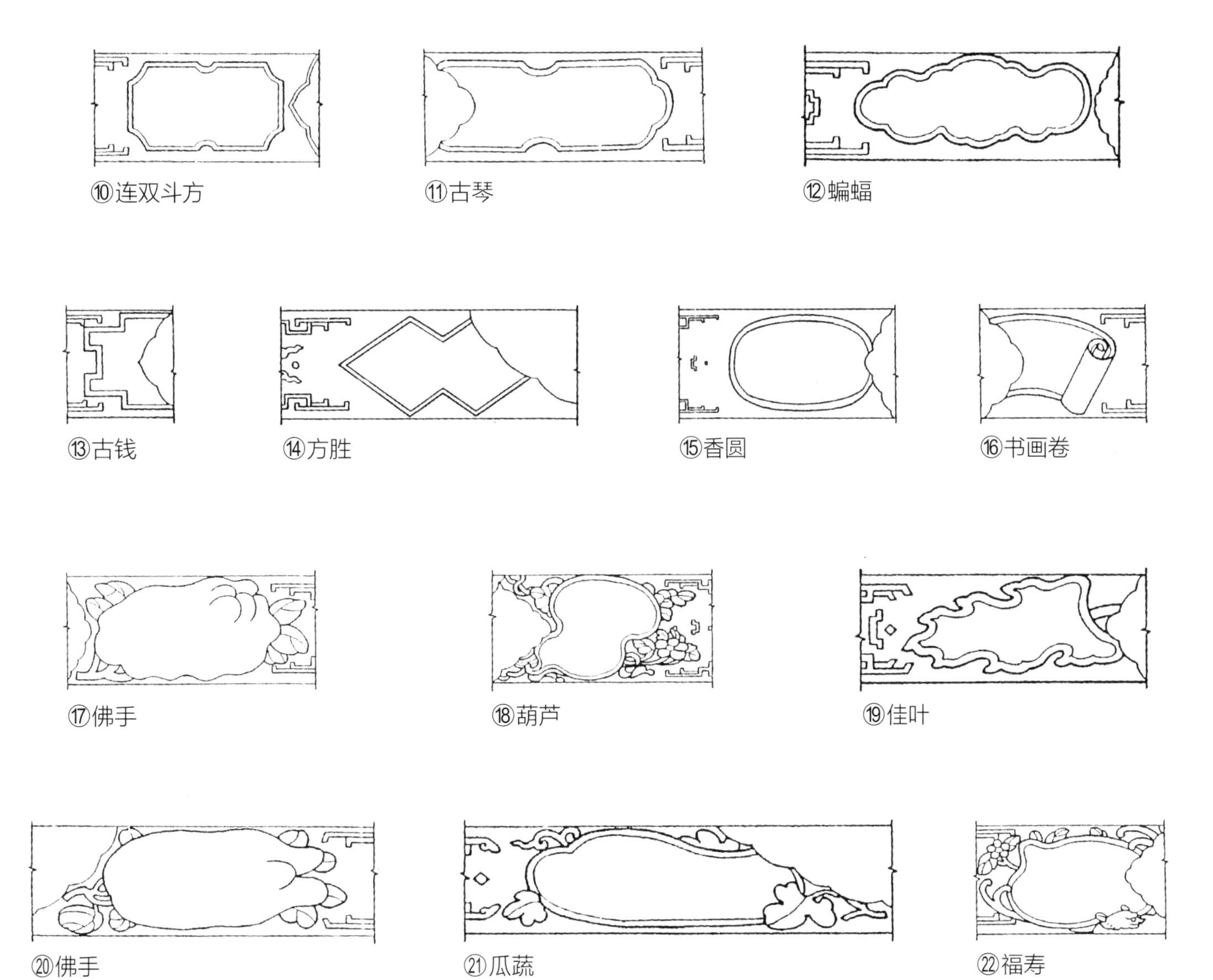
⑩连双斗方
⑪古琴
⑫蝙蝠
⑬古钱
⑭方胜
⑮香圆
⑯书画卷
⑰佛手
⑱葫芦
⑲佳叶
⑳佛手
㉑瓜蔬
㉒福寿

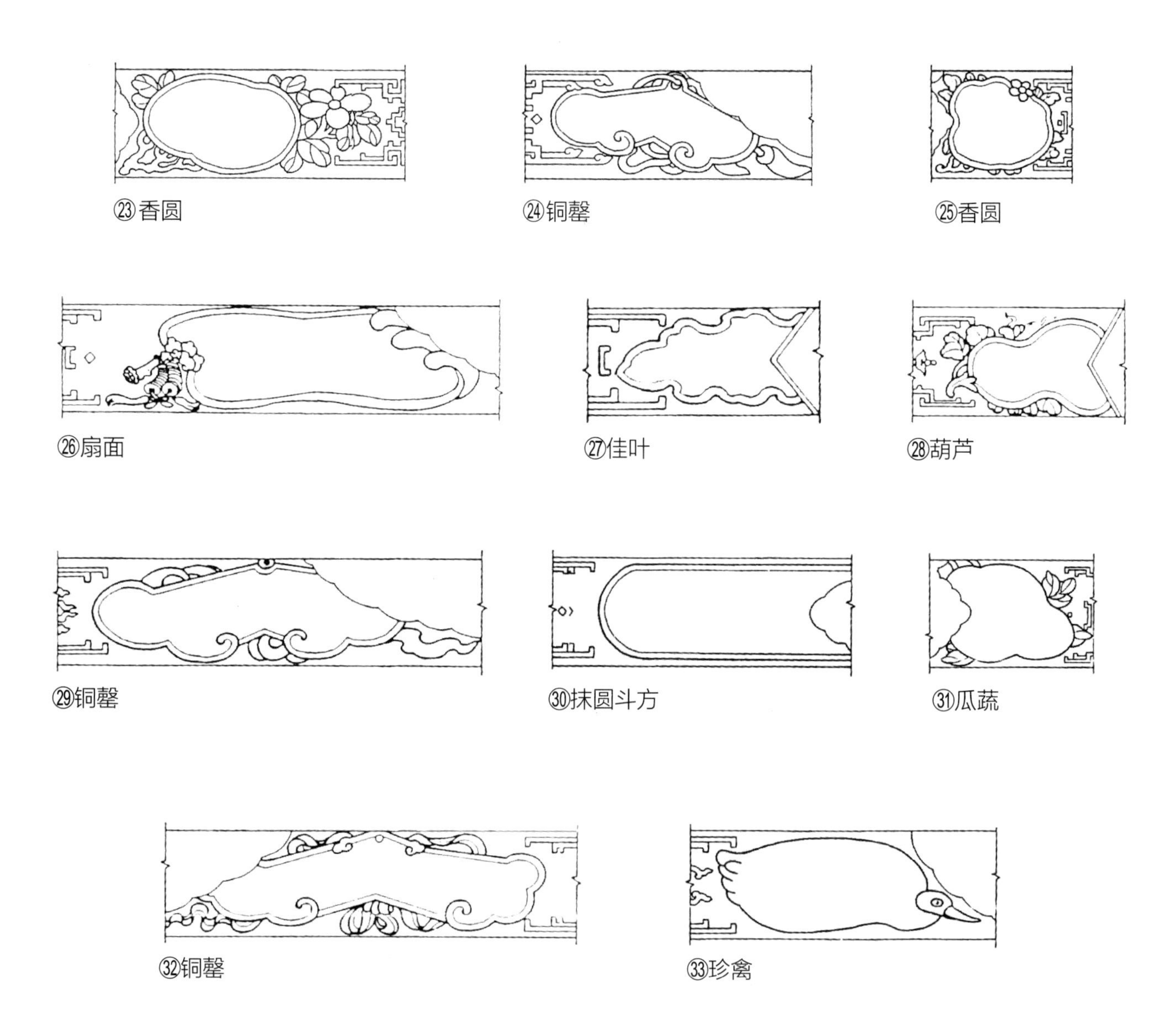

㉓香圆　㉔铜罄　㉕香圆

㉖扇面　㉗佳叶　㉘葫芦

㉙铜罄　㉚抹圆斗方　㉛瓜蔬

㉜铜罄　㉝珍禽

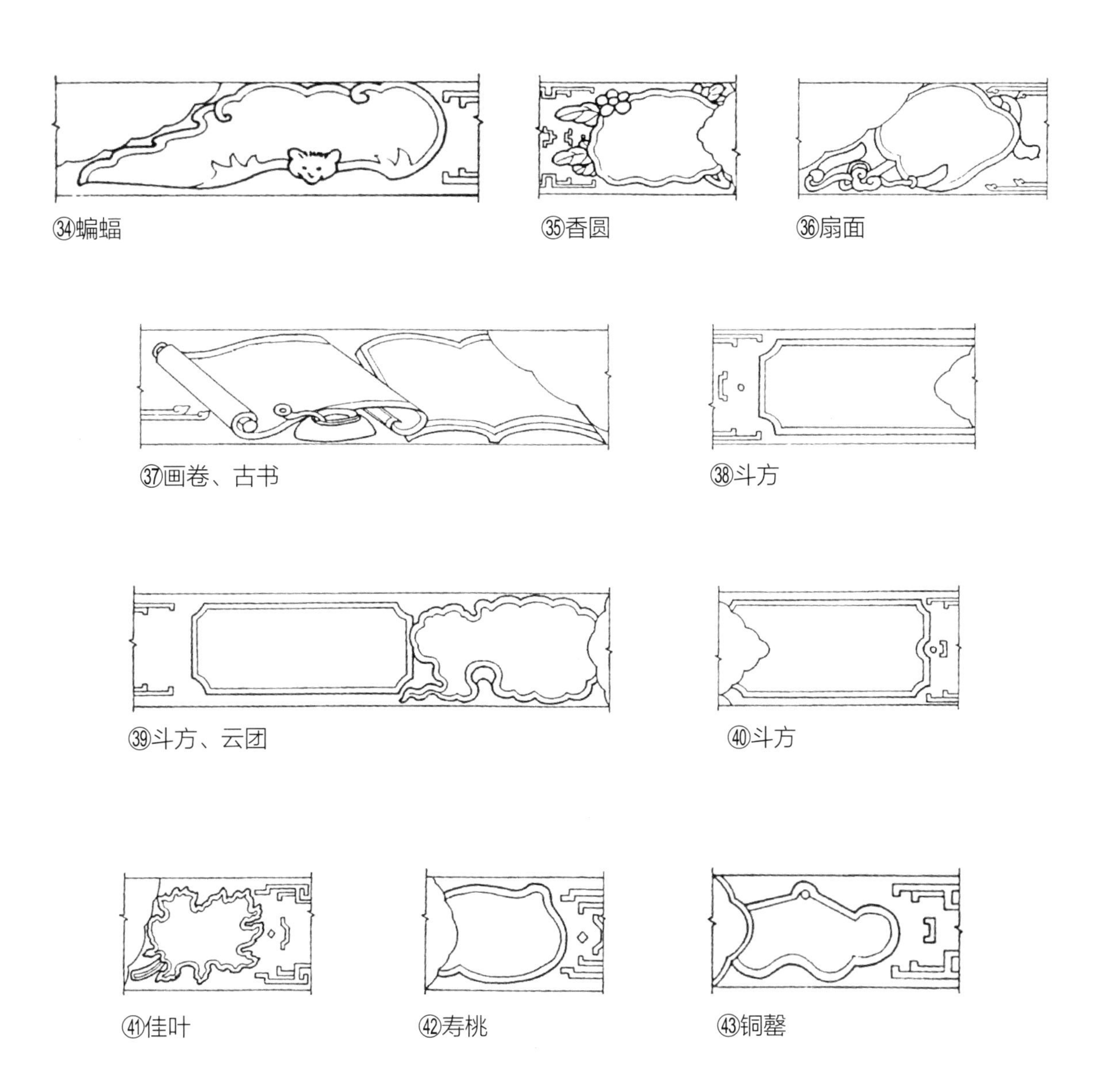
㉞蝙蝠
㉟香圆
㊱扇面
㊲画卷、古书
㊳斗方
㊴斗方、云团
㊵斗方
㊶佳叶
㊷寿桃
㊸铜罄

① ~㊸ 苏式彩画中的各种聚锦纹饰

① 夔龙团（见于清中期）

② 夔龙团（见于清中期）

③ 夔龙团（见于清中期）

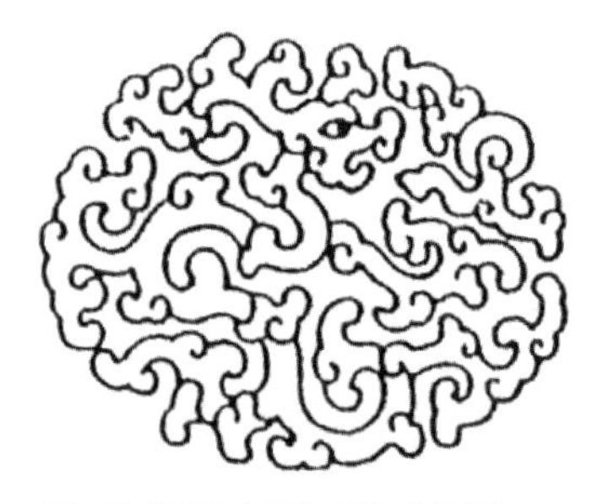

④ 夔龙团（见于清中期）

⑤ 夔龙寿字团（见于清中期）

⑥ 夔蝠团

⑦ 夔龙团

⑧ 夔凤团（见于清中期）

⑨ 夔凤团（见于清中期）

⑩ 夔蝠团（见于清中期）

⑪ 夔蝠团（见于清晚期）

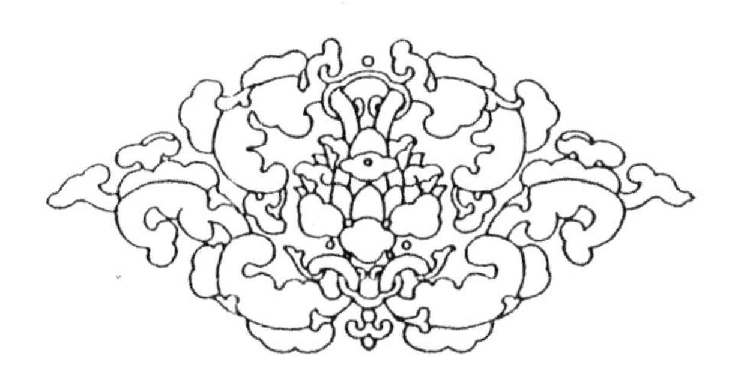

⑫ 西番莲花团（见于清中期）

⑬ 寿山福海团（见于清中期）

⑭ 万福流云团（见于清晚期）

⑮ 西番莲花团（见于清晚期）

⑯ 寿山福海团（见于清晚期）

⑰ 宝石草团（见于清中期）

⑱ 卷草团（见于清中期）

⑲ 灵仙竹寿团（见于清晚期）

①~⑲ 苏式彩画中的各种团花纹饰

①

②

③

④

①～④异兽纹饰

异兽，自清早中期至清晚期以来的旋子彩画、苏式彩画中，做为一种纹饰一直运用。所谓异兽，是彩画艺人长期以来创造出的一种独特神秘理想的动物纹饰，其形象或为麒麟、或为狮子、或为神牛……即有别于寻常动物的动物，故称“异兽”。并创造出了图案与吉祥语的完美结合，如“异”与“益”字、“兽”与“寿”字相谐音，借其图寓意着“益寿”的美好愿望。

异兽，广用于旋子彩画苏画的活盒子心、苏画找头部位和包袱心等部位。做法分为落墨搭色和硬抹实开两种，落墨搭色于白色地完成；硬抹实开于各大色地上完成。艺术形象要求生动、传神、用笔飘洒自然。

四、宝珠吉祥草彩画部分

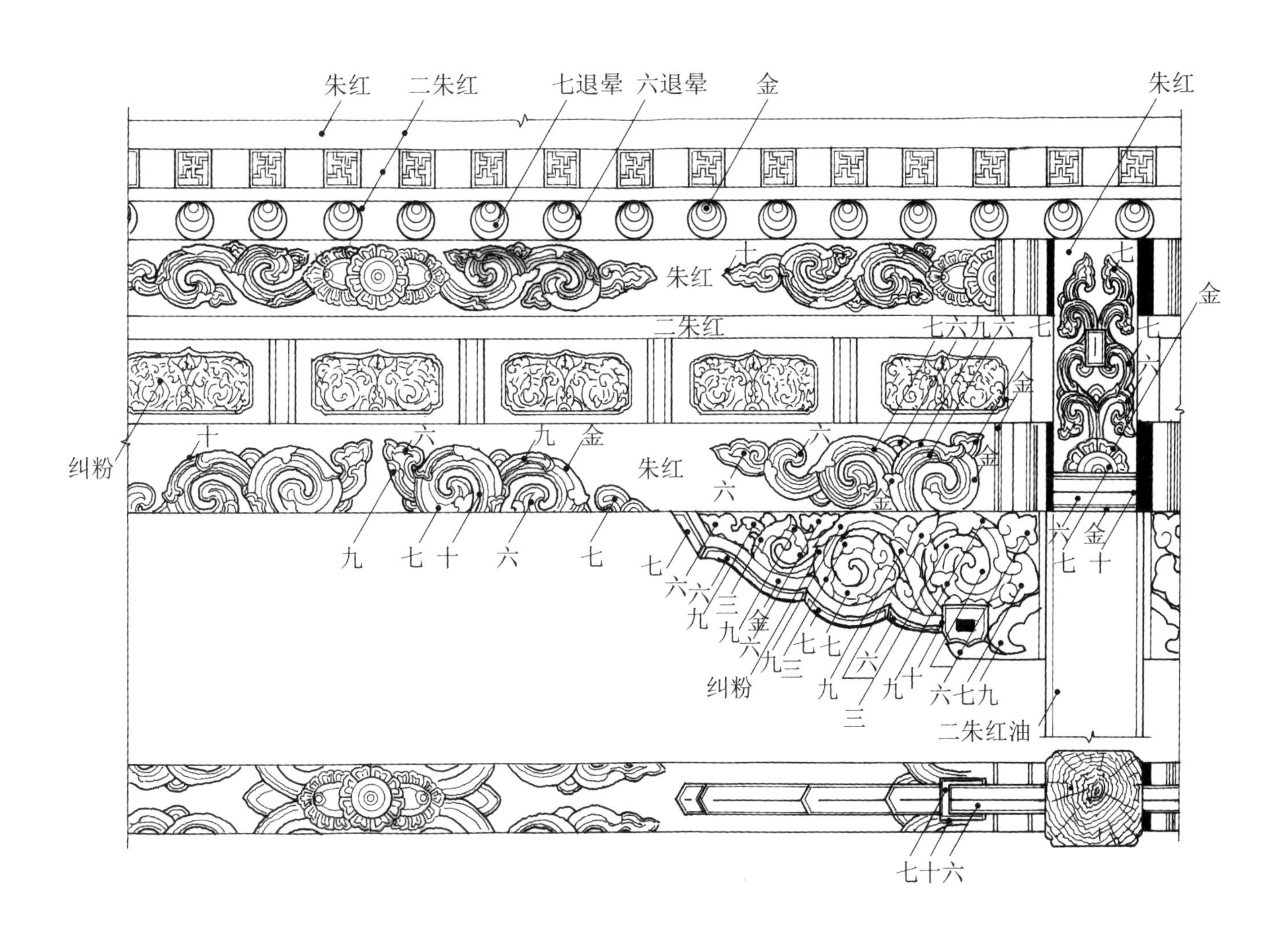

朱红
二朱红
七退晕
六退晕
金
朱红
十
朱红
七
金
二朱红
七六九六
七
七
六
金
金
纠粉
十
六
九
金
朱红
六
六
金
九
七十
六
七
七
六六
九
三
金
九
六
九三
七七
六
纠粉
九
九
十
六七九
三
六
金
七
十
二朱红油
七十六

宝珠吉祥草彩画

五、天花彩画部分

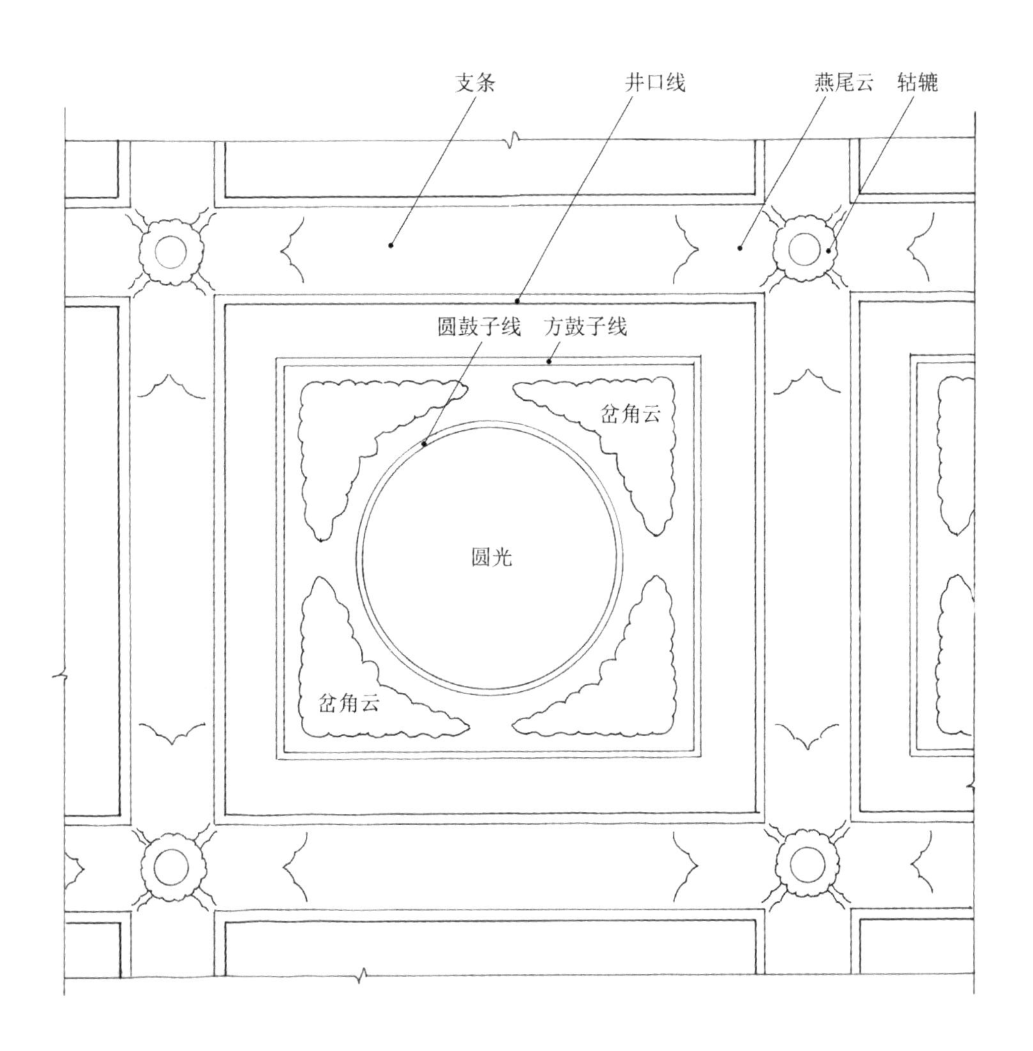
支条
井口线
燕尾云
轱辘
圆鼓子线
方鼓子线
岔角云
圆光
岔角云

天花彩画纹饰部位名称

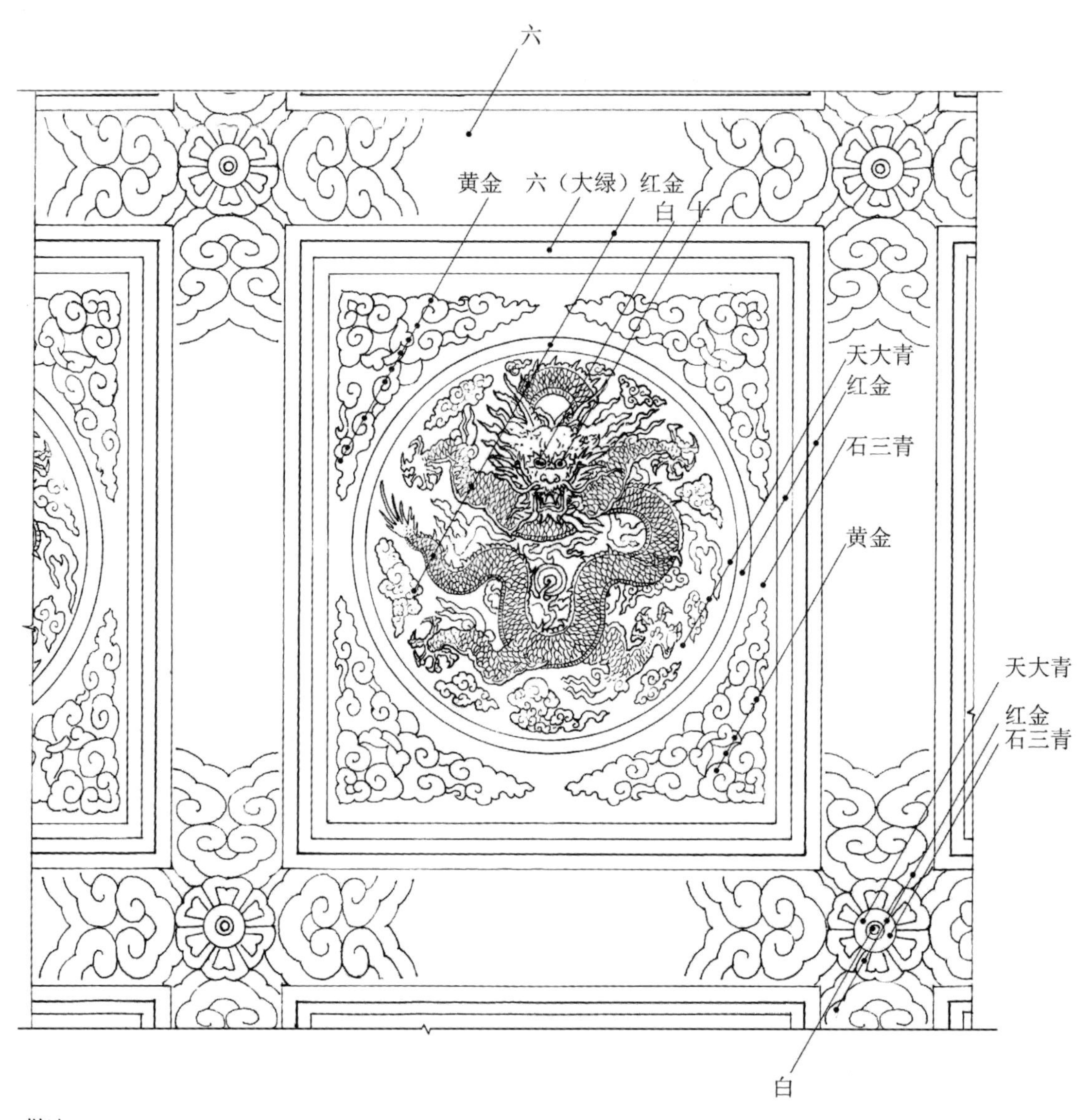
六
黄金
六（大绿）红金
白
十
天大青
红金
石三青
黄金
天大青
红金
石三青
白

做法

井口线、方鼓子线红金。圆鼓子心龙纹红金。支条轱辘燕尾云黄金。

贴两色金正面龙天花之一

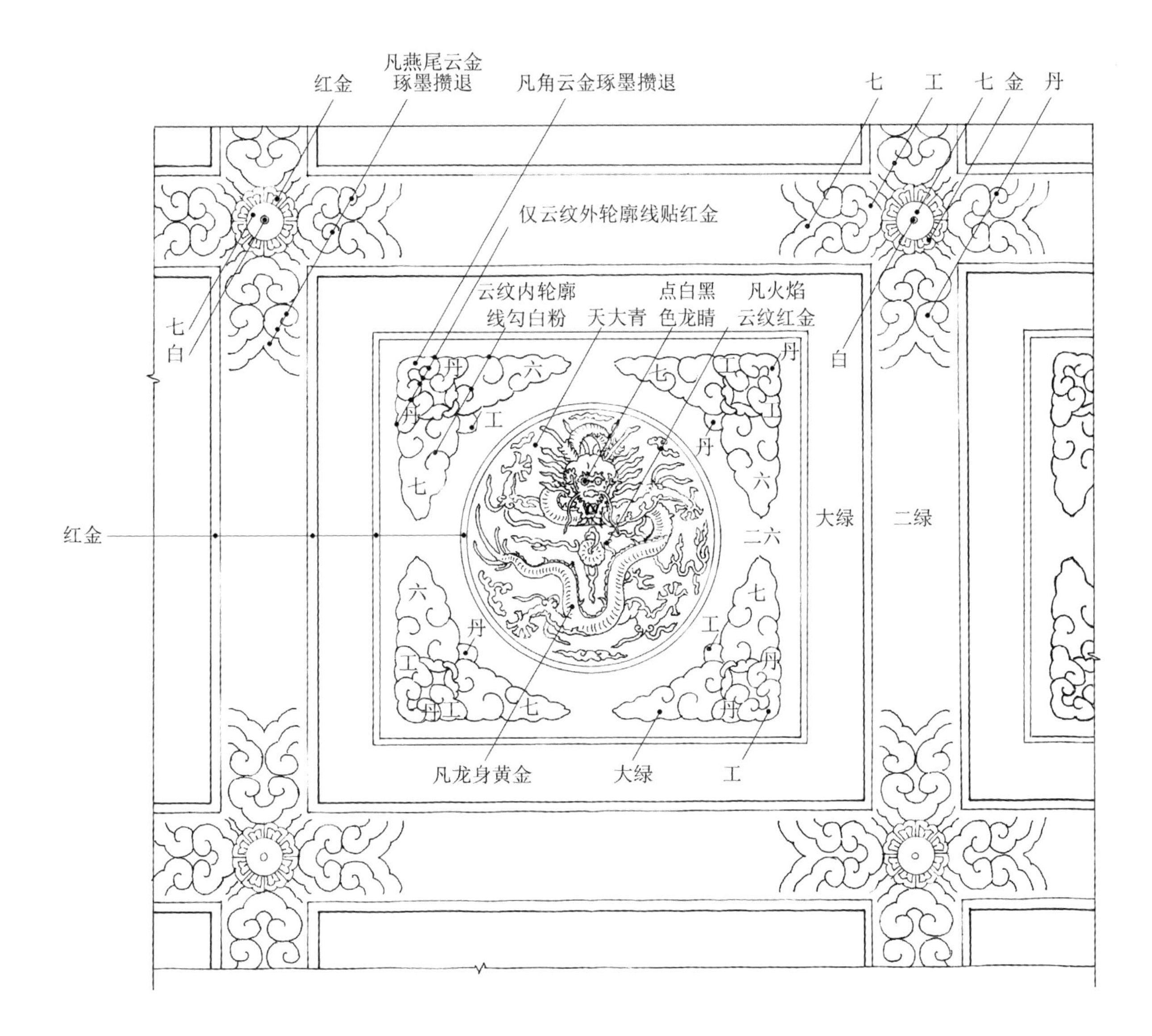

凡燕尾云金
红金
琢墨攒退
凡角云金琢墨攒退
七
工
七
金
丹
仅云纹外轮廓线贴红金
云纹内轮廓
线勾白粉
天大青
点白黑
色龙睛
凡火焰
云纹红金
七
白
白
红金
大绿
二绿
二六
凡龙身黄金
大绿
工

做法

井口线、方圆鼓子线红金。支条轱辘红金。支条燕尾云金琢墨攒退。岔角云仅轮廓线及箍红金，岔角云内轮廓线勾勒白粉线，金琢墨攒退。圆光心龙纹黄金，云纹、宝珠、火焰红金。

贴两色金正面龙天花之二

（注：六亦代表大绿。七亦代表天大青。）

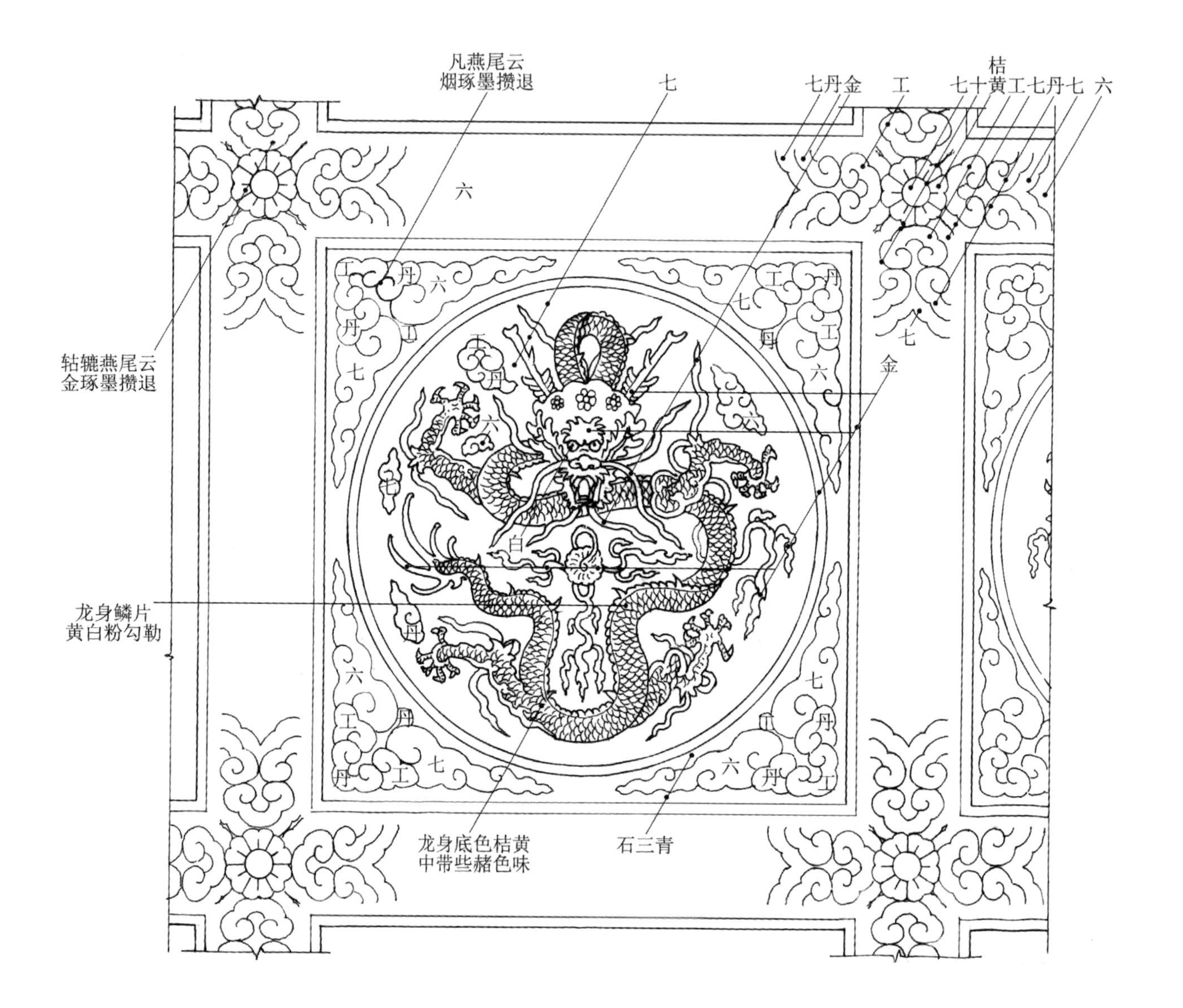
凡燕尾云
烟琢墨攒退
七
七丹金
工
桔
七十黄工七丹七
六
轱辘燕尾云
金琢墨攒退
龙身鳞片
黄白粉勾勒
龙身底色桔黄
中带些赭色味
石三青

做法

井口线红金。凡龙之肘毛、发、须、火焰红金。龙身底色橘黄色中略带些赭色味，鳞片皆勾勒黄白粉。凡支条轱辘燕尾云，皆烟琢墨攒退。凡岔角云烟琢墨攒退。

玉做点金正面龙天花之三

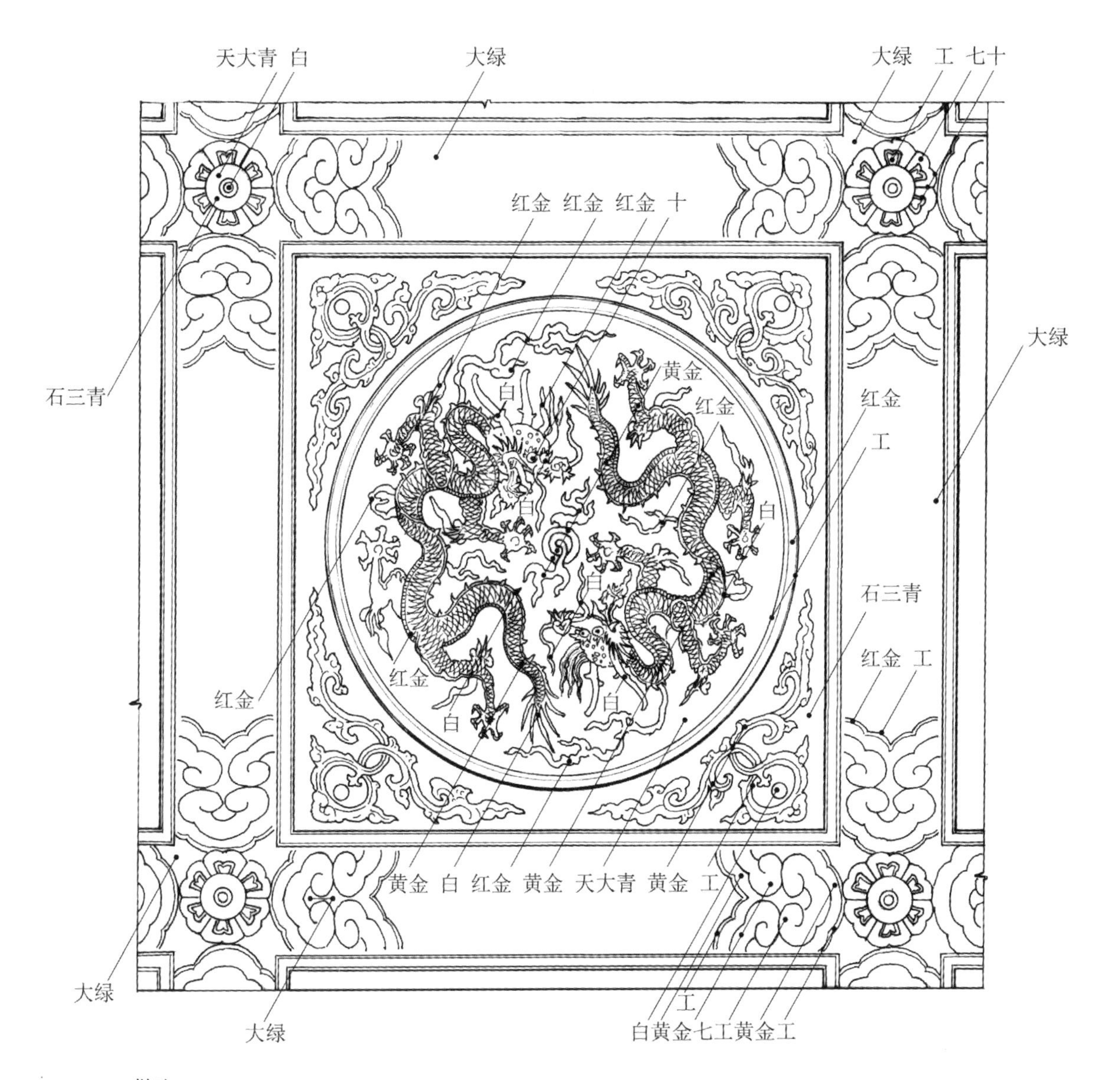
天大青
白
大绿
大绿
工
七十
红金
红金
红金
十
石三青
黄金
红金
大绿
红金
工
白
白
白
白
白
石三青
红金
红金
工
红金
白
白
黄金
白
红金
黄金
天大青
黄金
工
大绿
大绿
工
白黄金七工黄金工

做法

井口线、圆光线红金，线边部用较细朱红线做齐金。圆光心龙纹及宝珠火焰黄金，龙纹之肚弦、肘毛、龙发及外围火焰红金。岔角宝珠平涂朱红，高光点点黄金，黄色中上部点白。支条轱辘平涂黄色，中心朱红色开墨。燕尾云烟琢墨攒退间片金做。

贴两色金升降龙天花之一

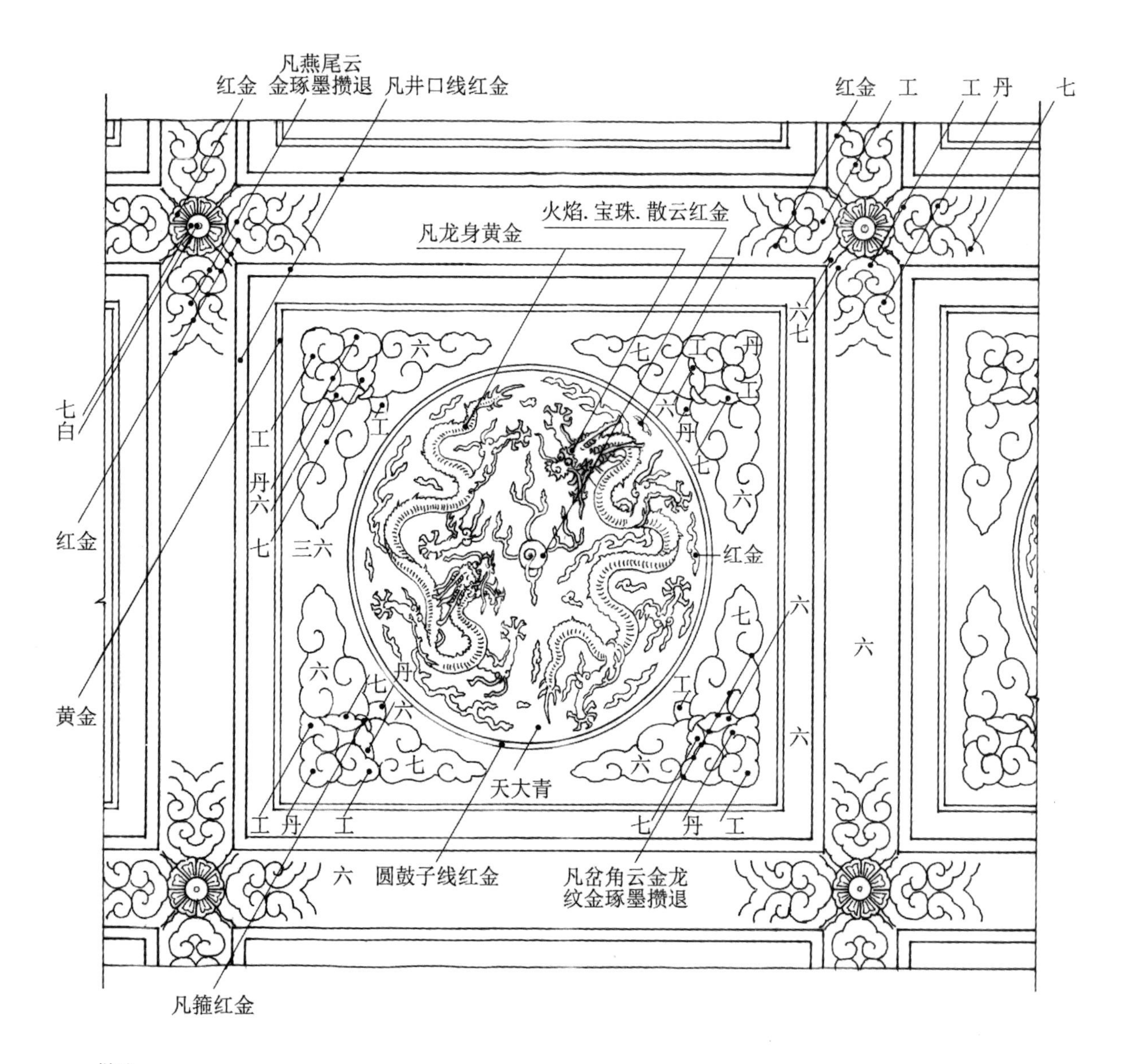
凡燕尾云
红金
金琢墨攒退
凡井口线红金
红金
工
工
丹
七
火焰.宝珠.散云红金
凡龙身黄金
七
白
红金
黄金
工
丹
六
七
三六
六
七
工
丹
工
六
工
工
丹
六
七
六
六
七
工
丹
工
七
红金
七
六
七
丹
六
七
工
六
天大青
工
丹
工
七
丹
工
六
六
六
六
圆鼓子线红金
凡岔角云金龙
纹金琢墨攒退
凡箍红金

做法

凡井口线红金、凡燕尾云轮廓线红金，金琢墨攒退。凡方圆鼓子线黄金。凡岔角云红金，金琢墨攒退。圆鼓子心龙纹身黄金，宝珠、火焰、散云红金。

贴两色金升降龙天花之二

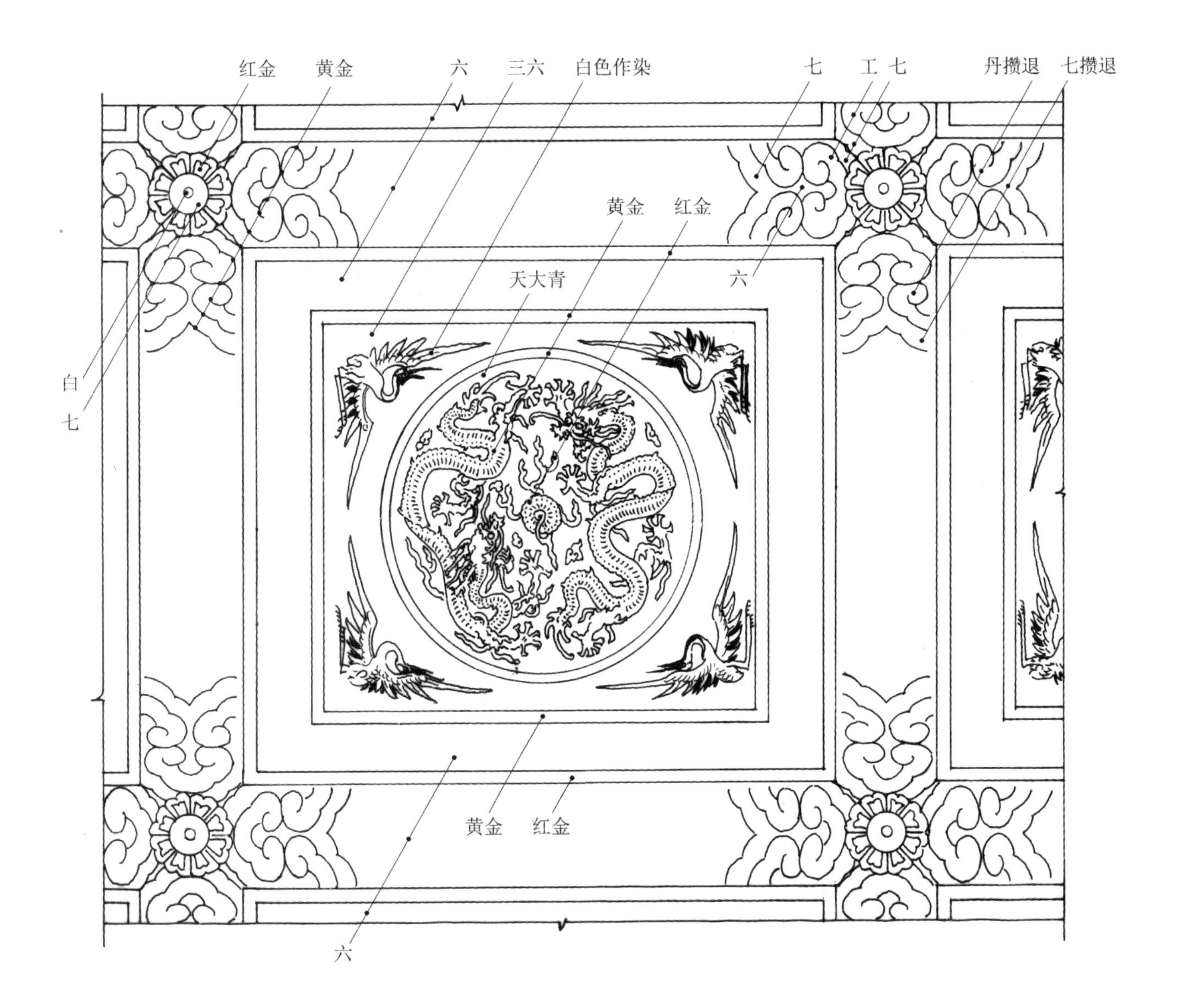
红金
黄金
六
三六
白色作染
七
工
七
丹攒退
七攒退
黄金
红金
天大青
六
白
七
黄金
红金
六

做法

井口线红金。方圆鼓子线黄金。井口轱辘红金。燕尾线黄金，金琢墨攒退，岔角仙鹤作染。圆鼓子心龙纹、宝珠黄金。

贴两色金升降龙天花之三

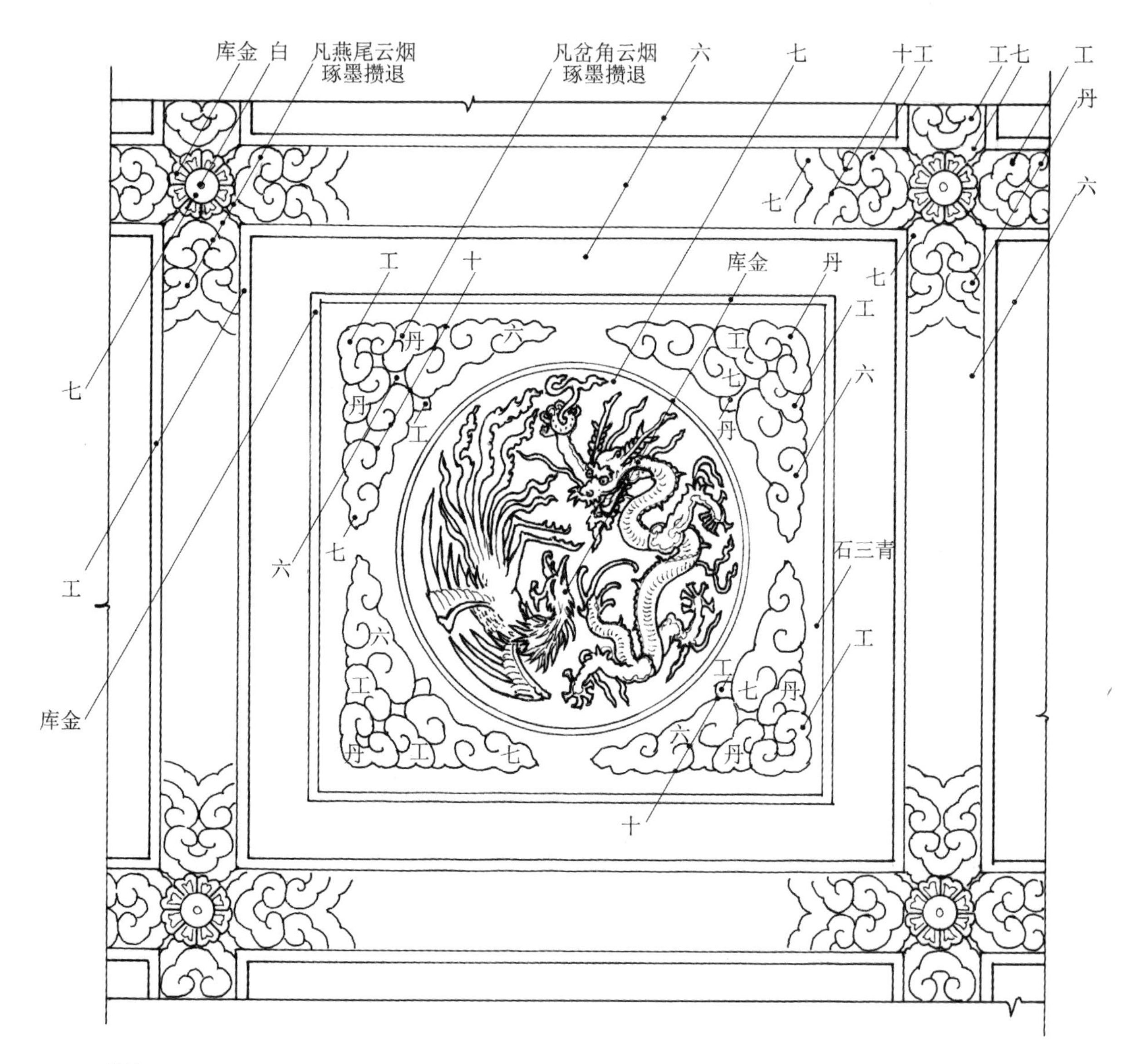
库金
白
凡燕尾云烟
琢墨攒退
凡岔角云烟
琢墨攒退
六
七
十工
工七
工
丹
六
七
七
工
十
库金
丹
工
六
石三青
工
十
七
工
库金
六
七
丹
工
六
工
丹
工
七
工
七
丹
工
七
丹
六
丹

做法

凡井口线朱红。方圆鼓子线沥粉贴金。天花圆光心青色，龙凤库金。岔角云轮廓线、支条、燕尾云黑线。轱辘金。天花板大边、支条大绿。岔角外地石三青。

龙凤天花之一

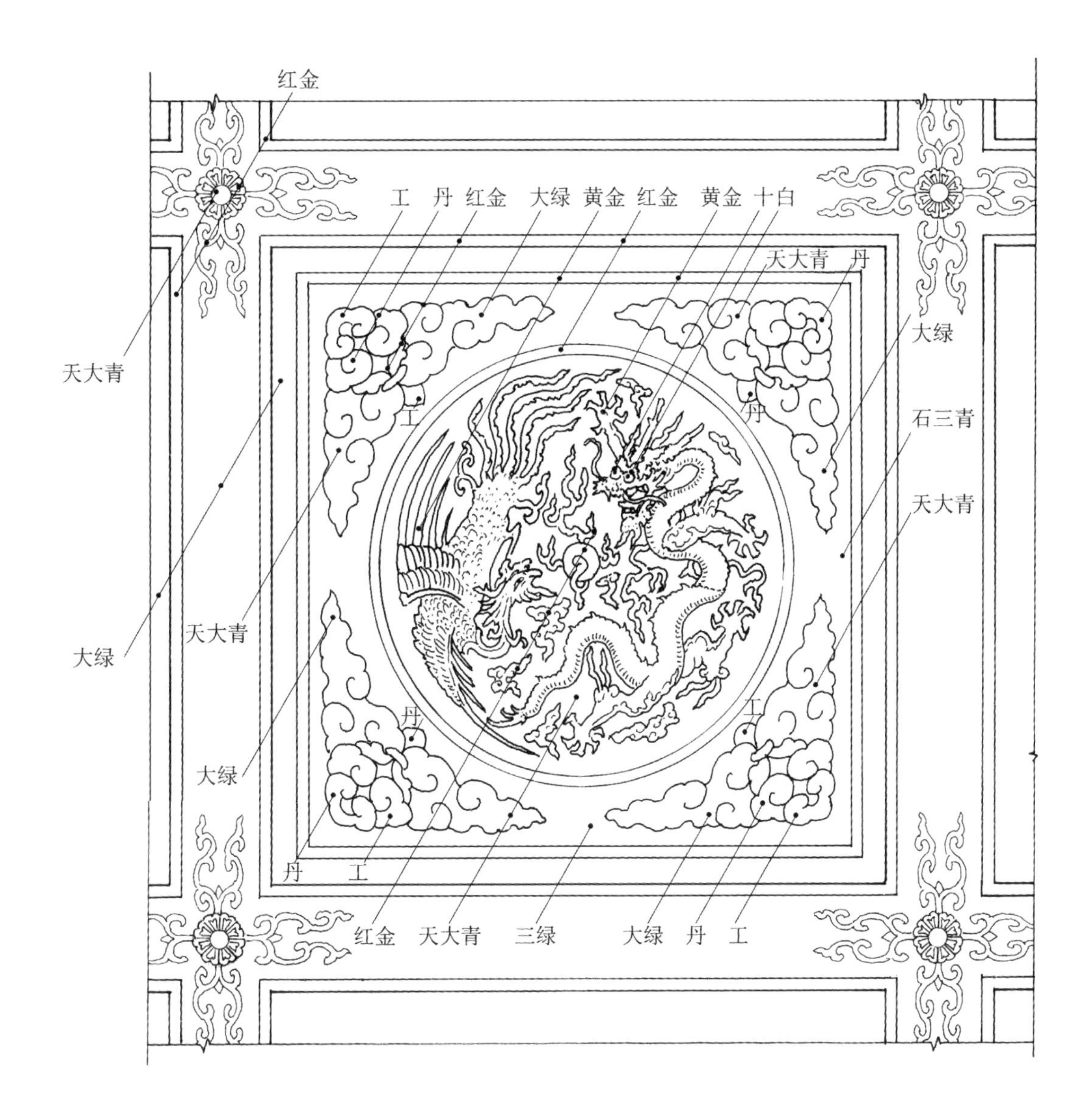
红金
工
丹
红金
大绿
黄金
红金
黄金
十白
天大青
丹
天大青
大绿
石三青
天大青
大绿
天大青
工
丹
大绿
丹
工
丹
工
红金
天大青
三绿
大绿
丹
工

做法

支条大绿。红金卷草。红金轱辘。井口线红金；方鼓子线黄金。圆鼓子线红金。圆鼓子心天大青。龙凤纹黄金。火焰云纹红金；岔角地石三青。岔角云金琢墨攒退；天花板大边大绿。

贴两色金龙凤天花之二

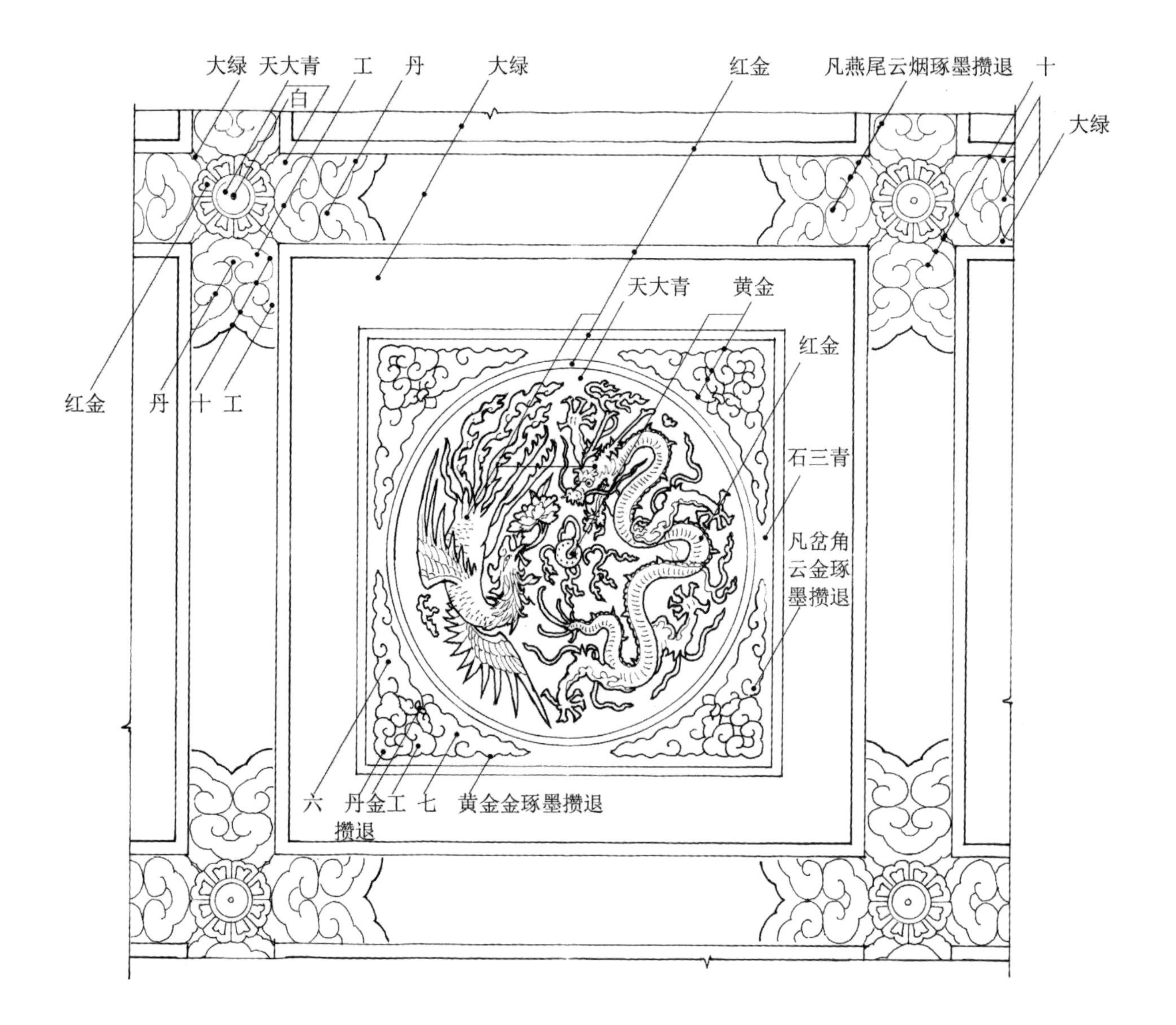
大绿
天大青
白
工
丹
大绿
红金
凡燕尾云烟琢墨攒退
十
大绿
红金
丹
十
工
天大青
黄金
红金
石三青
凡岔角云金琢墨攒退
六
丹金工
攒退
七
黄金金琢墨攒退

做法

井口线、方圆鼓子线红金。支条轱辘红金。燕尾云烟琢墨攒退。岔角云黄金，金琢墨攒退。圆鼓子心龙凤红金，宝珠火焰黄金。

贴两色金龙凤天花之三

黄金
工
七
六
工攒退
黄金
红金
工
黄金
黄金
红金
黄金
天大青攒退
十
工
大绿
黄金
工白
石三青
天大青
黄金
白黑
大绿

做法

井口线圆鼓子线红金；大绿底色支条；红金轱辘，烟琢墨攒退燕尾云；方鼓子底色石三青；黄金鸾凤宝珠火焰。

贴两色金鸾凤天花

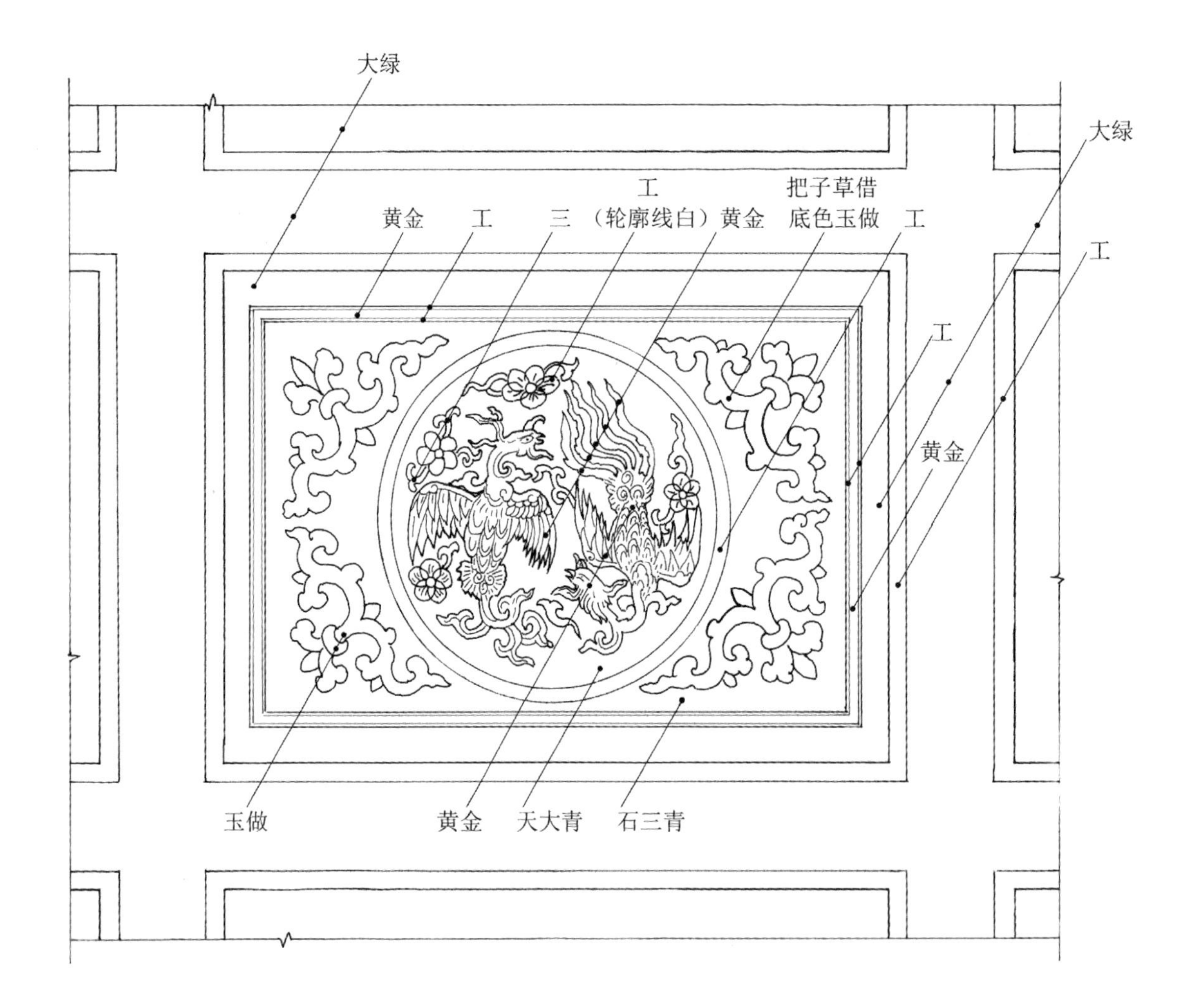
大绿
大绿
工
把子草借
黄金
工
三
（轮廓线白）黄金
底色玉做
工
工
工
黄金
玉做
黄金
天大青
石三青

做法

井口线、圆鼓子线朱红色、方鼓子线黄金，线边部由细朱线做齐金。岔角把子草借基底色玉做。圆鼓子心之鸾凤黄金，其散点花头平涂朱红色并开白粉，卷草平涂三绿。

鸾凤天花

七
丹
十
金
七
工
工
六
工
丹
七
白
三
七
七
七
白
六
六
七

做法

井口线、方圆鼓子线朱红色；轱辘片金；燕尾云烟琢墨攒退；岔角夔龙、圆鼓子心夔龙玉做。

夔龙天花

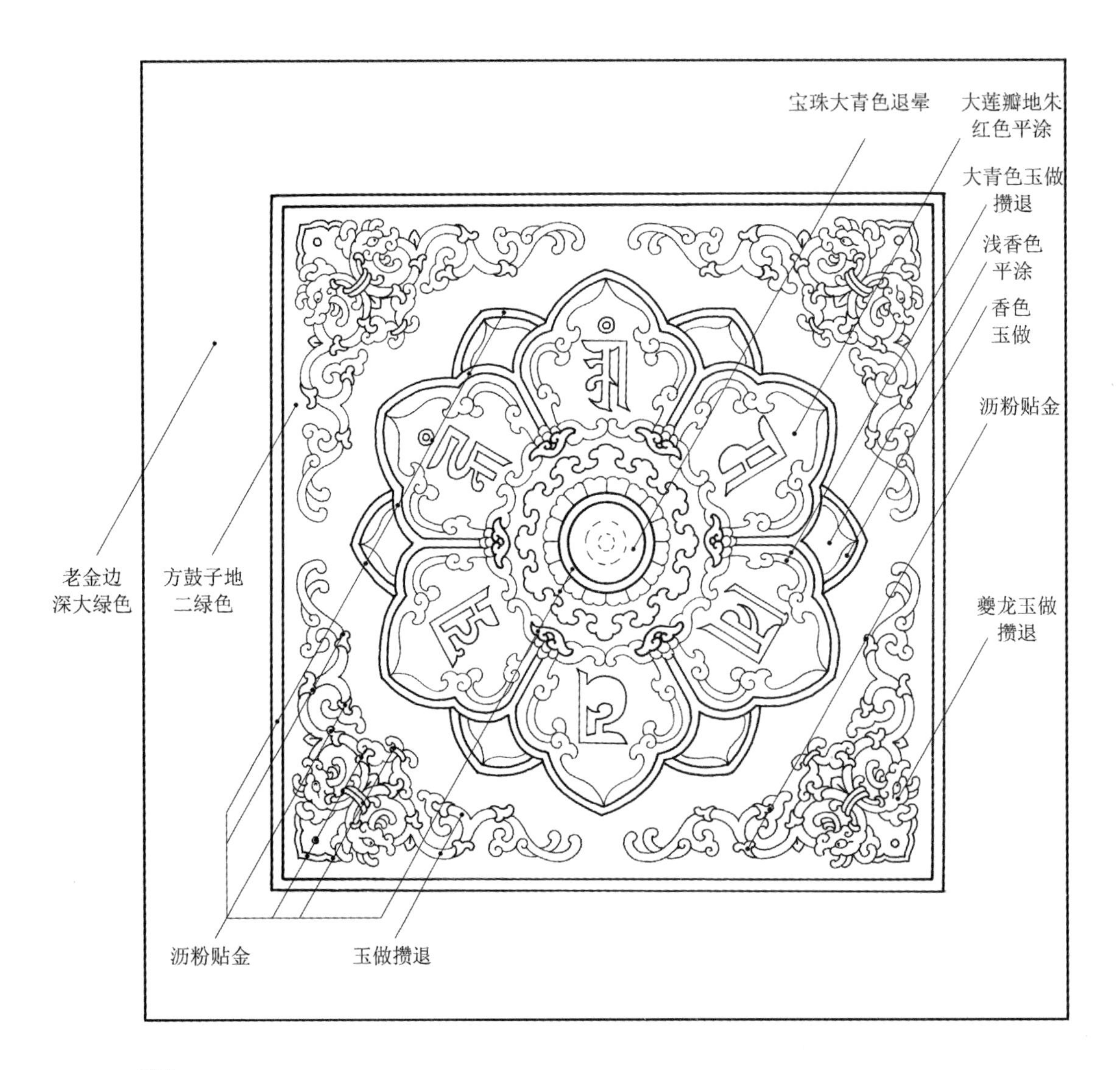
宝珠大青色退晕
大莲瓣地朱红色平涂
大青色玉做攒退
浅香色平涂
香色玉做
沥粉贴金
夔龙玉做攒退
老金边深大绿色
方鼓子地二绿色
沥粉贴金
玉做攒退

做法

支条大绿地；方鼓子线、莲瓣、小圆光金；小圆光地平涂硝红，大莲瓣地平涂朱红；小圆光之八达玛硝红玉做；卷草玉做，六字正言金；方鼓子地平涂二绿，夔龙岔角玉做点金；天花大边大绿。

六字正言天花之一

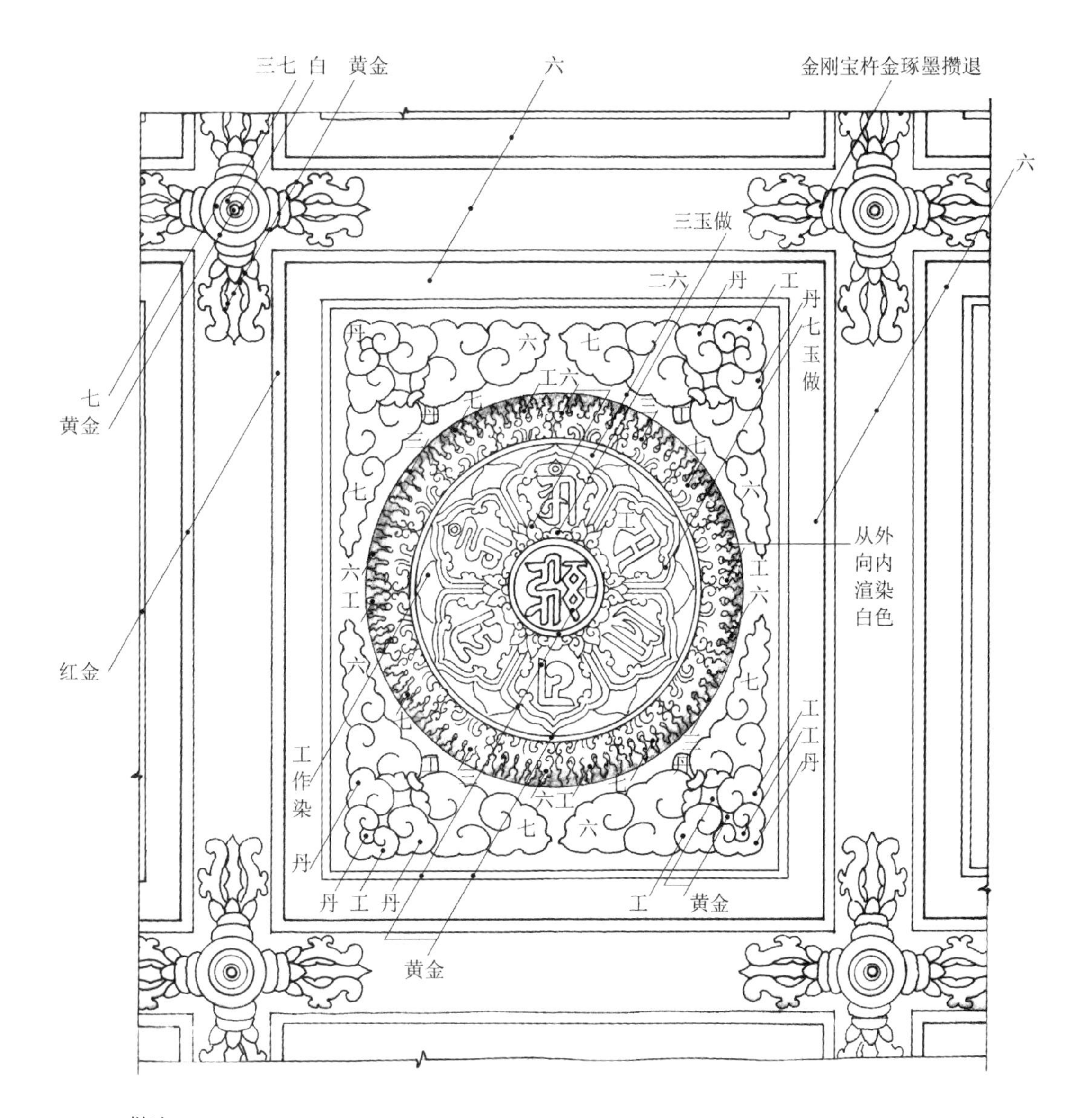
三七 白 黄金
六
金刚宝杵金琢墨攒退
六
三玉做
二六 丹 工
丹
七
玉
做
七
黄金
红金
从外
向内
渲染
白色
工
作
染
丹
丹 工 丹
工 黄金
黄金

做法

井口线红金。金刚宝杵纹饰黄金，金琢墨攒退。方圆鼓子线、中心小圆光、莲瓣轮廓线、六字正言梵字及岔角轮廓线黄金，岔角云金琢墨攒退。

六字正言天花之二

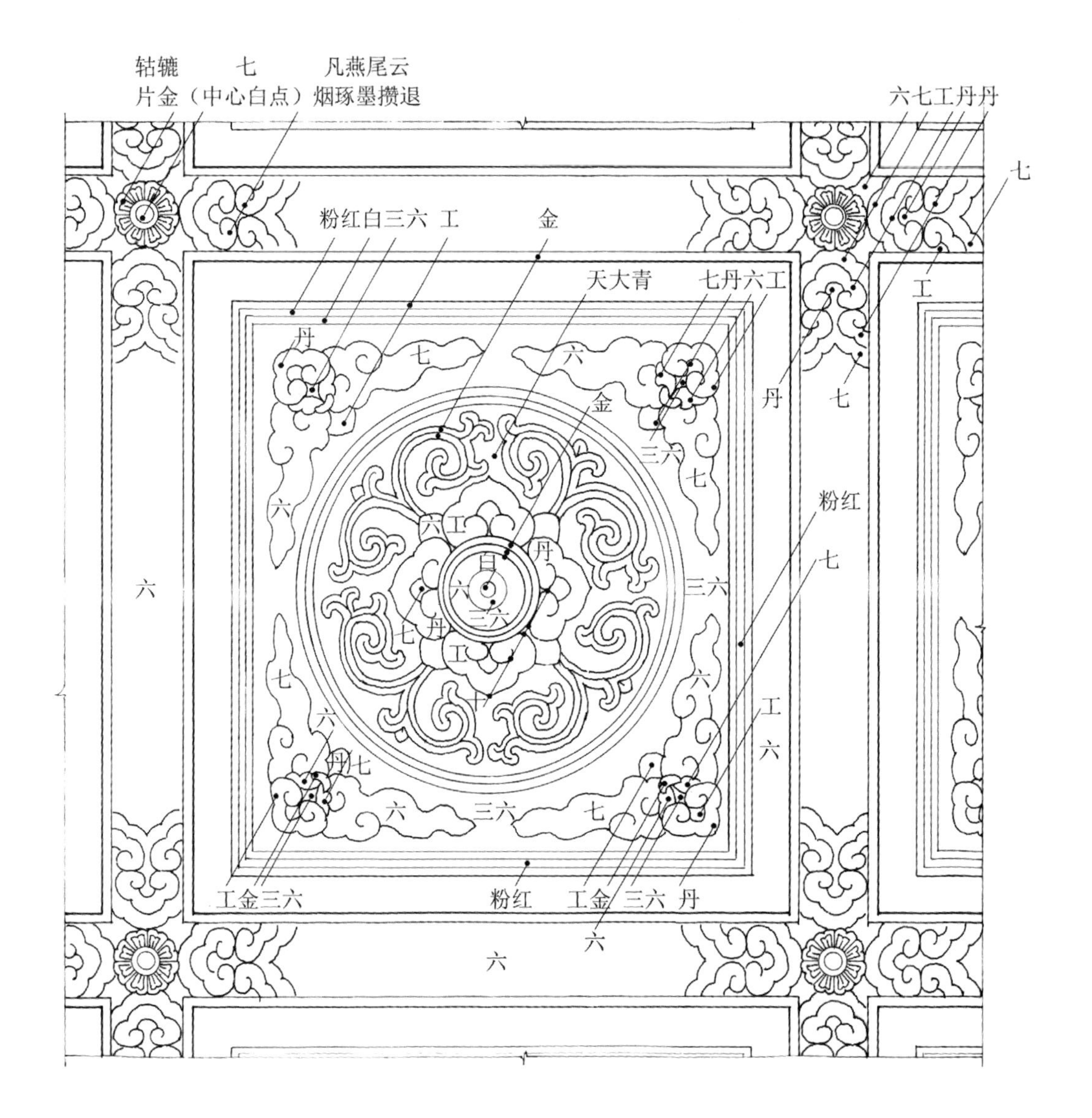

轱辘
片金（中心白点）
七
凡燕尾云
烟琢墨攒退
六七工丹丹
七
粉红白三六
工
金
天大青
七丹六工
工
丹
七
丹
七
六
金
三六
七
粉红
六工
丹
白
六
三六
七
丹
工
三六
七
六
七
六
丹七
六
三六
七
工
六
六
工金三六
粉红
工金
三六
丹
六
六

做法

井口线、圆鼓子心内卷草纹及小圆光红金。支条轱辘红金；燕尾云烟琢墨攒退。方鼓子由红、粉红、白色构成。岔角云烟琢墨攒退。中部四合云烟琢墨攒退。

四合云卷草天花

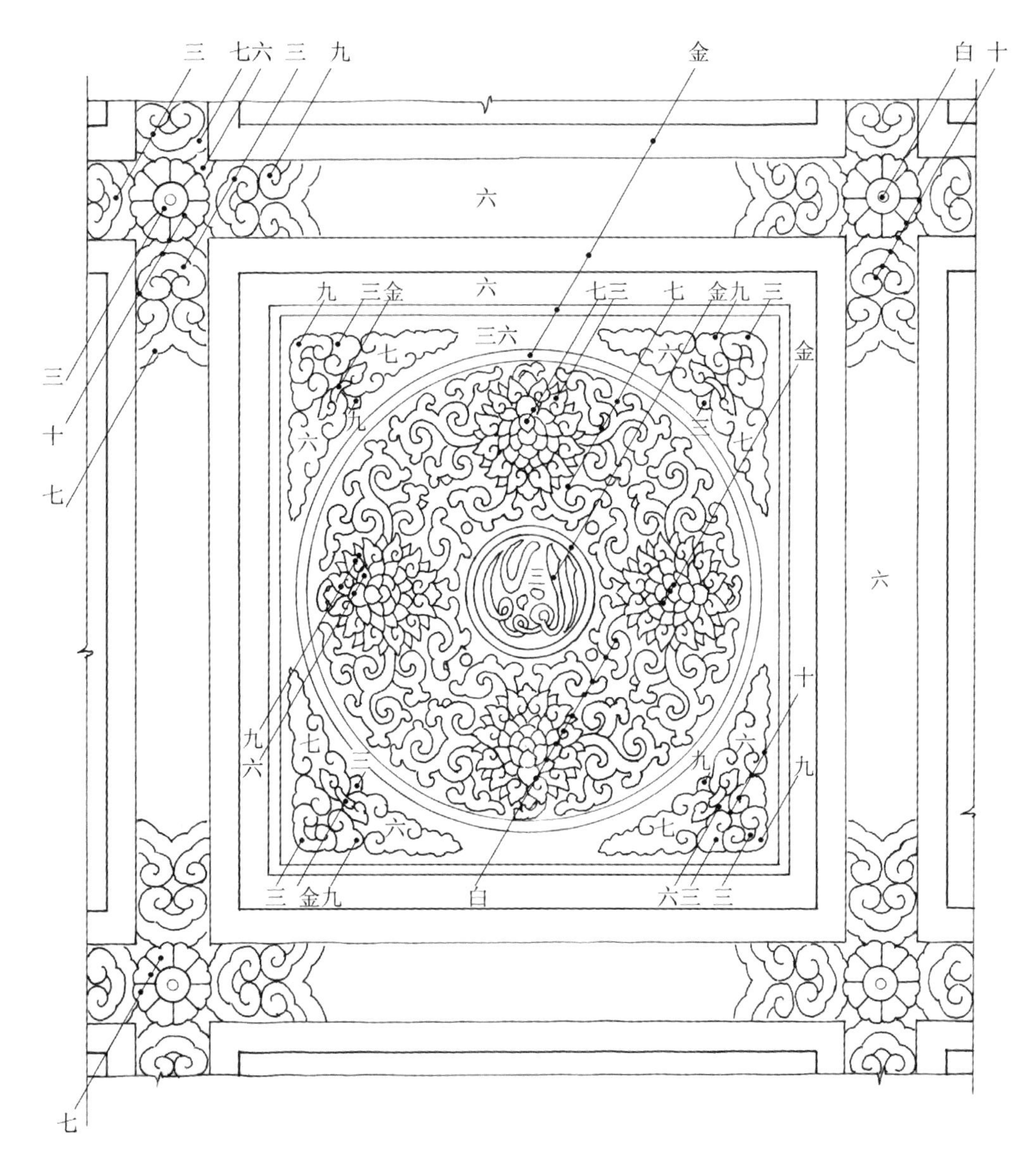
三
七六
三
九
金
白
十
六
九
三金
六
七三
七
金九
三
三六
七
六
金
三
十
七
九
六
三
九
七
六
十
六
九
九
七
六
七
三
三
金九
白
六三
三
六
七

做法

井口线库金；轱辘燕尾云烟琢墨攒退；方圆鼓子线小圆光线、阿拉伯纹库金；岔角纹烟琢墨攒退；圆鼓子心西番莲烟琢墨攒退。

阿拉伯纹西番莲天花

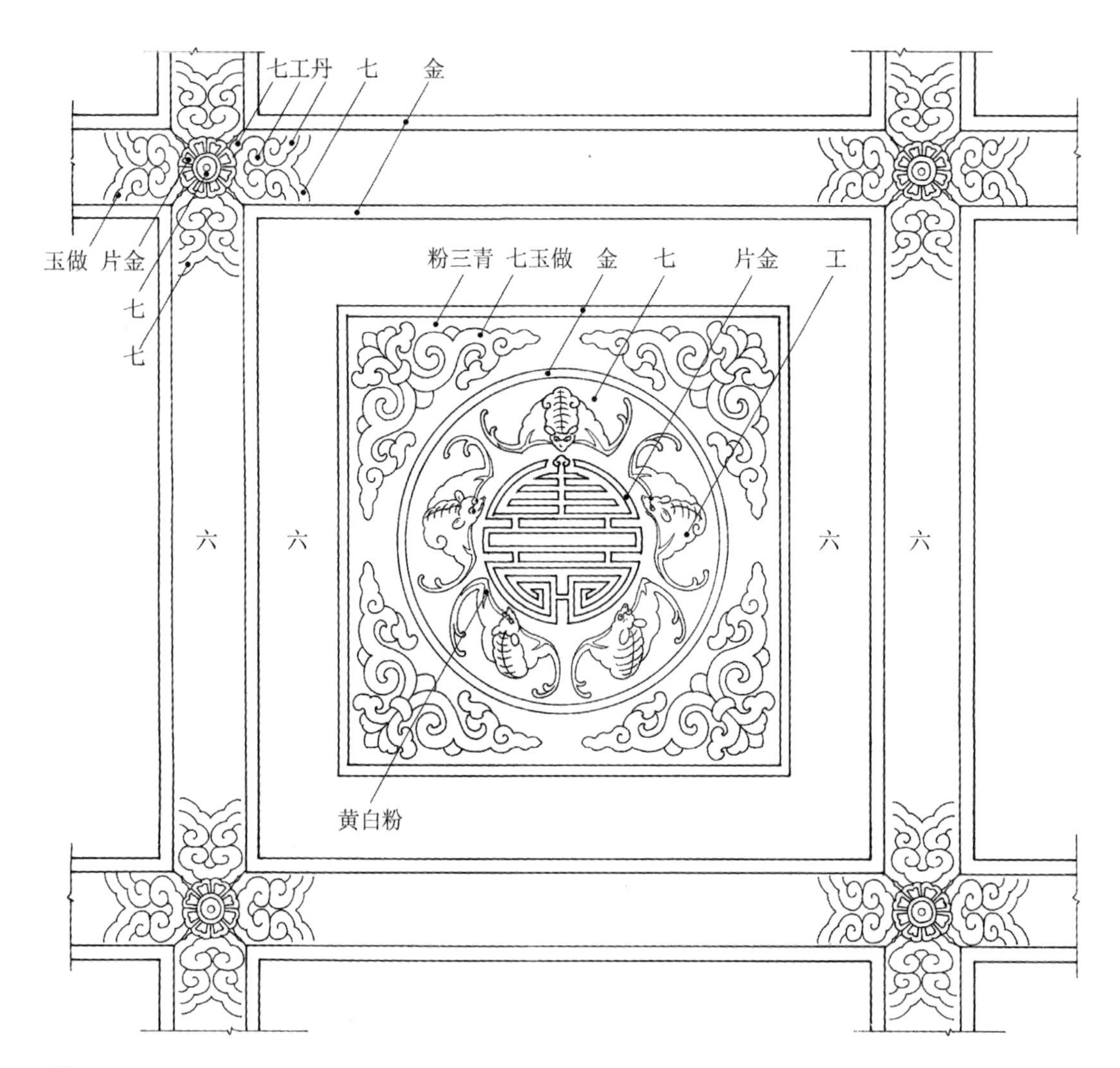

七工丹
七
金
玉做
片金
七
七
粉三青
七玉做
金
七
片金
工
六
六
六
六
黄白粉

做法

支条底色绿、片金轱辘，燕尾云玉做；井口线方圆鼓子线金；岔角把子草青色玉做，方鼓子底色粉三青；天花大边绿；圆光心青色，蝙蝠朱红色，开黄白粉，圆寿字片金。

五福捧寿天花之一

石三青
金
朱红色并开黄白粉
作染
金
六
七
七
六

做法

支条底色绿、轱辘片金、燕尾云玉做、井口线朱红色；天花板方圆鼓子线金、岔角地石三青色、仙寿作染；圆光心地青色、蝙蝠朱红色并开黄白粉、圆寿字金；天花大边绿色。

五福捧寿天花之二

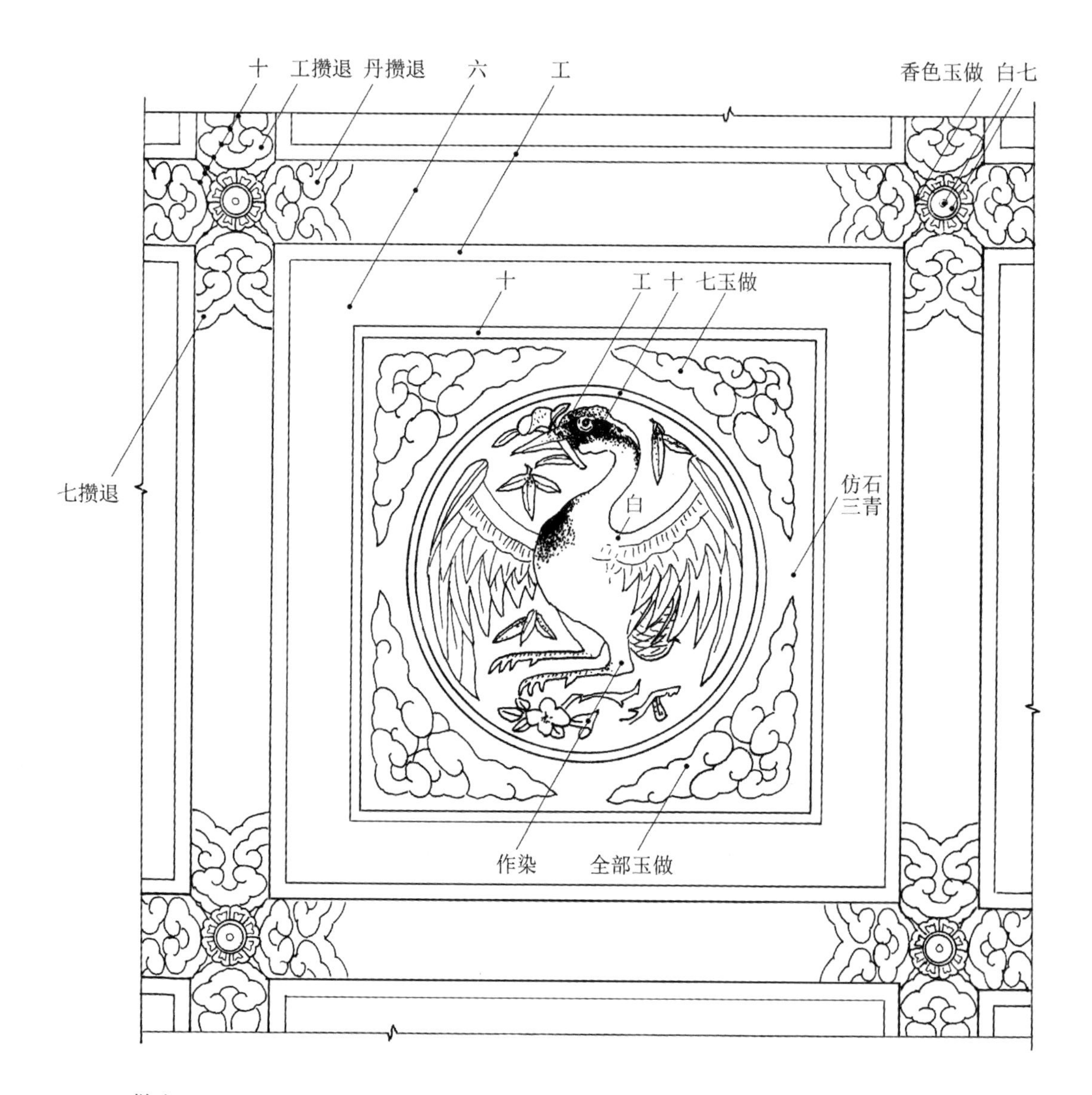
十
工攒退
丹攒退
六
工
香色玉做
白七
十
工
十
七玉做
七攒退
白
仿石
三青
作染
全部玉做

做法

支条底色绿、轱辘香色玉做、燕尾云烟琢墨攒退；井口线朱红色，方圆鼓子线墨；方鼓子底色仿石三青，岔角云全部青色玉做；天花大边绿；圆鼓子底色青仙鹤等作染。

团鹤天花之一

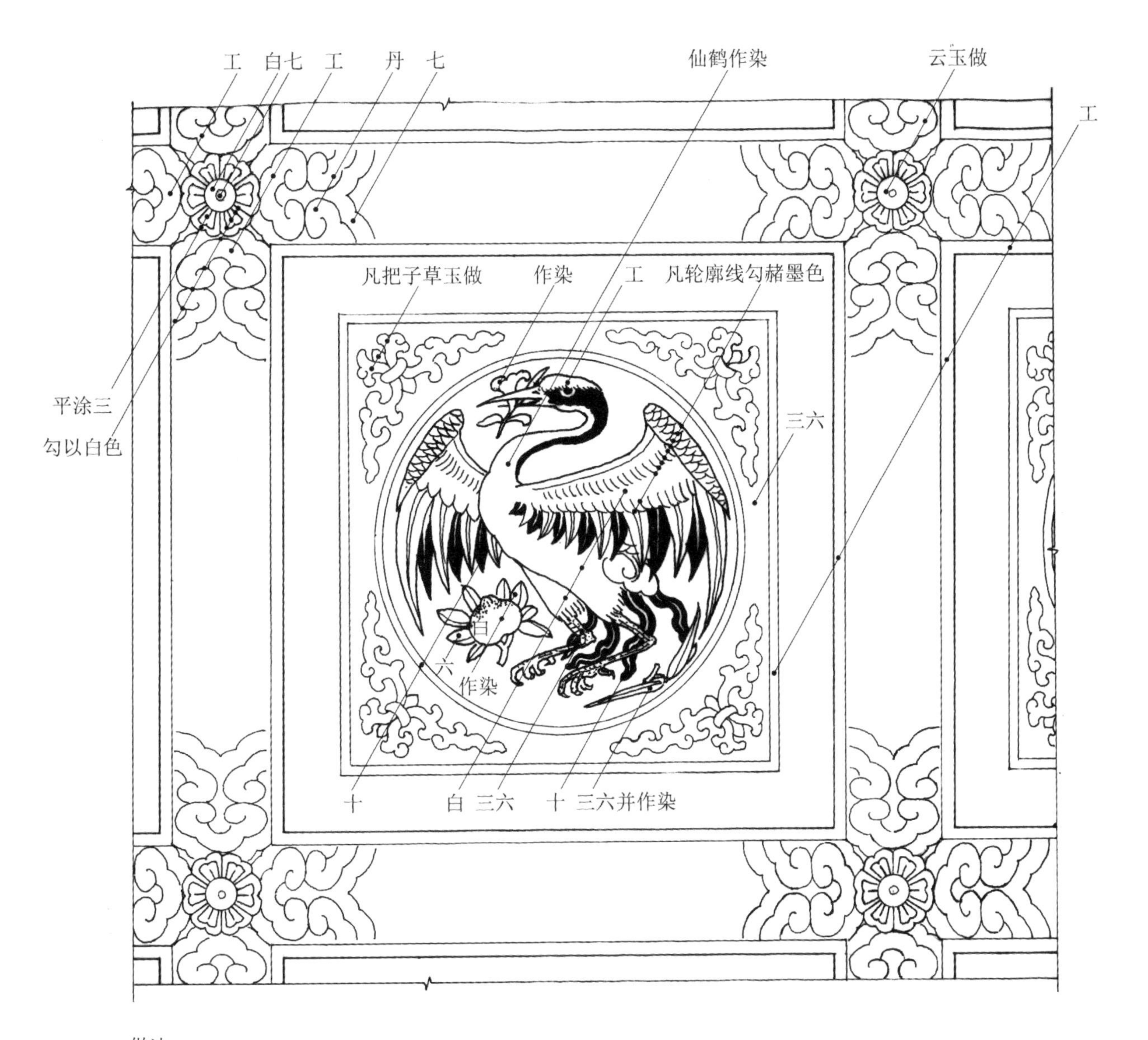
工
白七
工
丹
七
仙鹤作染
云玉做
工
平涂三
勾以白色
凡把子草玉做
作染
工
凡轮廓线勾赭墨色
三六
白
六
作染
十
白
三六
十
三六并作染

做法

井口线、方鼓子线、圆鼓子线墨色。支条燕尾云、轱辘烟琢墨攒退。中心圆光心仙鹤、寿桃等作染。

烟琢墨团鹤天花之二

作染
二绿
丹
十
白色、开
赭墨线渲染
金
六
烟琢墨攒退
七

做法

支条绿色、进口线朱红色、轱辘片金、燕尾云玉做；天花板方圆鼓子线金、岔角地二绿色、岔角地二绿色、岔角烟琢墨攒退、圆鼓子心青色、灵仙竹寿仙鹤作染。天花大边绿色。

团鹤天花之三

片金
七
玉做
六
六
金七
作染
石
三青
金
十
黄
白粉
工
六
六

做法

支条底色朱红、宋锦框架线黑色并开黄白粉、轱辘片金、玉做燕尾云；井口线方圆鼓子线金；方鼓子底色石三青色；岔角花卉，圆光内花卉均作染；圆光心底色青，天花大边绿色。

朱红宋锦百花图天花

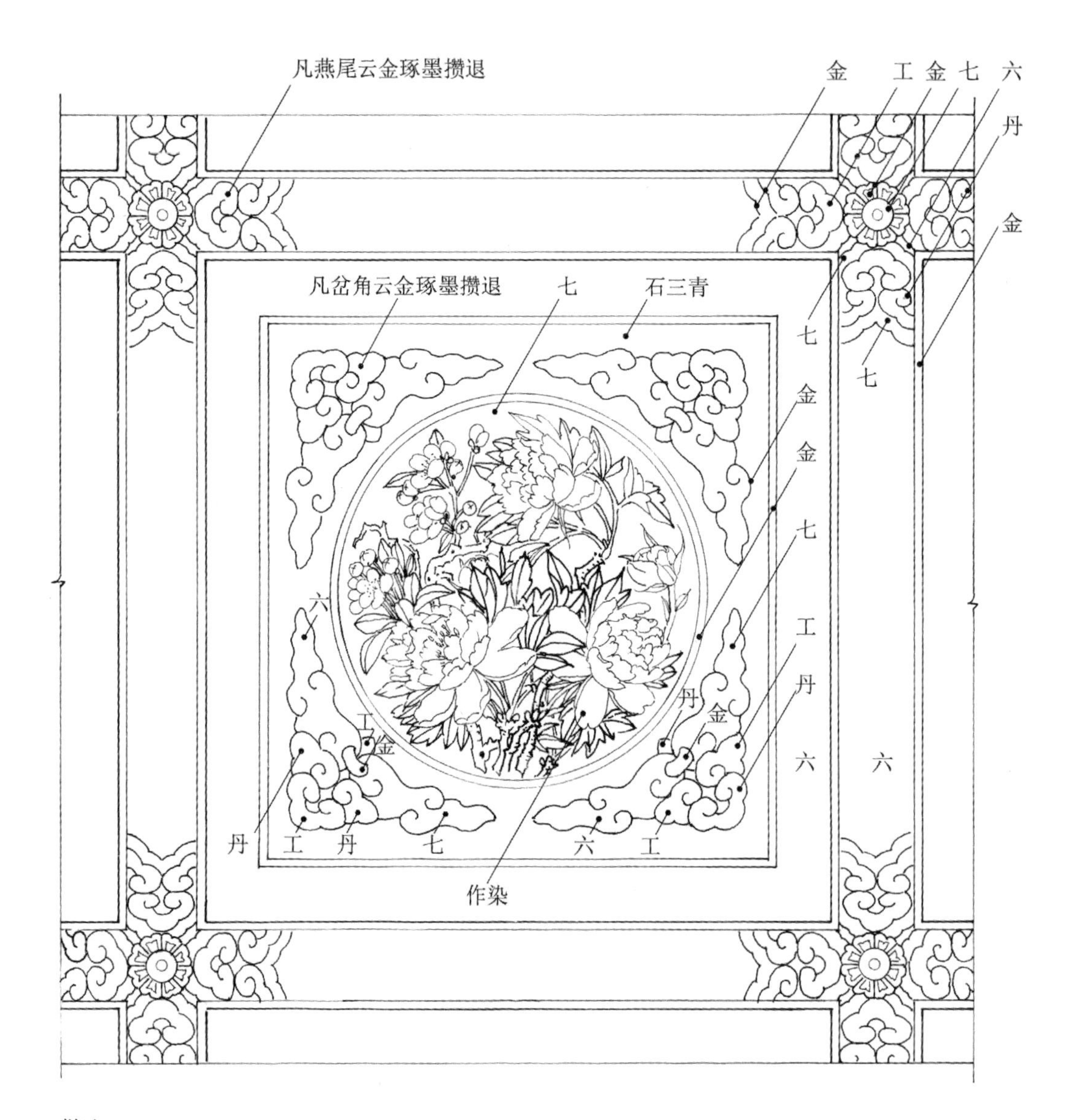
凡燕尾云金琢墨攒退
金
工
金
七
六
丹
金
凡岔角云金琢墨攒退
七
石三青
七
七
金
金
七
六
工
丹
工
金
丹
金
六
六
丹
工
丹
七
六
工
作染

做法

支条底色绿，片金轱辘，金琢墨攒退燕尾云；井口线方圆鼓子线金；方鼓子底色石三青金琢墨攒退岔角云；天花大边绿色；圆鼓子心底色青，牡丹海棠花作染。

玉堂富贵天花

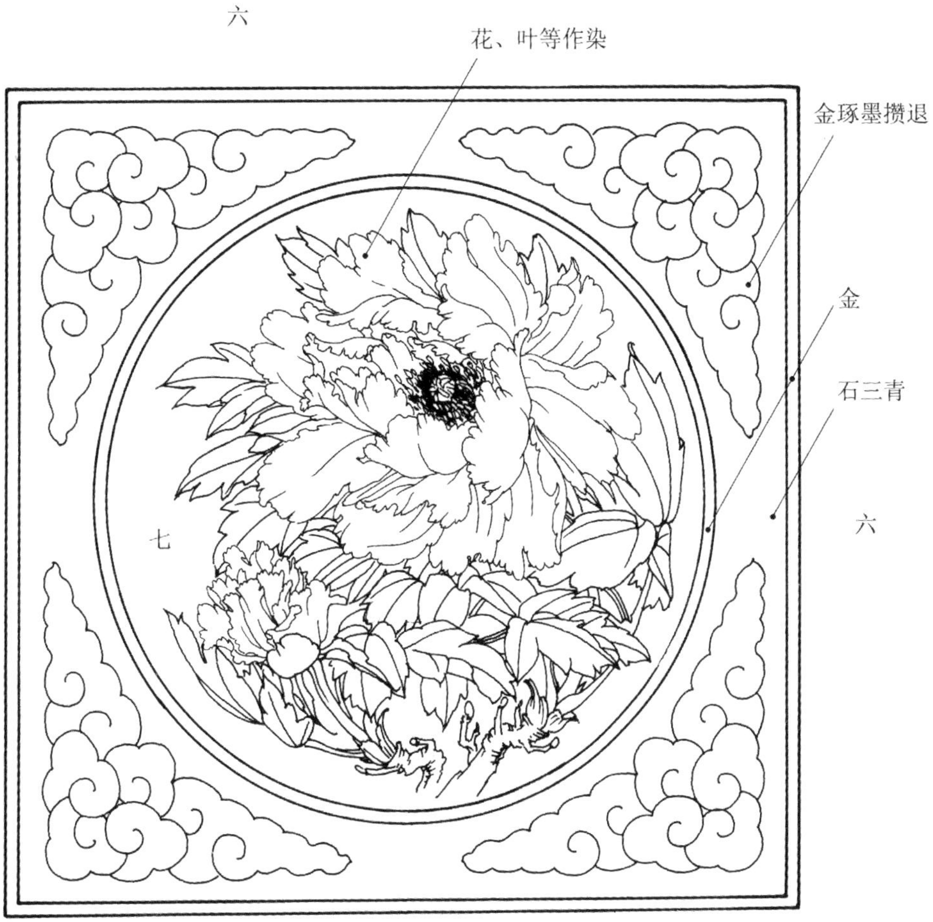

六

花、叶等作染

金琢墨攒退

金

石三青

七

六

做法

支条底色绿、井口线金、燕尾云金琢墨攒退、轱辘片金；方圆鼓子线金、金琢墨攒退云石三青方鼓子地；圆光心地青色、作染牡丹；天花大边绿色。

富贵天花

六、零散构件彩画部分

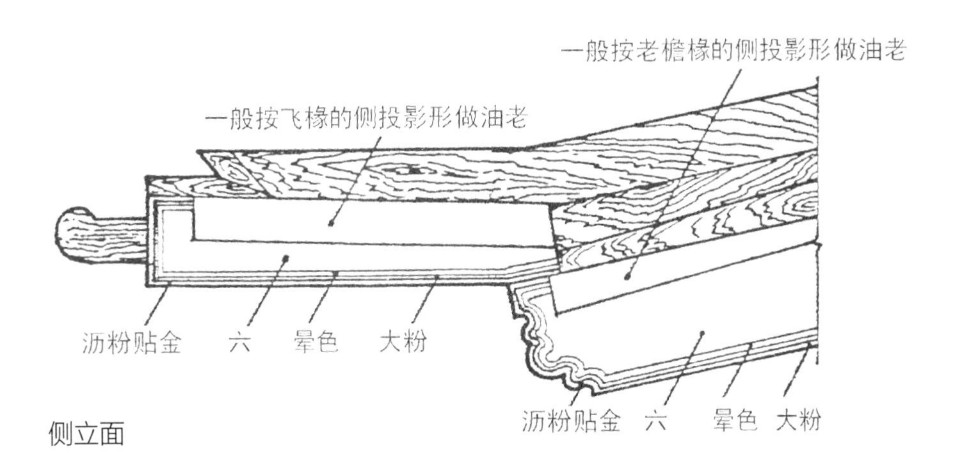
一般按老檐椽的侧投影形做油老
一般按飞椽的侧投影形做油老
沥粉贴金
六
晕色
大粉
沥粉贴金
六
晕色
大粉

侧立面

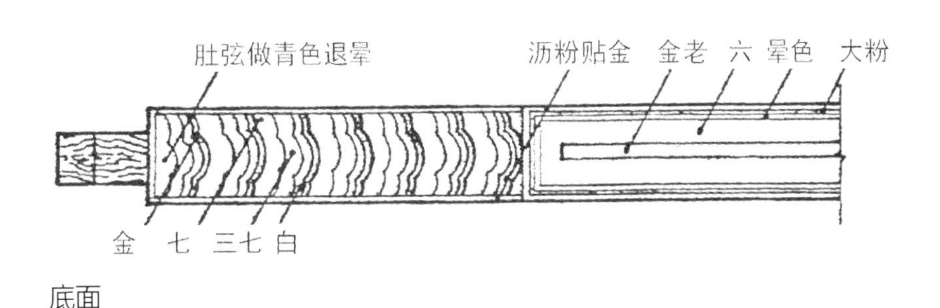
肚弦做青色退晕
沥粉贴金
金老
六
晕色
大粉
金
七
三七
白

底面

①

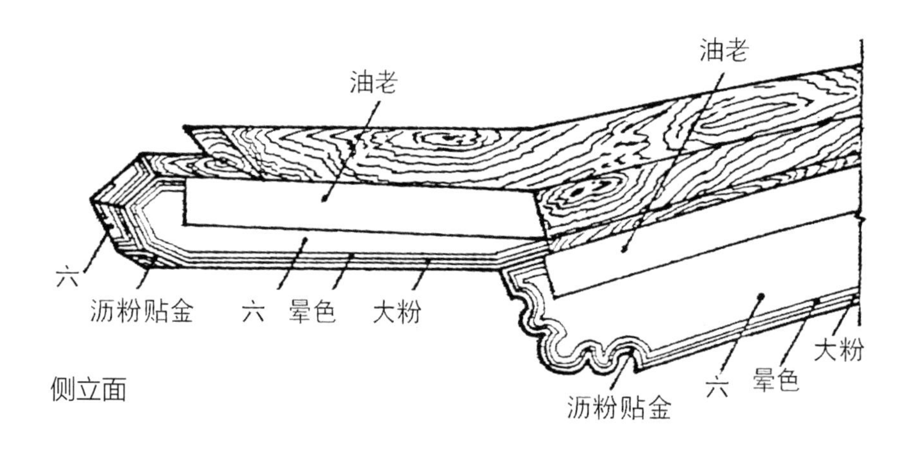
油老
油老
六
沥粉贴金
六
晕色
大粉
大粉
晕色
六
沥粉贴金
侧立面

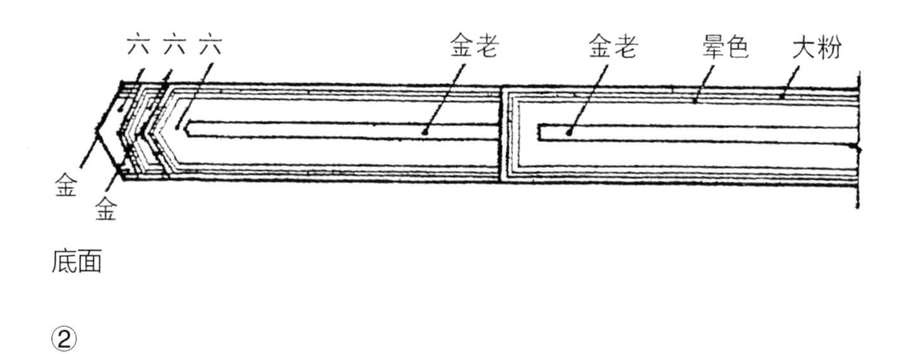
六
六
六
金老
金老
晕色
大粉
金
金
底面

②

①~②金边框金老角梁彩画做法示意图

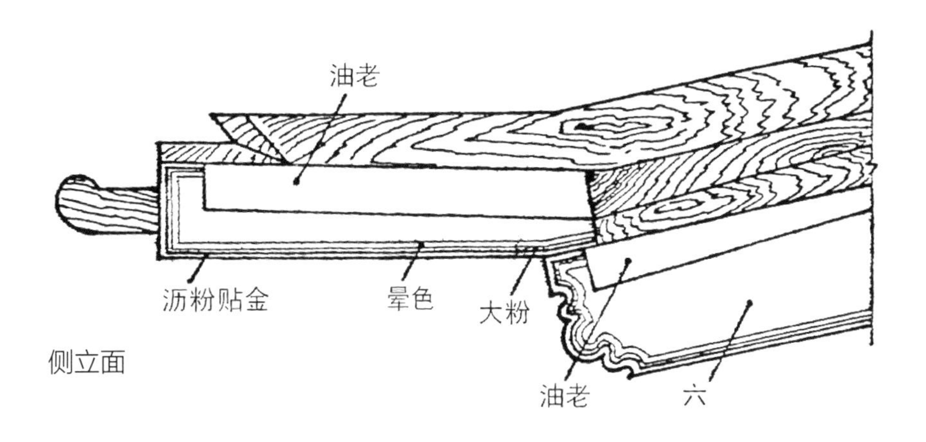
油老
沥粉贴金
晕色
大粉
侧立面
油老
六

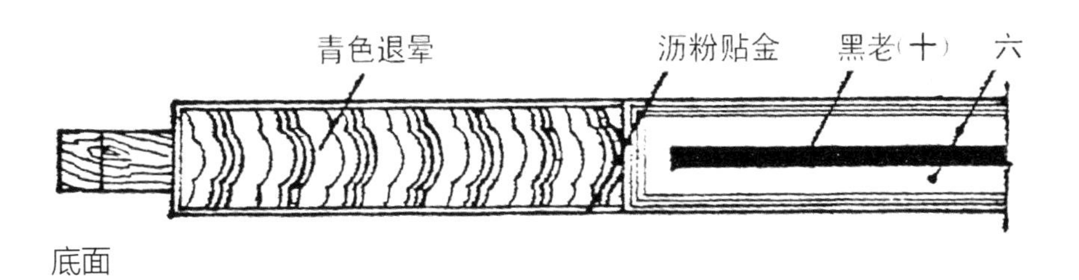
青色退晕
沥粉贴金
黑老（十）
六
底面

③

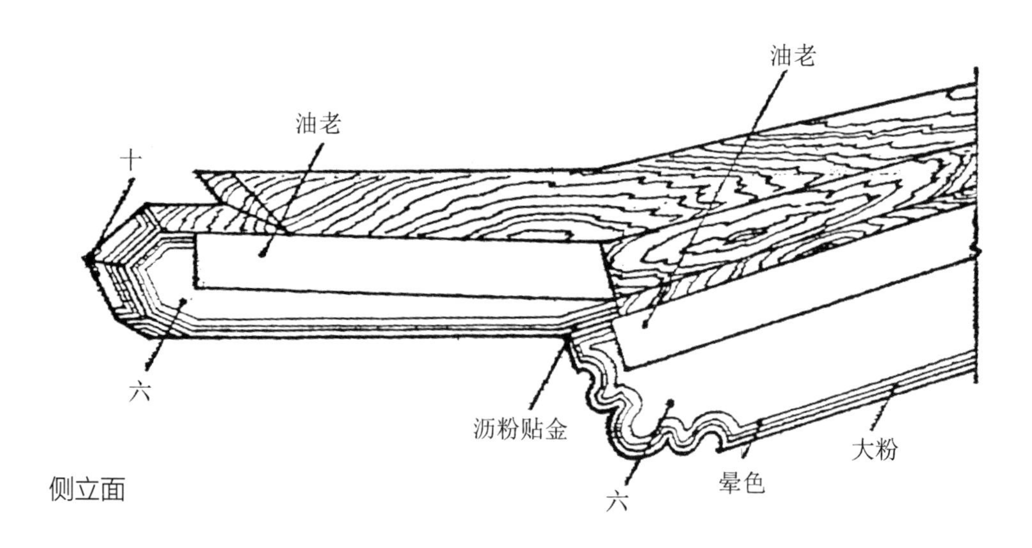
油老
油老
十
六
沥粉贴金
大粉
晕色
六
侧立面

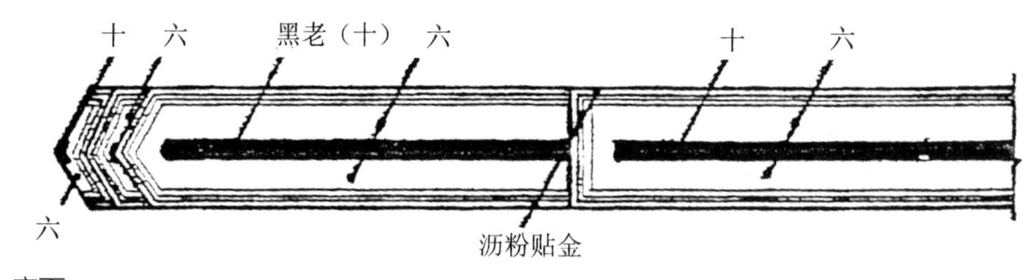
十
六
黑老（十）
六
十
六
六
沥粉贴金
底面

④

③～④金边框黑老角梁彩画做法示意图

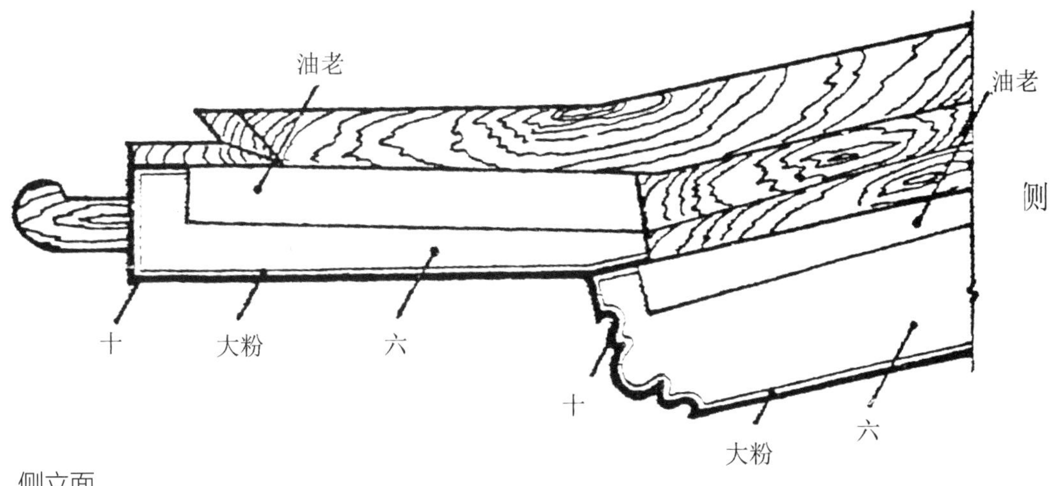
油老
油老
侧
十
大粉
六
十
大粉
六

侧立面

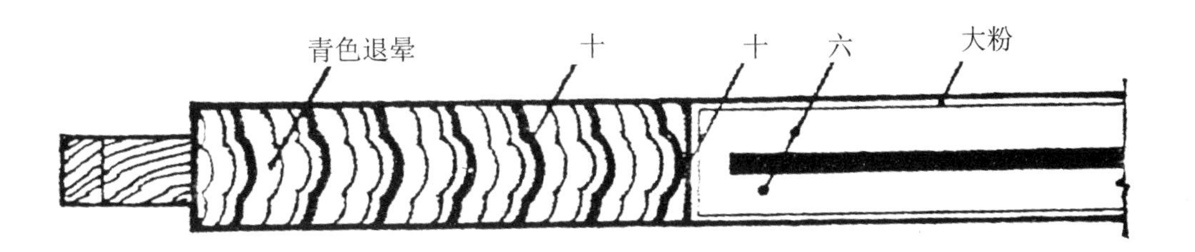
青色退晕
十
十
六
大粉

底面

⑤

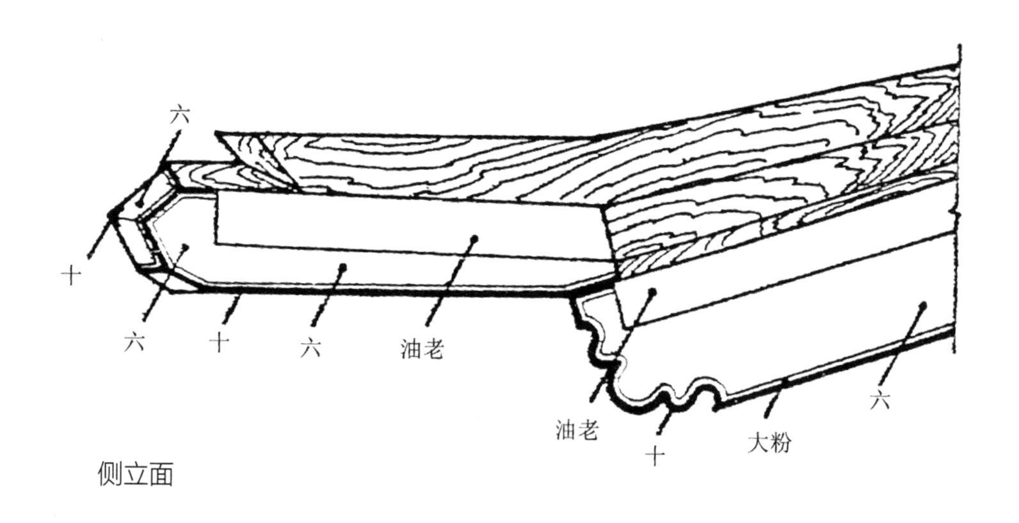
六
十
六
十
六
油老
油老
十
大粉
六

侧立面

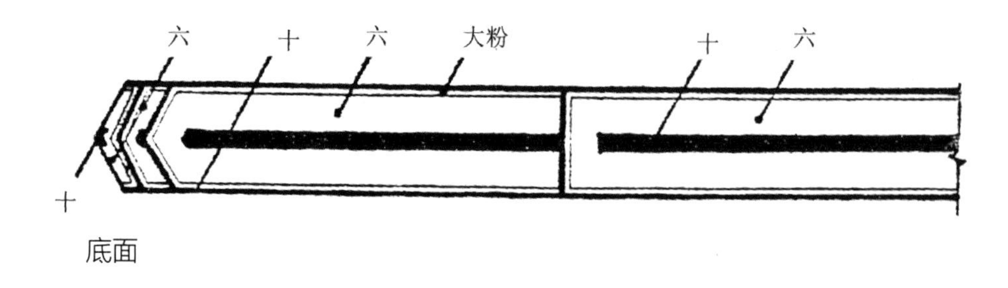
六
十
六
大粉
十
六
十

底面

⑥

⑤~⑥墨边框黑老角梁彩画做法示意图

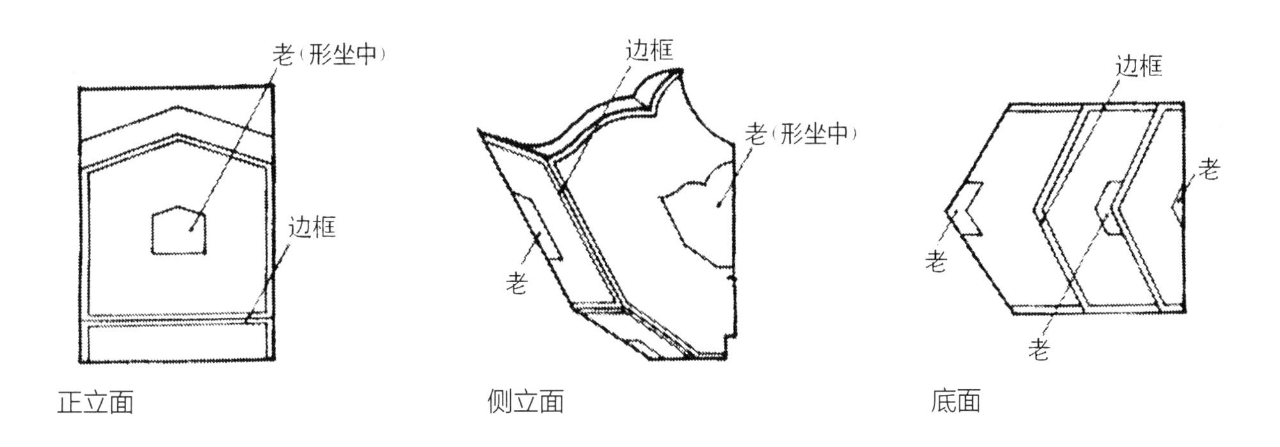
老（形坐中）
边框
边框
老（形坐中）
老
边框
老
老
老

正立面　　侧立面　　底面

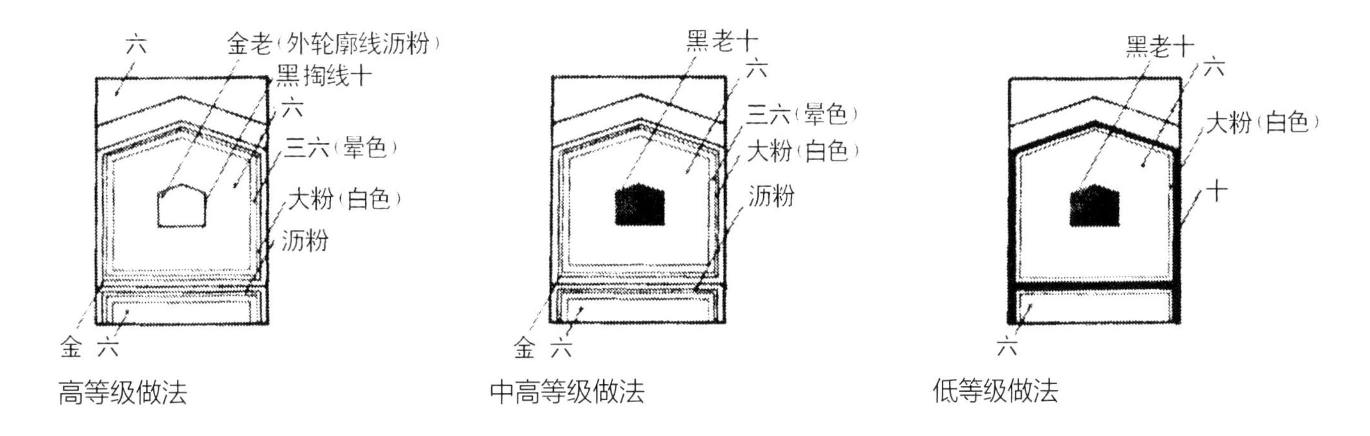
六
金老（外轮廓线沥粉）
黑掏线十
六
三六（晕色）
大粉（白色）
沥粉
金
六
黑老十
六
三六（晕色）
大粉（白色）
沥粉
金
六
黑老十
六
大粉（白色）
十
六

高等级做法　　中高等级做法　　低等级做法

⑦

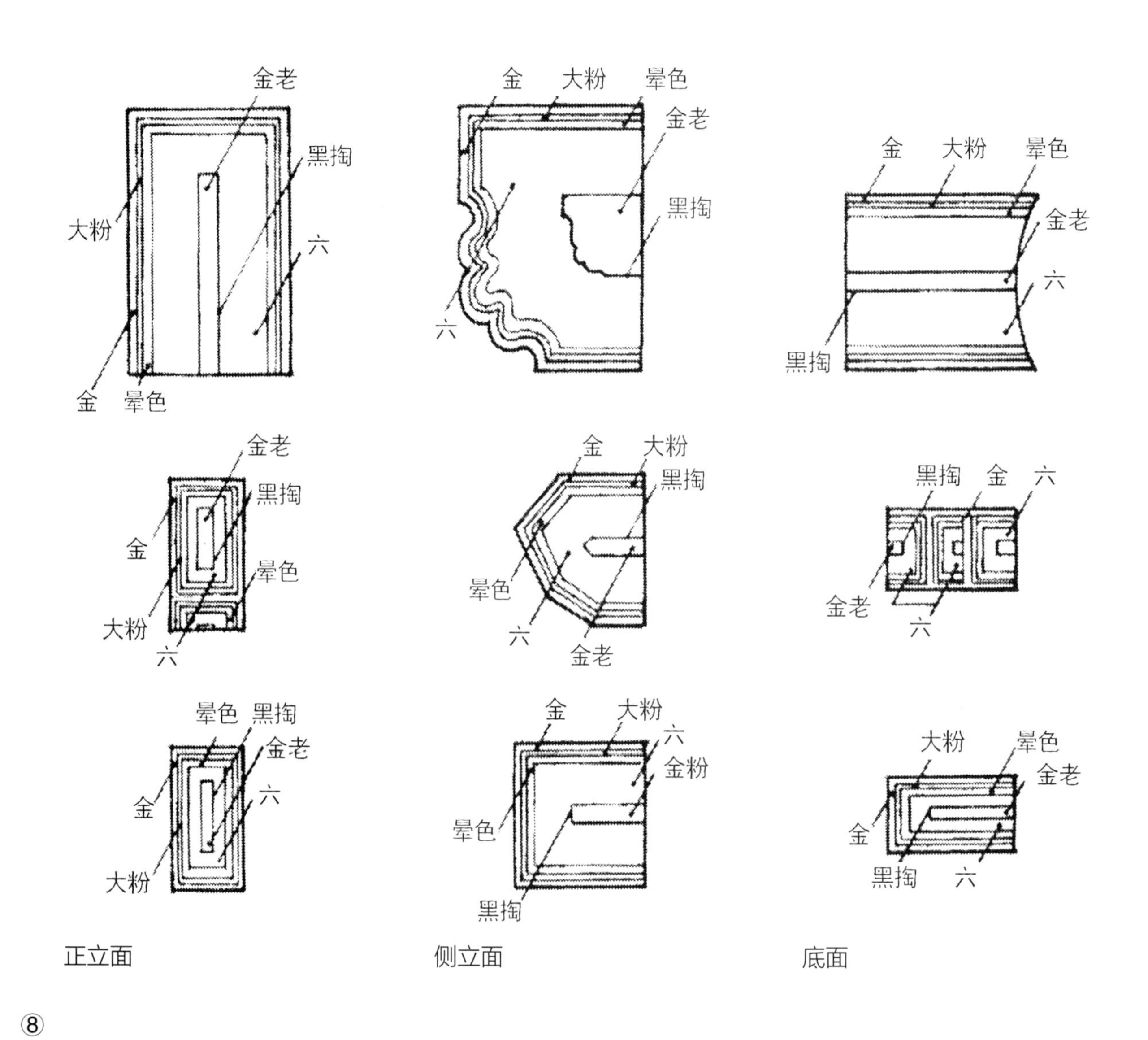
金老
黑掏
大粉
六
金
晕色
金
大粉
晕色
金老
黑掏
六
金
大粉
晕色
金老
六
黑掏
金老
黑掏
金
晕色
大粉
六
金
大粉
黑掏
晕色
六
金老
黑掏
金
六
金老
六
晕色
黑掏
金老
金
六
大粉
金
大粉
六
金粉
晕色
黑掏
大粉
晕色
金老
金
黑掏
六
正立面
侧立面
底面

⑧

⑦～⑧角梁、三岔头角梁、桃尖梁头、霸王拳、三岔头、穿插枋头彩画做法

角梁宝瓶切活纹饰

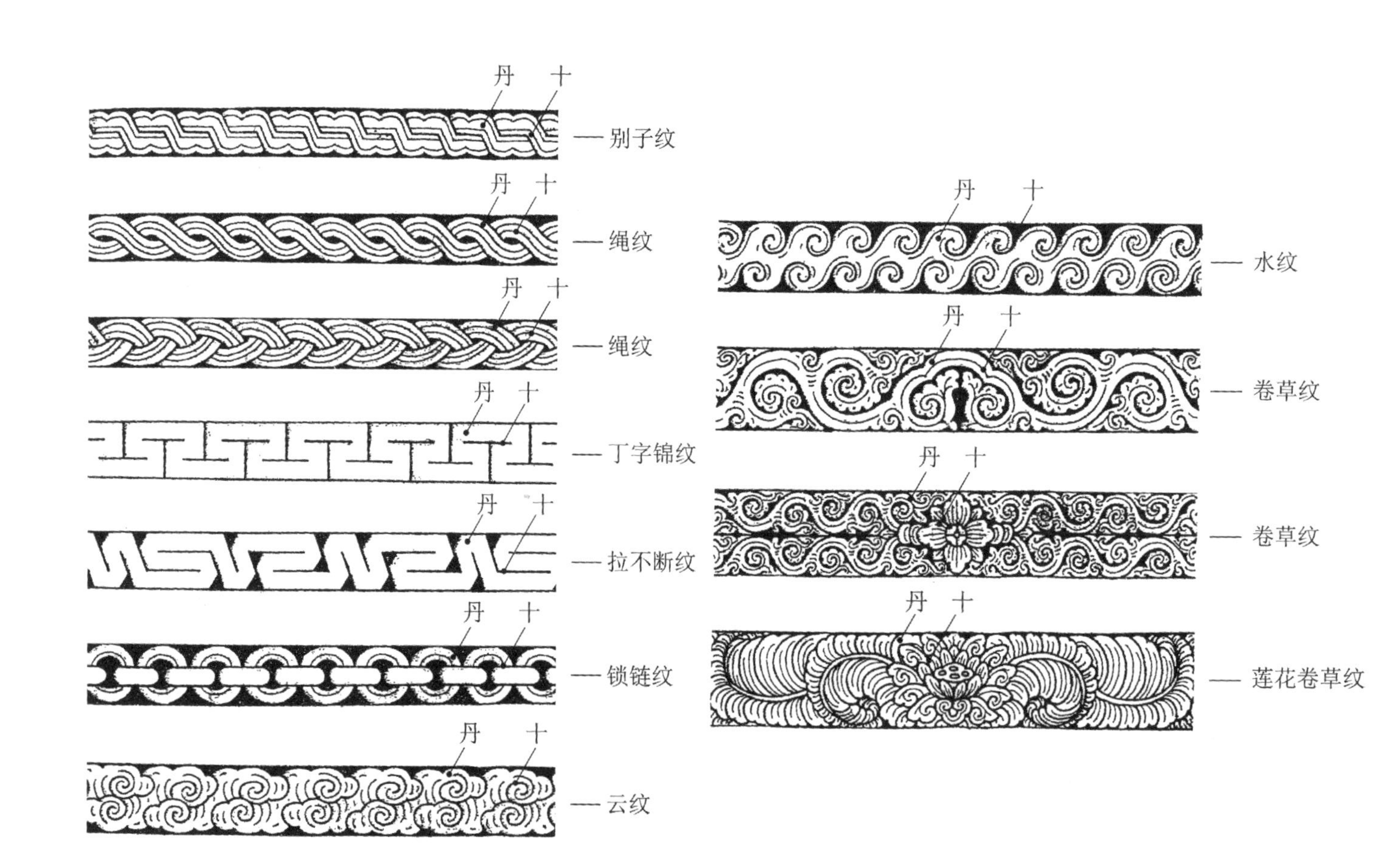
丹
十
别子纹
丹
十
绳纹
丹
十
绳纹
丹
十
丁字锦纹
丹
十
拉不断纹
丹
十
锁链纹
丹
十
云纹
丹
十
水纹
丹
十
卷草纹
丹
十
卷草纹
丹
十
莲花卷草纹

柱头丹地切活纹

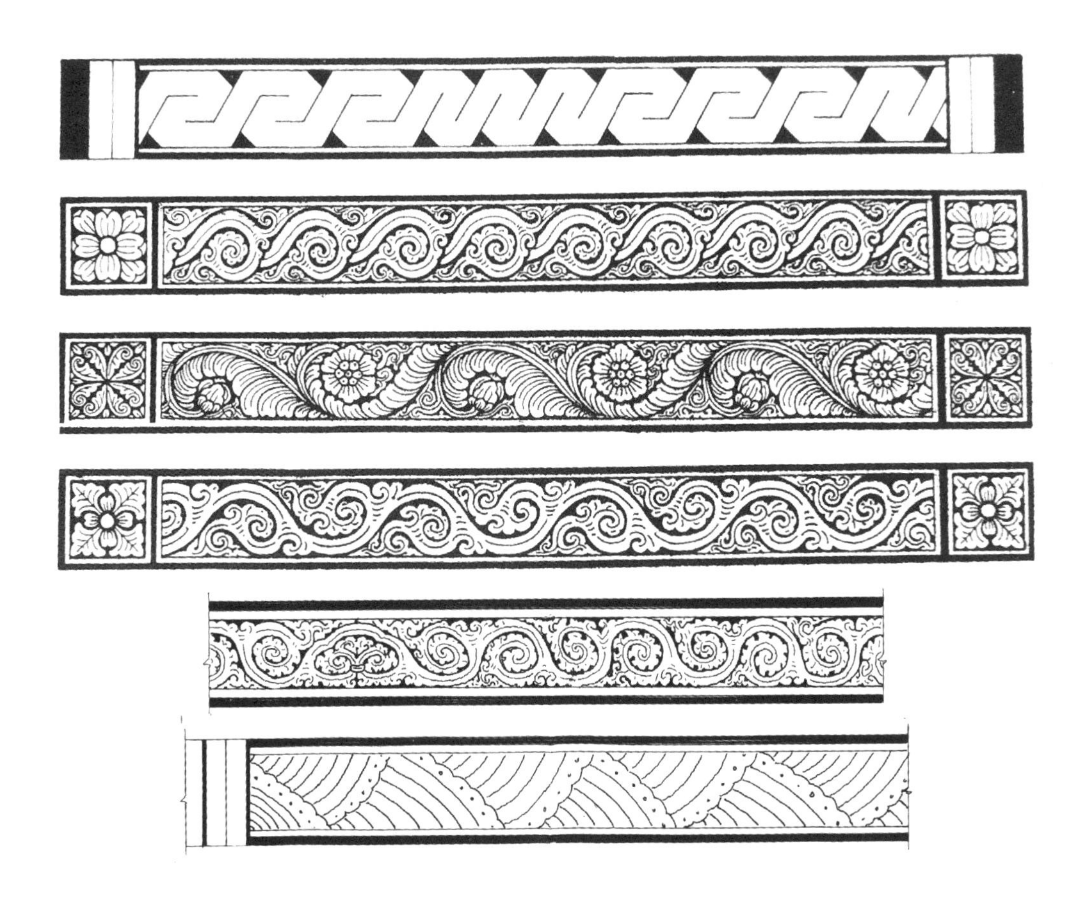

较窄枋底不便画旋花的切活纹

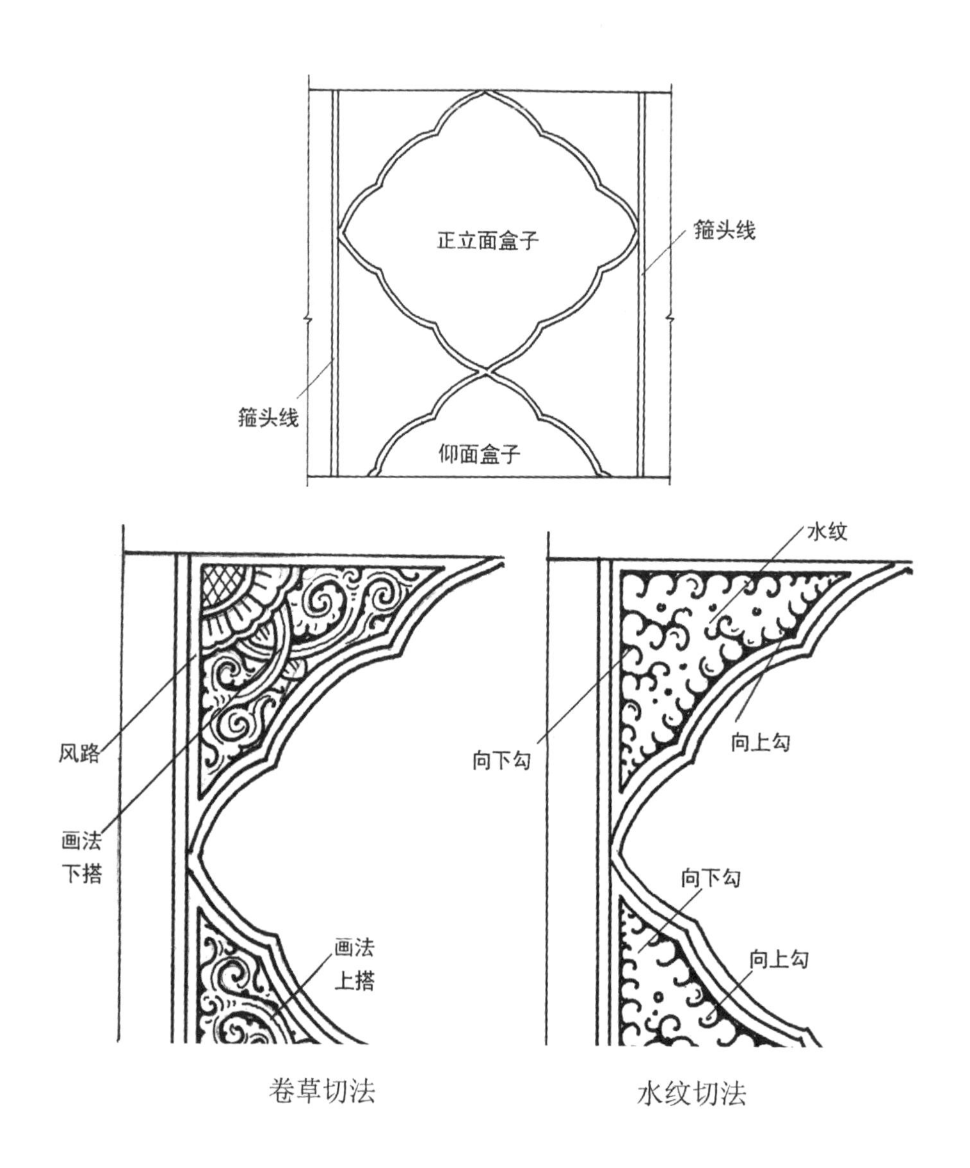
正立面盒子
箍头线
箍头线
仰面盒子
水纹
风路
向下勾
向上勾
画法
下搭
向下勾
画法
上搭
向上勾
卷草切法
水纹切法

岔角地及切卷草、水纹切法示意

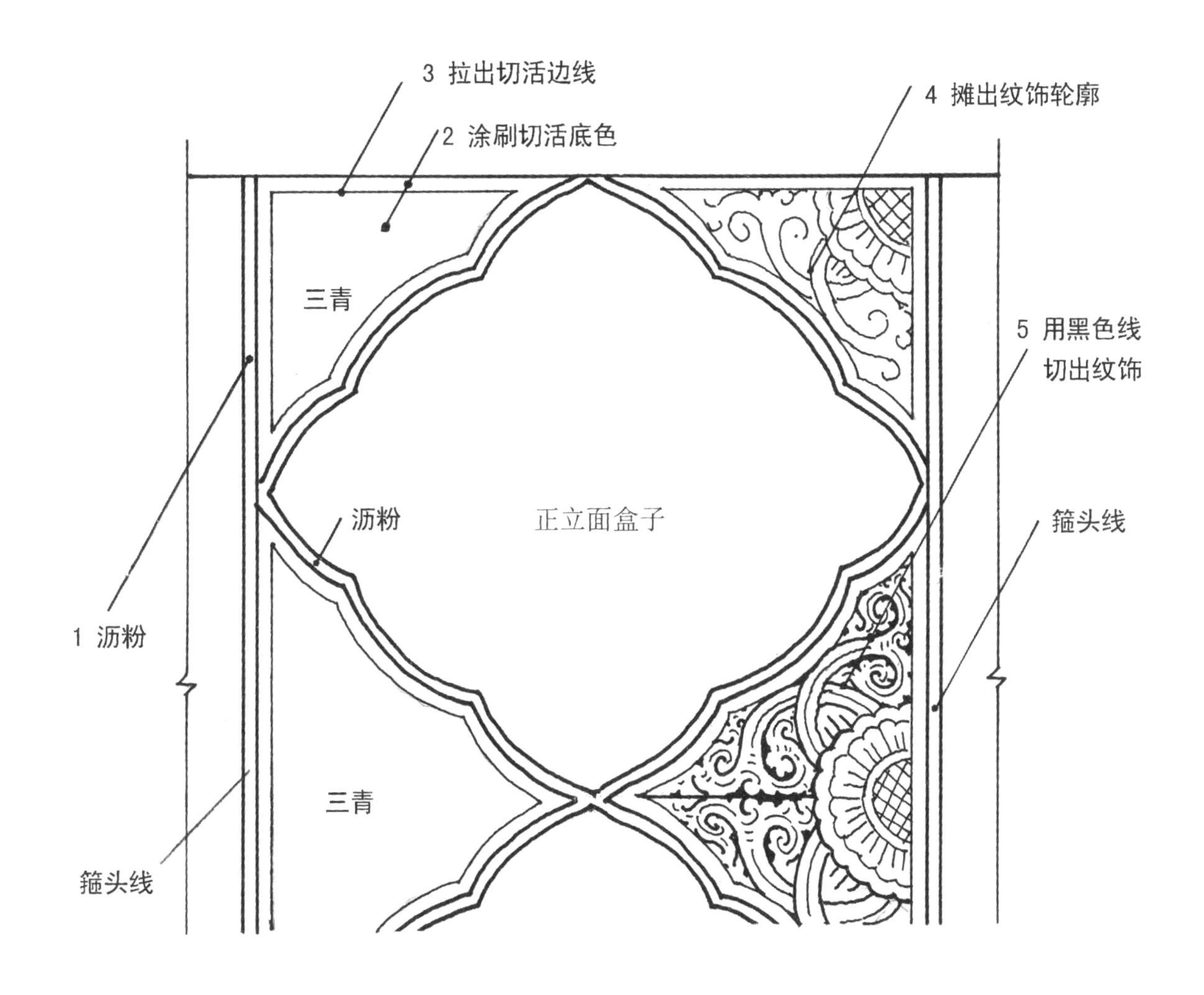
3 拉出切活边线
2 涂刷切活底色
4 攒出纹饰轮廓
三青
5 用黑色线
切出纹饰
沥粉
正立面盒子
箍头线
1 沥粉
三青
箍头线

切活盒子岔角的五个步骤

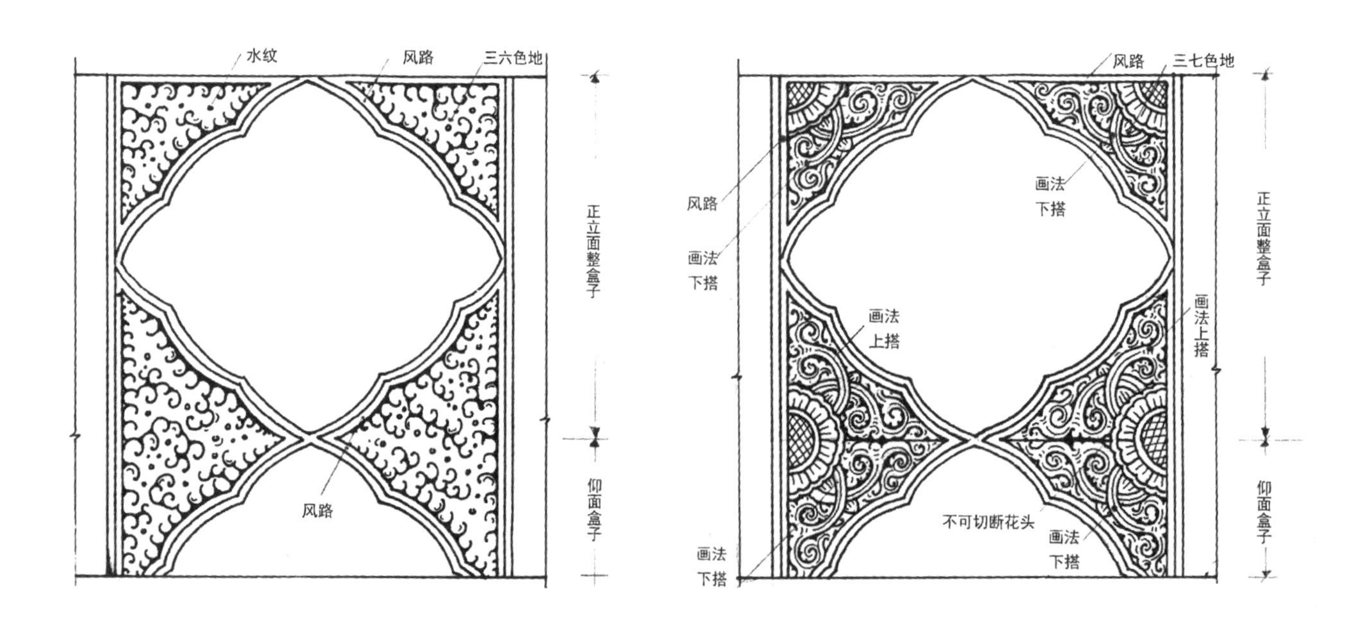
水纹
风路
三六色地
正立面整盒子
仰面盒子
风路
风路
三七色地
风路
画法
下搭
画法
下搭
画法
上搭
画法上搭
正立面整盒子
仰面盒子
不可切断花头
画法
下搭
画法
下搭

活盒子岔角切水纹、切卷草纹举例

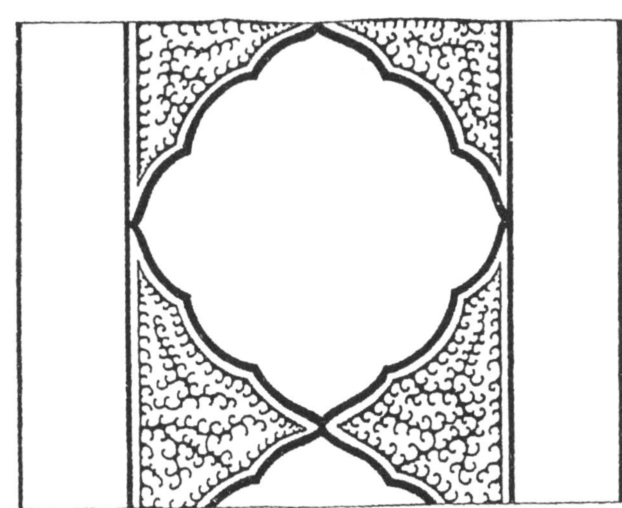

清早期盒子切活

三七

本纹饰见于清中期彩画

三七

本纹饰见于清中期彩画

三七

三七

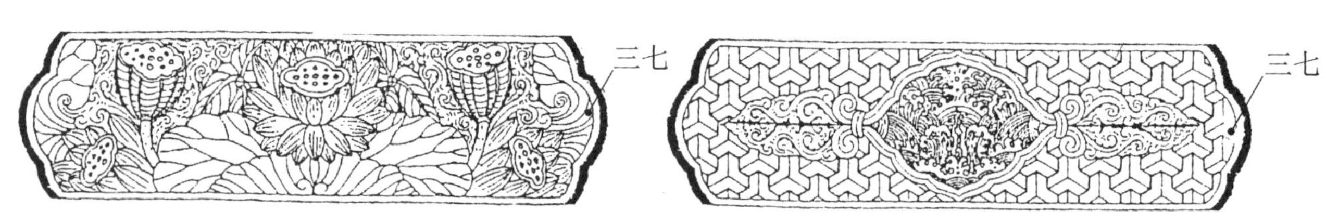
三七
三七

本“支活”纹饰见于清晚期彩画

本“支活”纹饰见于清晚期彩画

池子切活纹

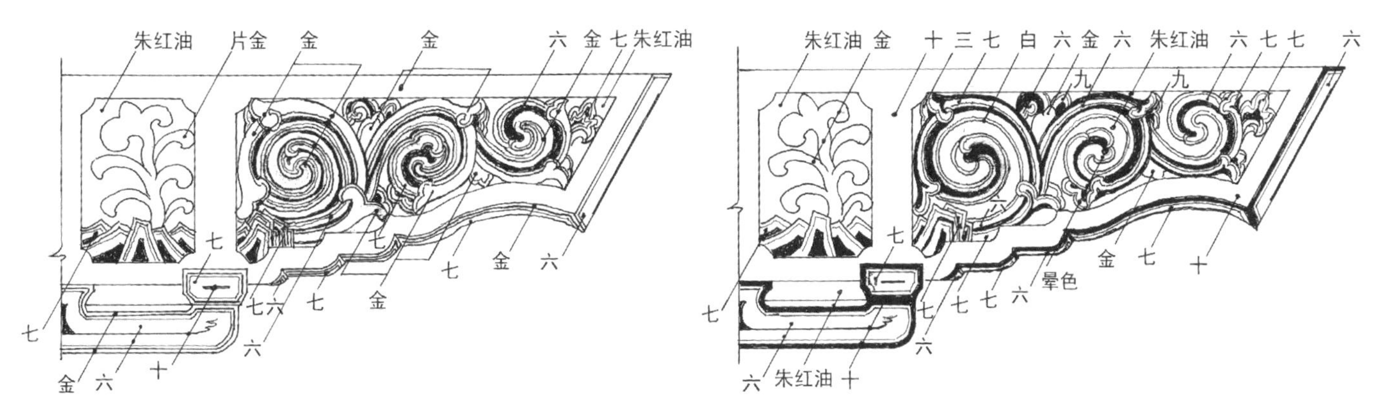
朱红油
片金
金
金
六
金
七
朱红油
七
七六
七
金
七
金
六
七
六
金
六
十
朱红油
金
十
三
七
白
六
金
六
朱红油
六
七
七
六
九
九
七
七
七
七
六
晕色
金
七
十
六
六
朱红油
十

① 金大边、金包瓣、金琢墨高等级旋子彩画雀替

② 墨大边、玉做间点金中等级旋子彩画雀替

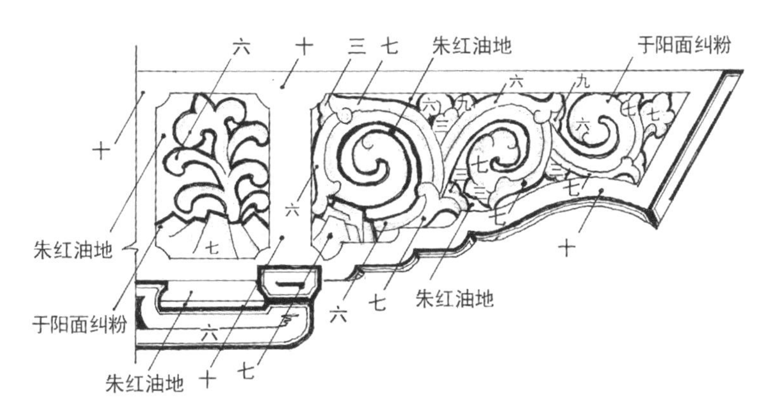
六
十
三
七
朱红油地
于阳面纠粉
十
朱红油地
于阳面纠粉
朱红油地
十
七
六
七
朱红油地
十

③ 墨大边、纠粉低等级旋子彩画雀替

不同做法等级旋子彩画雀替做法

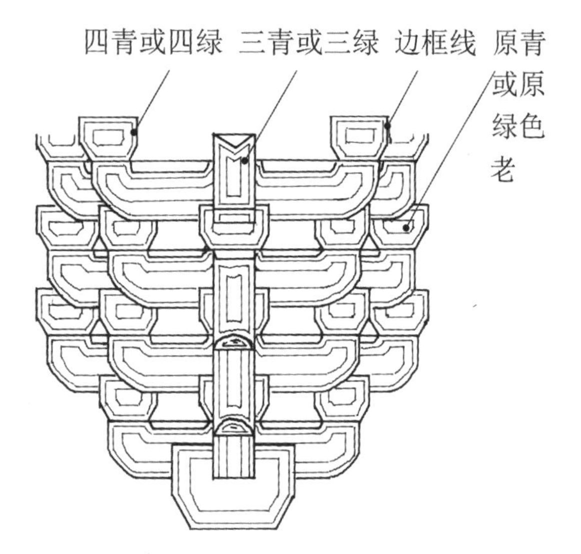
四青或四绿
三青或三绿
边框线
原青或原绿色老

明代斗栱色老画法

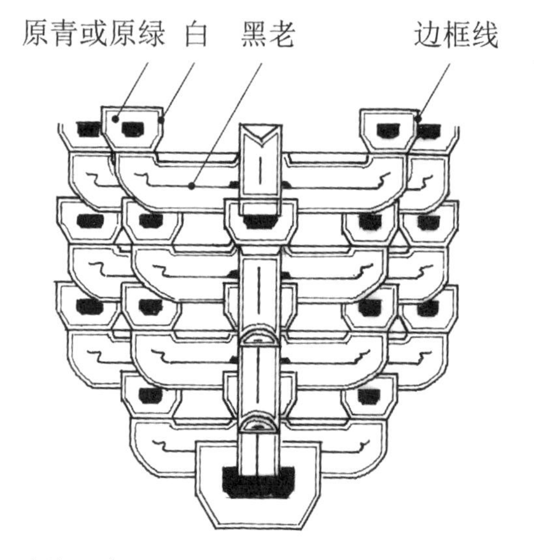
原青或原绿
白
黑老
边框线

清代早中期斗栱黑老画法

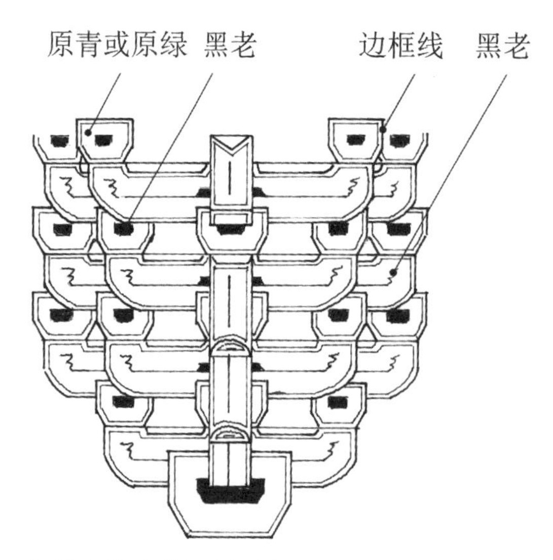
原青或原绿
黑老
边框线
黑老

清代晚期斗栱黑老画法

明代至清代早中期至清晚期斗栱彩画色老、黑老不同画法对照图

后记

在各位同行、朋友的帮助下，在北京市古代建筑设计研究所相关领导和同事的支持下，在中国建筑工业出版社编辑人员的努力下，《中国清代官式建筑彩画图集》终于与大家见面了。

这本图集是我 11 年前所著的《中国清代官式建筑彩画技术》一书的补充和完善，也是为应行业发展之所需而著。近几年来，我国传统建筑行业发展势头良好，以习总书记为首的党中央，大力倡导中华优秀传统文化，为传统建筑行业的发展开辟了无限美好的前景，也使我这个在传统建筑彩画领域耕耘了六十多年的老兵更加焕发了技术和艺术的青春。“老牛自解韶光贵，不待扬鞭自奋蹄”，这大概就是我此刻心境的写照吧！

本图集原想仅以墨线图形式表现。后来在多位朋友建议下，又加了一些相应的彩色照片。只是这些照片多是本人 30 多年前所拍摄，因受当时条件限制，加上所拍对象多是二、三百年前的老旧彩画，画面不是很理想，但即便如此，这些彩画现在很多也已不存在了。虽然不理想，但是还算珍贵，有总比没有好，在此一并奉献给大家。能为广大读者提供某一方面参考，也是我一桩良好的心愿。

蒋广全

二〇一六年元月

附

这些彩画照片，是由蒋老先生珍藏的胶片电分扫描而成，是多年前的孤版。在拍照完不久，一些本应得到保护的残破老屋被拆掉了，如今想重新拍摄也已难觅其踪；抑或是修缮没按文物法的传统原做法、原工艺、原材料、原形制，以至于化工颜料的新彩画与矿物质颜料的旧彩画色彩失之毫厘，谬以千里，而纹饰上也没能依文物法规定按原纹饰绘制。再譬如中南海或故宫一类地方，不方便让用梯子或搭架子照相，所以角度不够完美；岁月也侵蚀风化了曾经鲜活的彩画，二三十年前能照得出来的纹饰，现在再去看都看不出来是什么内容了。当下存活的新彩画照片虽然会较为清晰，但远不如这些模糊的老照片有价值。

我们怀着惋惜、珍视与敬仰的复杂情感，试图尽量还原它原本的面貌，故将这些二十多年前用影像记录下来的珍贵彩画呈予您面前……

——编者按

和玺彩画照片

故宫清早期龙凤方心西番莲灵芝找头和玺

故宫清早期龙凤方心西番莲灵芝找头和玺

故宫清早期龙凤方心西番莲灵芝找头和玺

故宫清早期龙和玺天花彩画

清中期龙草和玺

清中期龙和玺

故宫保和殿片金西番莲垫栱板

清中期龙和玺

与和玺彩画相匹配的浑金龙彩画

与和玺彩画相匹配的霸王拳彩画

与和玺彩画相匹配的椽望彩画

与和玺彩画相匹配的角梁椽望彩画

景德崇聖殿

历代帝王庙景德崇圣殿和玺彩画清中期

片金西番莲桃尖梁头

片金西番莲霸王拳

金边框金老桃尖梁头

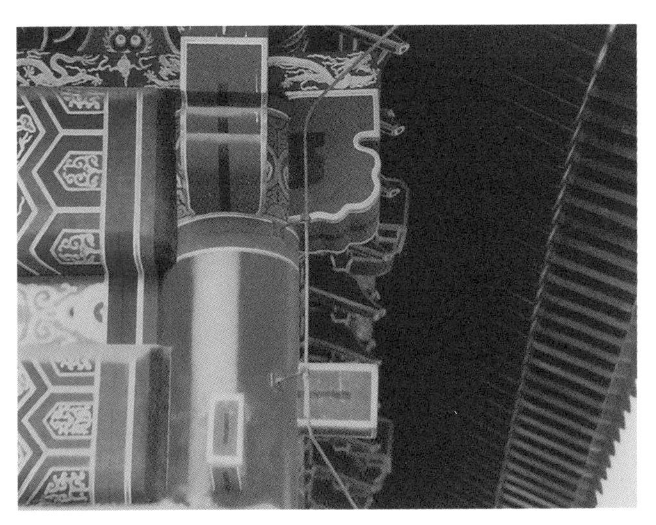

和玺彩画角梁、霸王拳等彩画

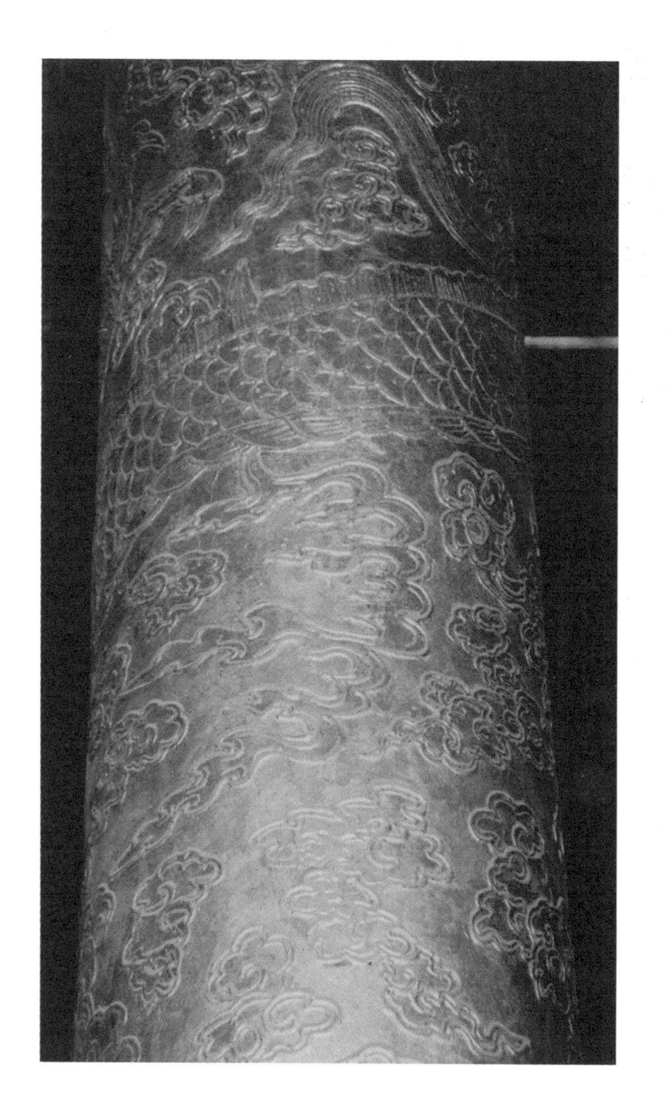

故宫皇极殿浑金龙柱彩画

椽望彩画

旋子彩画照片

清早期墨线大点金旋子彩画

清早期墨线大点金旋子彩画

清东陵景陵隆恩殿烟琢墨石碾玉旋子彩画

清早期墨线大点金旋子彩画

清早期墨线大点金旋子彩画

明末清初烟琢墨石碾玉龙锦方心旋子彩画

金莲水草天花彩画

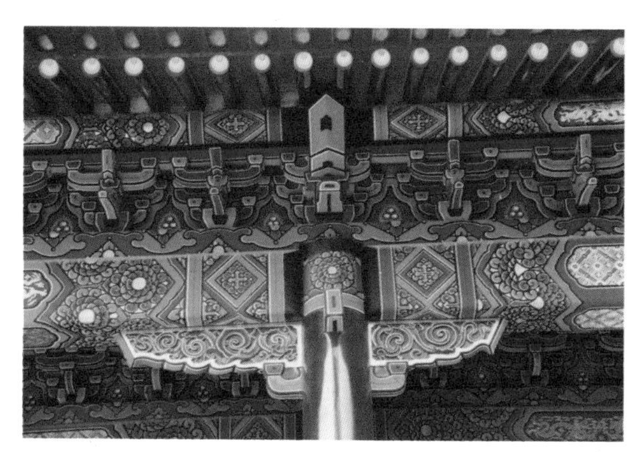

历代帝王庙庙门墨线大点金旋子彩画

清中期搭袱子金琢墨石碾玉旋子彩画

清中期搭袱子金琢墨石碾玉旋子彩画

清中期雅五墨旋子彩画

清中期雅五墨旋子彩画

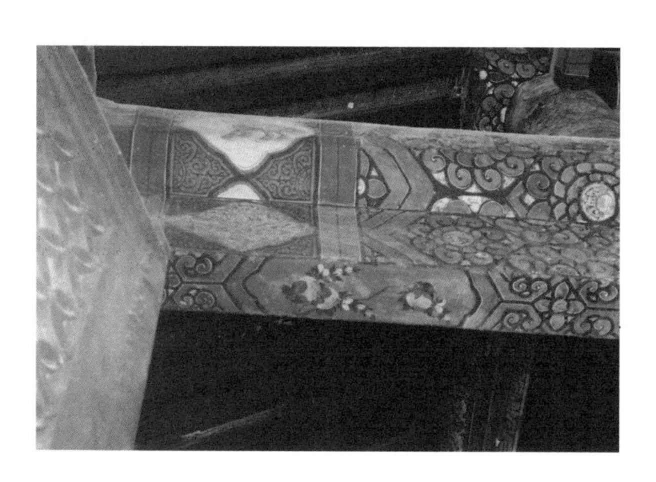

清中期墨线大点金旋子彩画

清中期烟琢墨石碾玉旋子彩画

清中期墨线大点金金龙方心旋子彩画

清中期墨线大点金金龙方心旋子彩画

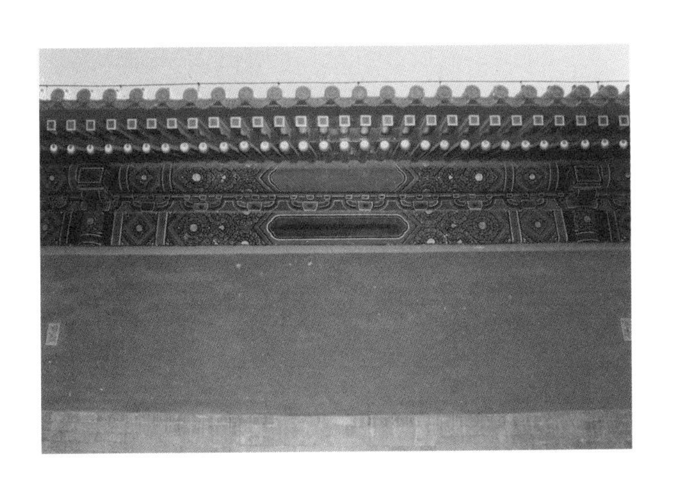

故宫某建筑小点金一字空方心旋子彩画

清晚期雄黄玉旋子彩画

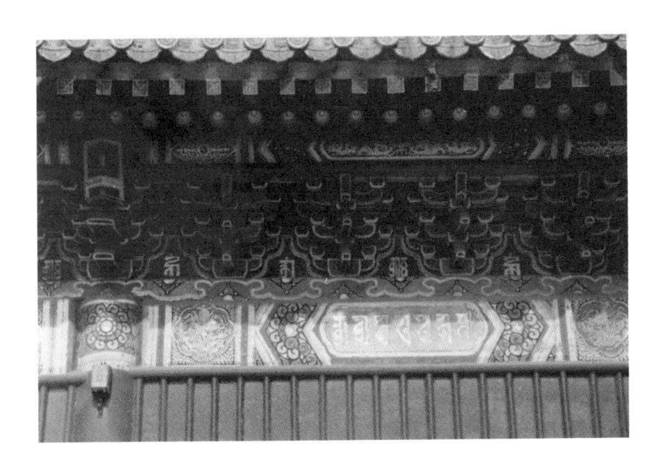

雍和宫某建筑金线大点金梵纹龙旋子彩画

雍和宫某建筑雅五墨梵纹方心旋子彩画

牌楼花板彩画

國子監

国子监牌楼小点金龙锦方心旋子彩画

苏式彩画照片

颐和园包袱硬抹实开线法

颐和园海晏河清包袱

故宫某建筑海屋添筹包袱

清早期苏画

居家欢乐包袱

钓鱼台某建筑郑书本画洋山水及倒里回纹苏画

苏画聚锦

苏画聚锦

故宫某建筑硬抹实开线法

颐和园落墨搭色人物画

苏画找头黑叶子花

迎风板洋山水

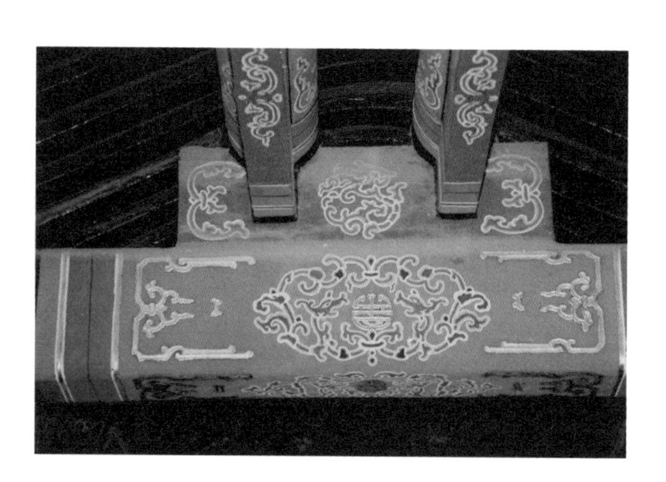

清中期夔龙寿字团

夔蝠团花

故宫某建筑海墁苏画夔龙团花

苏式彩画吸收西方纹饰样例

清晚期苏画

万福流云团花

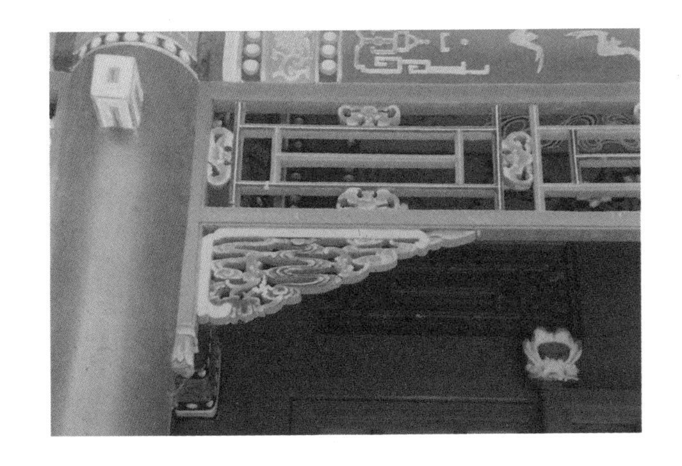

苏画花牙子彩画

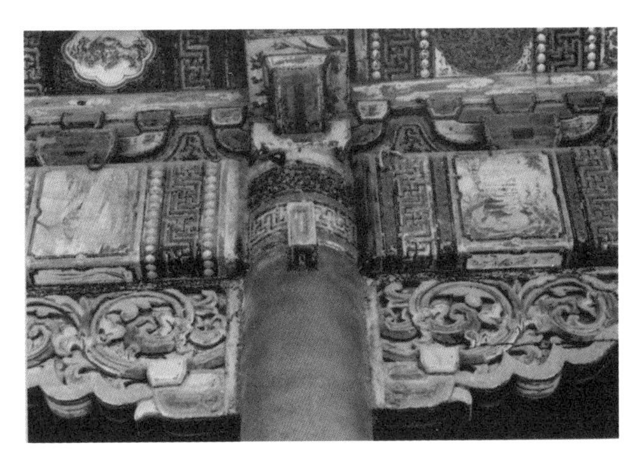

清晚期苏画

苏画博古垫板

清中期金线海墁苏画

北海快雪堂柁头、椽头苏画

垂花门苏画

垂花门苏画

绛雪轩
WELCOM

故宫绛雪轩海墁斑竹纹苏画

宝珠吉祥草照片

午门宝珠吉祥草彩画

海墁彩画照片

海墁彩画